**Segredos da gravidade**

Caleb Scharf

# Segredos da gravidade
Como os buracos negros influenciam galáxias, estrelas e a vida no Universo

Tradução:
Daniel Bezerra

Revisão técnica:
Alexandre Cherman
*Astrônomo da Fundação Planetário/RJ*

Título original:
*Gravity's Engines*
*(How Bubble-Blowing Black Holes Rule Galaxies,*
*Stars, and Life in the Cosmos)*

Tradução autorizada da primeira edição americana,
publicada em 2012 por Scientific American/Farrar,
Straus and Giroux, de Nova York, Estados Unidos

Copyright © 2012, Caleb Scharf

Copyright da edição brasileira © 2016:
Jorge Zahar Editor Ltda.
rua Marquês de S. Vicente 99 – 1º | 22451-041 Rio de Janeiro, RJ
tel (21) 2529-4750 | fax (21) 2529-4787
editora@zahar.com.br | www.zahar.com.br

Todos os direitos reservados.
A reprodução não autorizada desta publicação, no todo
ou em parte, constitui violação de direitos autorais. (Lei 9.610/98)

Grafia atualizada respeitando o novo
Acordo Ortográfico da Língua Portuguesa

Preparação: Angela Ramalho Vianna
Revisão: Eduardo Monteiro, Eduardo Farias | Indexação: Gabriella Russano
Capa: Estúdio Insólito | Foto da capa: © NASA, ESA e Jesús Maíz Apellániz
(Instituto de Astrofísica de Andalucía, Espanha)

CIP-Brasil. Catalogação na publicação
Sindicato Nacional dos Editores de Livros, RJ

S327s
Scharf, Caleb
Segredos da gravidade: como os buracos negros influenciam galáxias, estrelas e a vida no universo/Caleb Scharf; tradução Daniel Bezerra. – 1.ed. – Rio de Janeiro: Zahar, 2016.
il.

Tradução de: Gravity's engines: how bubble-blowing black holes rule galaxies, stars, and life in the cosmos
Inclui índice
ISBN 978-85-378-1570-0

1. Astronomia. I. Bezerra, Daniel. II. Título.

CDD: 520
CDU: 52

# Sumário

*Prefácio* 7

1. Estrela escura   11
2. Um mapa da eternidade   45
3. Cem bilhões de caminhos até o fundo   71
4. Os hábitos alimentares de gorilas de 500 octilhões de quilos   99
5. Bolhas   126
6. Um farol distante   148
7. Origens: parte I   172
8. Origens: parte II   188
9. Uma verdadeira grandeza   208

*Notas*   223
*Créditos das figuras*   238
*Índice remissivo*   239

# Prefácio

ESTE LIVRO FALA sobre uma ciência fabulosa, que nos fornece descrições altamente teóricas de fenômenos naturais, as quais brotam dos mais profundos recônditos do pensamento e da imaginação humanas, e também as mais viscerais e visíveis imagens do Universo real. É uma história sobre físicos e astrônomos que caçam buracos negros, sobre nossa busca de compreender as verdades cosmológicas, as galáxias, as estrelas, os exoplanetas e até a vida em outros mundos. Os buracos negros exercem um fascínio peculiar desde que apareceram na cultura popular, nas décadas de 1960 e 1970. Estranhos, destrutivos, capazes de dobrar o tempo, incrivelmente diferentes de tudo, eles se tornaram uma fonte de inspiração sem fim tanto para a ciência quanto para a ficção científica. Enquanto labutavam para processar torrentes de dados novos a fim de ter uma visão mais clara do Universo e de seu conteúdo, os astrônomos descobriram não apenas que os buracos negros são uma parte significativa e até crucial desse novo panorama, mas também que muitos deles são tremendamente barulhentos e impetuosos. Essas são descobertas loucas, empolgantes e desafiadoras – coisa de cinema.

As histórias aqui contadas mostram que eu acho esses objetos importantes de verdade. Buracos negros são as máquinas da gravidade – os geradores mais eficientes do cosmo. Por causa disso, eles desempenharam um papel-chave na construção do Universo que vemos hoje. Em minha opinião, essa é uma das características mais bizarras e extraordinárias da natureza com que já esbarrei: alguns dos objetos mais destrutivos e mais naturalmente inacessíveis do Universo são também os mais importantes. Vale a pena parar para pensar sobre isso, e, pessoalmente, acho que a jornada é superdivertida.

Claro, as histórias que vou narrar dependeram do trabalho inteligente e exaustivo de muitos e muitos cientistas brilhantes. A contribuição coletiva deles inspirou e influenciou o meu próprio pensamento. Depois de ler *Segredos da gravidade*, espero que você tenha uma noção acerca da grandiosidade cósmica que descobrimos, da gama e da genialidade das ideias humanas aí em jogo. Se você ainda tiver apetite para saber mais, as notas vão lhe dar um gosto do vasto oceano da literatura de onde pesquei os petiscos mais saborosos. Ou pelo menos espie as notas no fim do livro para apreender a incrível riqueza de pensamento humano aí envolvida.

Considero escrever sobre ciência uma experiência fascinante. Depois de passar boa parte de minha vida *fazendo* ciência, dar a volta e construir uma história *sobre* a ciência me traz ao mesmo tempo uma sensação de luz e humildade. Eu devo muito a várias fontes para a obtenção de fatos e de inspiração. Os livros de Kip Thorne, Mitch Begelman e Martin Rees merecem menção especial. Descobri que essas e muitas outras obras foram essenciais em meu caminho, e todas aparecem nas notas no final deste livro.

Inúmeros outros merecem agradecimentos por múltiplas razões. Pela escrita propriamente dita: este livro seria apenas um fio de vapor não fosse pelos esforços de minha maravilhosa e perspicaz agente, Deirdre Mullane, da Mullane Literary Associates; e pelo trabalho árduo e as habilidades excepcionais de Amanda Moon, da Scientific American/Farrar, Straus and Giroux, que me guiou com graciosa paciência ao longo do processo.

Pela ciência: a empreitada começou de verdade há vinte anos, com dois importantes mentores. Ofer Lahav e Donald Lynden-Bell compartilharam generosamente suas perspectivas e sua sabedoria, ajudando-me a tomar contato com o mundo da astronomia profissional. Ao longo do caminho subsequente, gostaria de agradecer a Keith Jahoda, Richard Mushotzky, Laurence Jones, Eric Perlman, Harald Ebeling, Donald Horner, Megan Donahue, Mark Voit, Andy Fabian, Keith Gendreau, Eric Gotthelf, Colin Norman, Wil van Breugel, Ian Smail, David Helfand, Mark Bautz, Frits Paerels, Steve Kahn, Fernando Camilo, Francisco Feliciano, Nelson Rivera, Arlin Crotts, Zoltán Haiman, Joanne Baker, Michael Storrie-Lombardi, David Spiegel, Kristen Menou, Ben Oppenheimer, Adam Black, Mbambu

Miller, Greg Barrett, Jane Rosenman e vários outros que, sem ter culpa nenhuma, me inspiraram e me encorajaram.

Por todas as outras coisas: agradeço à minha torcida organizada particular, minha família, que me tolera há tempos – a matriarca, Marina Scharf, minha mulher, Bonnie Scarborough, minhas filhas, Laila e Amelia – eu lhes devo quase tudo.

Finalmente, lanço um pequeno pensamento antes que você comece a ler o livro. Nossa espécie surgiu depois de 4 bilhões de anos de feroz evolução molecular que nos impele a trabalhar, trabalhar e trabalhar. Nós o fazemos a fim de sobreviver, e para muitos de nós essa sobrevivência ainda não está garantida. Para outros, é mais como um meio para um fim, uma maneira de obter as coisas que nos trazem conforto, prazer ou até paz. Não obstante, todos nós deveríamos reservar um momento, de vez em quando, para olhar o céu. Mesmo que sejamos tão minúsculos, nossas vidas estão entrelaçadas inextricavelmente a esse grande e maravilhoso cosmo. Ele é a nossa herança. Deveríamos nos sentir orgulhosos e satisfeitos com nosso lugar nele, e nunca deixar de lado a nossa curiosidade sobre ele.

# 1. Estrela escura

UM COMPUTADOR REPOUSA sobre minha escrivaninha, em meio a papéis espalhados e cheios de manchas de café. Sua tela esteve vazia a manhã inteira. Subitamente, ela se acende e exibe uma imagem pixelada. Uma mensagem vem do espaço.

Alguns dias atrás, muito acima da superfície da Terra, um grande observatório orbital mirou para além dos arcos de nossa galáxia, a Via Láctea, durante quarenta horas. Com olhos frios, ele seguiu pacientemente um pequeno trecho do cosmo, um pedacinho do céu perto da constelação do Cocheiro. Nessa direção se esconde uma visão gloriosa para o observador que espia o abismo na esperança de encontrar um tesouro.

Esse instrumento notável se chama Chandra.[1] Décadas de trabalho foram investidas em sua construção, centenas de pessoas labutaram em vários países. Sangue, suor, amor e as lágrimas de uma civilização altamente tecnológica produziram as superfícies polidas e os dispositivos incomparavelmente precisos que estão dentro dele. Carreiras começaram e terminaram enquanto ele passava de sonho a realidade. Por fim, foi alçado ao espaço e solto com suave delicadeza do ventre do ônibus espacial *Columbia*, da Nasa, para se tornar um exemplo tangível da curiosidade infinita da humanidade.

E agora ele farejou alguma coisa nas profundezas. Fótons, partículas de luz, alcançaram os espelhos e filtros do observatório, formando uma imagem no sensor de silício de uma câmera digital. Essa imagem, codificada na forma de uma torrente de dados, foi passada à Terra, transmitida primeiramente como micro-ondas para uma estação no solo e então distribuída ao redor do globo. Processada e enviada através de um continente, em outra jornada por centenas de quilômetros de fios e de cabos de fibra óptica, a imagem finalmente foi refeita como figura monocromática numa tela em meu pequeno e bagunçado escritório, dez andares acima das ruas de Manhattan, no século XXI.

Num dia qualquer, não esperamos ver nada especialmente notável na grande enxurrada de dados produzida pela ciência moderna. A paciência é uma virtude aprendida a duras penas. Entretanto, em meio ao ruído grosseiro da imagem, estão os vestígios de uma estrutura. Ela é pequena e fugaz, mas inconfundível. Eu posso ver um ponto de luz cercado por alguma outra coisa – um jato borrado projetando-se para a esquerda e para a direita. Parece com uma pequena libélula presa com um alfinete num pedaço de papelão. Há qualquer coisa curiosa a respeito dessa imagem. Ela tem o sabor de uma espécie nova.

O som do trânsito das ruas ecoa ruidosamente nos desfiladeiros formados pelos edifícios, mas por um instante tudo fica em silêncio. Minha mente não está mais neste mundo, ela viaja para um recanto muito, muito distante no Universo.

Doze bilhões de anos atrás,[2] os fótons que compõem essa imagem começaram sua jornada. Eles são raios X, invisíveis aos olhos humanos, mas capazes de penetrar nossos corpos moles. Por 12 bilhões de anos eles passaram desimpedidos através do cosmo. Mas enquanto viajavam o Universo mudou; o próprio espaço se expandiu, esticando a forma de onda dos fótons e esfriando-os até um patamar mais baixo de energia.

Quando eles partem, não há uma estrela chamada Sol, não há um planeta chamado Terra. É somente quando eles estão a dois terços de sua jornada que parte de uma nebulosa, uma nuvem de gás e poeira interestelar localizada numa galáxia ainda muitíssimo remota, entra em colapso e produz uma nova estrela e um conjunto de novos planetas que eventualmente se tornam nosso lar.

Quando a Terra se forma, aqueles fótons já eram muito antigos, partículas de 7 bilhões de anos que atravessaram vastas porções do cosmo. O tempo passa. Em algum lugar na Terra, um complexo conjunto de estruturas moleculares começa a se autorreplicar: a vida se inicia. Dois bilhões de anos depois, os fótons começam a entrar no que poderíamos chamar de Universo conhecido. Aqui estão os grandes superaglomerados e as estruturas de galáxias em forma de teia que nós mapeamos.[3] Com comprimentos que vão de dezenas de milhões até centenas de milhões de anos-luz, essas formas são os esqueletos sobre os quais galáxias e estrelas coalescem, moldadas pela gravidade – milhões de galáxias e quintilhões de estrelas espalhadas pelo cosmo. Na Terra, a evolução microbiana acaba de dar origem às primeiras células de um novo tipo de vida, os eucariotos, nossos ancestrais diretos. Essas atarefadas criaturas microscópicas nadam a esmo em busca de alimento.

Mais 1 bilhão de anos se passa. Os fótons entram no verdadeiro espaço conhecido, um reino onde nossos instrumentos mapearam verdadeiras muralhas de galáxias e gigantescos espaços vazios. Aqui há estruturas com nomes e cartões de apresentação familiares, tais como Abell 2218 e Zwicky 3146, enormes enxames gravitacionais de galáxias conhecidos como aglomerados. Na Terra, a primeira forma de vida verdadeiramente multicelular emerge, e o ar começa a ser preenchido com oxigênio. A química desse elemento é feroz. Novos tipos de metabolismo evoluem como resposta a ela – uma revolução está se armando. Apenas 500 milhões de anos depois, as superfícies secas da Terra são cobertas por algo exótico: plantas que usam as ferramentas moleculares da fotossíntese. Uma tintura verde e estranha cobre o supercontinente de Gondwana, a maior massa de terra do planeta.[4]

Os fótons continuam em sua paciente jornada, passando através de regiões que vão se tornar cada vez mais familiares para os astrônomos, que ainda não evoluíram. Por perto estão os grandes aglomerados de galáxias que nós vamos batizar com os nomes das constelações em que os vemos: Coma, Centauro e Hidra. Os fótons seguem adiante, e, do ponto de vista de um observador que fique ao lado deles enquanto correm, nossa galáxia é agora um dos milhares de poças de luz no céu à sua frente.

Eles vão levar mais 490 milhões de anos para alcançar o nosso grupo local, um bando desordenado de galáxias. Algumas são grandes, como Andrômeda e a Via Láctea, outras são pequenas, como as galáxias anãs de Baleia, Pégaso, Fornalha e Fênix. Esse não é um lugar muito notável, talvez com um total de alguns poucos trilhões de estrelas.

Na Terra, vários grandes períodos de vida surgiram e se foram. Os dinossauros não são vistos há quase 60 milhões de anos. Os continentes e oceanos mudaram de forma drástica, e os contornos de nosso mundo moderno são claramente visíveis. Aves e mamíferos se espalham pelo globo. Os mares Negro, Cáspio e de Aral começam a se separar do antigo oceano de Tétis e do que vai se tornar o mar Mediterrâneo.

Nos próximos milhões de anos, os fótons caem no poço gravitacional de nossa vizinhança galáctica. A Via Láctea agora é uma mancha brilhante espalhada pelo céu, que se concentra cada vez mais. No terceiro planeta a partir de uma modesta estrela anã amarela classe G que orbita num dos braços externos dessa galáxia espiral, um novo tipo de animal começa a caminhar ereto sobre duas pernas. Enquanto ele deixa pegadas na cinza vulcânica enlameada do que agora é a garganta de Olduvai, na África Oriental, os fótons chegam cada vez mais perto. Quase 12 bilhões de anos depois da partida, eles nunca desaceleraram. Como são partículas de luz, estão embebidos no espaço e no tempo, movendo-se à mesma velocidade desde a origem.

Eles levam outros 2 milhões de anos para alcançar as beiradas mais externas do grande carrossel de nossa galáxia. Uma grande era glacial ocorre na Terra. Enormes campos de gelo se espalham a partir dos polos, engolindo o hemisfério norte. Essa profunda mudança no meio ambiente afeta o comportamento e a sorte dos descendentes dos hominídeos – os seres humanos. Grupos de pessoas migram e fazem explorações. Áreas que um dia foram mares rasos agora podem ser atravessadas a pé. Outros 12 mil anos se passam, e os fótons voam pelo braço espiral de estrelas, gás e poeira da Via Láctea que recebe o nome de Braço de Perseu. Agora o gelo já recuou e os bolsões de população humana estão espalhados por toda parte. Grandes culturas se erguem e desaparecem, e outras começam a florir pelo planeta, do Oriente Médio até a Ásia, da África para as Américas do Norte e do Sul e a Oceania.

Os fótons entram no Braço de Órion de nossa galáxia. Eles passam pela própria nebulosa de Órion, uma vasta e bela nuvem de gás e poeira, berçário de novas estrelas e cemitério de estrelas antigas. Apenas mil anos restam para se completar a grande migração dos fótons. Na Terra, astrônomos do Oriente Médio e da China observam um novo objeto brilhante no céu. Eles não sabem, mas testemunharam uma supernova, a morte explosiva de uma estrela. Uma década depois, no ano que chamamos de 1066, um duque da Normandia com o nome inglório de Guilherme o Bastardo lidera seu exército e conquista uma terra insular para ali se estabelecer como rei. Um cometa brilhante precede sua chegada, ou a pressagia, segundo se acreditava então. Mais tarde conhecido como cometa Halley, ele passa pelo céu e é representado na épica tapeçaria de Bayeux, que recorda esses grandes eventos.[5] É a 19ª vez que o cometa é documentado por olhos humanos, cada observação separada por cerca de 75 anos.

Reis e rainhas, imperadores e imperatrizes sobem e caem. Guerras esquentam e eventualmente se arrefecem. Seres humanos migram e exploram o planeta. Doenças, vulcões, terremotos e inundações vêm e vão no decorrer do tempo. Seiscentos anos se passam num piscar de olhos cósmicos. Os fótons entram numa esfera cujo centro é a Terra e que se estende até o aglomerado estelar das Plêiades, as Sete Irmãs. O Sol é um pontinho de luz desprezível a distância. Galileu usa um telescópio para estudar as luas de Júpiter, percebendo que elas orbitam aquele astro e que, portanto, a Terra não é o centro de todos os caminhos celestiais. Meio século mais tarde Newton formula leis físicas que descrevem as propriedades do movimento e da gravidade.

Os fótons prosseguem através do imenso vazio do espaço interestelar – muito mais vasto comparado ao tamanho das estrelas que o espaço intergaláctico quando comparado ao tamanho das galáxias. Centenas de anos se passam. As duas guerras mundiais devastam o hemisfério norte do planeta. Os fótons começam a passar pela coleção de estrelas que formam a constelação do Cocheiro, do ponto de vista de um observador na Terra. A Guerra do Vietnã é travada, e os Beatles estão tocando em todas as rádios. A *Apollo 8* orbita a Lua e, pela primeira vez, olhos humanos veem a Terra surgir de um novo horizonte.

Décadas mais tarde, os fótons cruzam os limites de nosso sistema solar. Zunindo através da pele magnética da heliopausa – onde a influência do Sol dá lugar àquela do espaço interestelar –, faltam apenas algumas horas para eles chegarem. Finalmente, como se estivessem desempenhando seu papel em alguma grande tragédia cósmica, eles são capturados por um cilindro de cerca de 1 metro de comprimento, meros 0,000000000000000001% do diâmetro da galáxia da Via Láctea, onde o cilindro está localizado. Em vez de singrar o infinito, os fótons são capturados na alta órbita do planeta Terra, dentro do grande Observatório Espacial Chandra, onde são canalizados para o interior de uma série de tubos de vidro cobertos de irídio. Nos próximos nanossegundos, esses antigos fótons de raios X finalmente encontram um obstáculo no caminho de sua longa jornada pelo cosmo: um pedaço de silício meticulosamente preparado, composto de átomos forjados dentro de outra estrela, morta há bilhões de anos. O silício absorve sua energia e, no local em que cada fóton colide, elétrons são liberados nos pixels microscópicos de uma câmera. Dentro de alguns poucos segundos, uma voltagem é estabelecida automaticamente, varrendo esses elétrons para o lado, em direção a uma linha de eletrodos – como um crupiê pegando fichas numa mesa de roleta. Aqui, depois de uma jornada de 12 bilhões de anos, os fótons são registrados como cargas elétricas e convertidos em algo novo. Eles se tornaram informação.

Na tela do computador em meu escritório em Nova York esses dados criam uma imagem. Ela é uma impressão digital única e reveladora de intensidade e energia. Aqui estão os sinais de um jovem e extraordinariamente massivo buraco negro, que despedaça com fúria a matéria no céu de uma distante e agora antiga galáxia. Seu apetite é extremo e violento. Mas alguma coisa nova e inesperada se revela também. Uma presença sôfrega se estende até mais adiante, empurrando, moldando e alterando o Universo à sua volta. Asas de libélula luminosas aparecem ao redor da parte mais brilhante da imagem, onde espreita o buraco negro. A escala verdadeira delas é estonteante: têm centenas de milhares de anos-luz de largura. Seu brilho verdadeiro é imenso, representando uma energia dissipada 1 trilhão de vezes maior que o nosso Sol. Seja o que for, isso está

Estrela escura

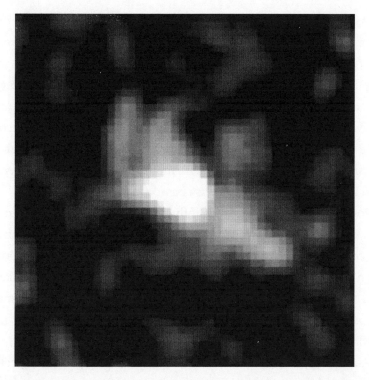

FIGURA 1. Imagem feita a partir dos fótons de raios X que viajaram em nossa direção por 12 bilhões de anos. Mesmo que essa imagem pareça pixelada, é exatamente assim que ela aparece nos limites máximos da resolução de nossos instrumentos. Um ponto brilhante é cercado por uma forma estranha: asas de libélula com centenas de milhares de anos-luz de envergadura. Essa é a visão de um misterioso colosso nos confins do cosmo.

inundando aquela galáxia antiga de radiação, de alguma forma alimentada pelo monstro em seu interior.

Este livro em parte conta a história daquele lugar distante. Nas últimas décadas um panorama notável e estranho surgiu.[6] Ele se estende para muito além dos estudos esotéricos e fantásticos dos extremos de espaço e tempo que foram a marca registrada da ciência dos buracos negros. A astronomia do final do século XX e do começo do século XXI revelou que buracos negros são variados e comuns. Embora pensemos que a maioria deles começa como objetos comparativamente pequenos, com a massa de apenas poucos sóis, alguns conseguiram crescer e atingir tamanho muito maior. Sabe-se que os mais graúdos possuem *dezenas de bilhões* de vezes a massa do Sol. Eles são de estontear a imaginação e desafiam nossas ideias centrais sobre como surgiram todos os objetos e estruturas que vemos no Universo. Ao mesmo tempo, eles não se escondem como corpos inertes, invisíveis e indiferentes. Viemos a perceber que a ciência dos buracos negros é muito real e muito imediata. A presença deles se faz sentir através do cosmo. Buracos negros desempenham um papel crucial para fazer com que o Universo se exiba da maneira como ele é.

Por esse motivo, eles também influenciam profundamente os ambientes e as circunstâncias nas quais planetas e sistemas planetários se formam, bem como as combinações químicas e elementares que os compõem. A vida, o fenômeno do qual fazemos parte, está conectada profundamente a todas essas cadeias de eventos. Dizer que os buracos negros têm implicações para a vida no Universo pode parecer exagerado e improvável, mas é a verdade pura e simples, e essa é a história que vamos contar.

Para começar a explicar o cataclismo épico que apareceu na tela do meu computador, eu tenho de recuar no tempo alguns séculos, de volta a uma época em que aquela pequena esquadrilha de fótons ainda atravessava a orla exterior do Braço de Órion da Via Láctea. Vivia-se outra era na Terra, em que havia grandes mudanças e novas ideias – especialmente num pequeno canto do planeta.

COM SUA TORRE de pedra alta e austera, a igreja da paróquia de São Miguel, no vilarejo de Thornhill, em West Yorkshire, Inglaterra, parece um lugar improvável para cultivar os segredos do Universo.[7] Talvez haja algo no terreno verde e agreste dos arredores ou no céu dos invernos rigorosos que leve uma pessoa a ruminar grandes pensamentos cósmicos. Na verdade, em 1767, um fato notável ocorreu na pequena comunidade. Naquele meio surgiu um pensador extraordinário, um polímata cuja mente perambulava pela vastidão do espaço. E ele também era o novo reitor de Thornhill.

Aos 43 anos, John Michell já era uma figura altamente respeitada nos círculos acadêmicos britânicos. Ele passou a maior parte de sua vida imerso em trabalhos intelectuais, tendo alcançado o título de professor woodwardiano de geologia na Universidade de Cambridge. Seus interesses variavam desde a física da gravitação e do magnetismo à natureza geológica da Terra. Contudo, apesar de sua reputação científica, pouco se conhece dos detalhes pessoais da vida de Michell.[8] Alguns relatos o descrevem como um homem de baixa estatura e roliço, um espécime físico totalmente esquecível. Outros acentuam sua mente inquieta e sempre atarefada, alguém que se encontrou com Benjamin Franklin, que era fluente em grego e hebraico, ótimo violinista e mantinha sua casa animada com debates e discussões.

Claro é que, alguns anos antes, em 1760, quando era *fellow*\* do Queen's College em Cambridge, Michell produziu um estudo sobre terremotos que o estabeleceu como um dos avôs da sismologia moderna. Uma década antes disso ele escreveu um tratado sobre a natureza e a confecção de ímãs. Ele também publicou trabalhos sobre navegação e astronomia e estudos sobre cometas e estrelas.[9] Podia ter baixa estatura, mas sua visão aguçada foi capaz de penetrar o vazio.

Podemos presumir que, na vida relativamente calma em São Miguel, Michell foi capaz de garantir sustento e um lar para sua família. Talvez isso tenha lhe dado tempo para pensar, longe das agitadas rodadas de debates acadêmicos na vizinha cidade de Leeds e das grandes mudanças ocorridas no mundo ao seu redor. A Revolução Industrial começava na Europa, Catarina a Grande governava a Rússia, e a Revolução Americana ganhava ímpeto no Ocidente. Menos de cem anos antes, Isaac Newton tinha publicado suas obras monumentais sobre a natureza das forças e da gravitação. A ciência começava a se tornar o que é hoje, equipada com ferramentas matemáticas e tecnológicas cada vez mais sofisticadas, e mais ousada, graças ao espírito da época.

---

\* *Fellow*: cargo acadêmico dos países de língua inglesa oferecido àqueles que se destacam em suas áreas de pesquisa. Cada universidade tem critérios diferentes para determinar quem será *fellow*. (N.T.)

Havia um problema em particular que ocupava a atenção de Michell quando ele estudou astronomia, um problema fundamental e prático. Já era fato bem conhecido que as estrelas no céu noturno eram primas do Sol, mas restava uma questão aparentemente simples, que os cientistas da época eram incapazes de responder. A partir de argumentos geométricos, estava claro que o Sol era muito maior que qualquer dos planetas do nosso sistema solar. Assim, foi relativamente fácil usar as distâncias estimadas dos planetas até o Sol e o tempo que eles levam para completar uma órbita – os seus períodos – para calcular a massa solar. Newton mostrou como fazê-lo. A lei da gravitação universal de Newton delineava uma fórmula simples relacionando as massas de dois corpos à distância entre eles e à duração do período orbital de um ao redor do outro. Se a massa dos planetas fosse considerada desprezível comparada à do Sol, o tempo de órbita de cada um revelaria a massa do Sol.

Mas a questão que confundia Michell não era como medir a massa do Sol, e sim como medir a massa das estrelas distantes. Ainda não se podia ver nenhum planeta ao redor delas para prever sua gravidade. A natureza física das estrelas ainda não estava clara. Os astrônomos sabiam que elas eram objetos quentes e flamejantes, uma inferência feita a partir de nossa experiência cotidiana com o Sol, mas as verdadeiras distâncias que nos separam delas só começariam a ser conhecidas setenta anos depois. Mesmo assim, estava se tornando cada vez mais evidente que os astrônomos persas e chineses da Idade Média estavam na pista certa ao acreditar que as estrelas eram muito distantes no Universo e estavam sujeitas às mesmas leis físicas que governam nosso sistema solar. Conhecer o tamanho real delas ajudaria bastante nas tentativas de descobrir os detalhes sobre sua natureza.

Michell era um pensador extremamente versátil. No final do século XVIII a palavra "estatística" mal fora introduzida na ciência; os rudimentos da teoria das probabilidades tinham sido formulados cerca de um século antes. A ideia de aplicar essas ferramentas a questões científicas reais ainda estava na infância. Entretanto, enquanto ponderava tabelas e cartas astronômicas, Michell usou um raciocínio estatístico para mostrar que o padrão das estrelas indicava que muitas não estavam isoladas no espaço. Ele propôs que algumas delas devem se apresentar aos pares, as estrelas binárias. Essa observação só seria verificada em 1803, quando o astrônomo William Herschel estudou o movimento desses astros. Se fosse possível observar as órbitas reais de estrelas binárias, então, usando-se a fórmula de Newton, seria possível estimar sua massa total. Mas na época de Michell essa observação ainda não estava ao alcance dos astrônomos, e então ele teve de achar outra maneira de medir a massa de uma única estrela distante.

A solução que ele encontrou foi incrivelmente inteligente. Cem anos antes, Newton propusera que a luz era feita de "corpúsculos" – partículas que viajam em linha reta. Michell raciocinou que, se a luz é composta por esses corpúsculos, então eles teriam de se sujeitar às forças naturais, assim como tudo o mais no mundo. A luz que escapasse da superfície de uma estrela distante deveria, portanto, ser desacelerada pela gravidade. No final do século XVIII, já se sabia que a velocidade da luz era muito alta – cerca de 300 mil quilômetros por segundo. Michell sabia que até a enorme massa de uma estrela como o Sol seria capaz de reduzir a velocidade da luz em uma pequena fração. Mas se essa mudança pudesse ser medida de alguma forma, então seria possível deduzir a massa da estrela.

Em 27 de novembro de 1783, Michell reuniu suas ideias numa apresentação para a Royal Society, em Londres. O título do artigo é um fabuloso exemplo de circunlóquio e discurso enrolado: "Sobre os métodos da descoberta da distância, magnitude etc. das estrelas fixas, por consequência da diminuição da velocidade de sua luz, caso possa haver diminuição em qualquer uma delas, e outros dados que possam ser obtidos a partir das observações que se façam necessárias para este propósito".[10]

Enquanto apresentava seu trabalho à Royal Society, Michell ofereceu seu argumento para deduzir a massa de uma estrela. A lógica de abertura era muito simples: "Vamos supor que as partículas de luz sejam atraídas da mesma maneira que todos os outros corpos que conhecemos; ... a gravitação, até onde se sabe ou até onde temos razões para acreditar, é uma lei universal da natureza." A ideia foi bem recebida pela plateia, bastante versada em física newtoniana, que, como todos os relatos indicam, ficou extasiada. A desaceleração da luz pela gravidade era uma noção deliciosa.

O conceito de Michell era audacioso. Reconhecer que uma estrela ou outro objeto cósmico deixa marcas de suas impressões digitais na própria luz que emite e que chega até nós representava de fato um enorme salto para a astronomia moderna. A habilidade de deduzir a natureza de objetos no cosmo pela análise da luz é, hoje em dia, central para nossa exploração do Universo. Mas Michell tinha mais coisas a dizer.

O reitor de Thornhill, um criativo solucionador de problemas, estava se sentindo inspirado. Seu próximo grande salto foi reconhecer que um objeto poderia ter uma quantidade de massa suficiente para puxar um corpúsculo de luz que tentasse escapar até detê-lo por completo. Fazendo um pouco de malabarismo aritmético, Michell calculou a massa que um objeto precisaria ter para ser capaz de ater a luz. Ele fez isso virando o problema de cabeça para baixo. Se um objeto caísse em direção a uma estrela, de uma distância infinita, e alcançasse a velocidade da luz no ponto de impacto, então a estrela teria força gravitacional suficiente para impedir que a luz escapasse na direção contrária. Se uma estrela como esta tivesse a mesma densidade do Sol, Michell deduziu que ela teria de possuir um diâmetro quinhentas vezes maior. O belo sumário que fez da situação para a Royal Society era claro: "Toda a luz emitida por esse corpo deve retornar em direção a ele, por efeito de sua gravidade."

A partir de seus cálculos, Michell percebeu que isso significava que poderia haver objetos distantes no Universo que aprisionavam toda a luz emitida de suas superfícies e que seriam, para todos os propósitos, invisíveis. A única maneira de perceber um corpo assim seria detectando sua influência gravitacional em outros objetos. Esses objetos massivos da física newtoniana são conhecidos desde então como as "estrelas escuras" de Michell.

Uma década depois de Michell ter formulado essas ideias na sonolenta vizinhança rural de West Yorkshire, o extraordinário matemático e astrônomo francês Pierre-Simon Laplace chegou de maneira independente a conclusão parecida. Nascido na Normandia, Laplace era um prodígio científico, e suas proezas matemáticas logo o fizeram chegar aos mais altos escalões acadêmicos na França. Quando ainda tinha vinte e poucos anos, ele desenvolveu por conta própria uma teoria matemática descrevendo a estabilidade das órbitas planetárias e contribuiu para o desenvolvimento do cálculo moderno. Logo depois ele ajudou a criar teorias de probabilidade e de física matemática. As estrelas escuras de Michell foram batizadas de "estrelas negras" por Laplace, que em 1796 escreveu: "Portanto, é possível que os maiores corpos luminosos do Universo sejam, por esse motivo, invisíveis."

Embora outros cientistas estivessem intrigados com a ideia, não há registros de que Michell e Laplace tenham se comunicado, e o conceito só seria bem compreendido mais de um século depois. A teoria corpuscular da luz já estava caindo em desuso, pois não explicava fenômenos ópticos então recentemente descobertos. Laplace chegou até a remover com prudência a descrição das estrelas negras de cópias posteriores de seu tratado épico, *Exposição do sistema do mundo*. Hoje sabemos que a hipótese fundamental por trás das teorias de Michell e de Laplace – que a luz seria desacelerada pela gravidade – está errada. A verdade é ainda mais surpreendente.

Mesmo assim, a ideia foi uma reviravolta na maneira de pensar sobre os objetos massivos no cosmo. A noção de que podia haver objetos tão imensos e mesmo assim completamente invisíveis era revolucionária. Mais revolucionário ainda era sugerir que os objetos mais massivos e luminosos – ou seja, os que emitiam maior quantidade de fótons, ou corpúsculos, a cada instante – podiam ser os mais escuros, do nosso ponto de vista. Mas o grau revolucionário dessa ideia só seria plenamente reconhecido muito mais tarde.

Dois eventos cruciais acabariam por trazer de volta a ideia de Michell sobre as estrelas escuras. O primeiro deles iria acontecer num porão gelado em Cleveland, Ohio, em 1887.

No final do século XIX, avanços notáveis foram feitos em nossa compreensão das propriedades da luz e do eletromagnetismo. Décadas de experimentos demonstraram que o fluxo de correntes elétricas produzem campos magnéticos, e que, da mesma maneira, campos magnéticos em movimento, ou o movimento de materiais condutores através de um campo magnético estacionário, produzem correntes elétricas – o fluxo de energia. Conforme melhorava a habilidade para medir com precisão essas correntes, voltagens e campos, aprimorava-se também a descrição matemática das relações entre esses fenômenos. Uma reviravolta aconteceu entre os anos de 1861 e 1862, quando o físico escocês James Clerk Maxwell formulou um conjunto de equações que reuniam todas essas relações físicas, e muito mais.

No cerne do trabalho de Maxwell estão quatro equações.[11] Na linguagem formal do cálculo, dizemos que elas são equações diferenciais parciais, e descrevem como as cargas e correntes elétricas se relacionam com campos e fluxos magnéticos em qualquer situação, desde uma simples carga de eletricidade estática até um eletroímã complexo. Maxwell era um cientista brilhante e persistente que publicou seu primeiro artigo científico aos catorze anos de idade. Enquanto refinava seu trabalho, ele descobriu que havia implicações muito mais amplas em suas equações. Um campo magnético não poderia existir sem um campo elétrico, e vice-versa. Ele percebeu que esse acoplamento de campos implicava que uma onda de carga elétrica poderia se mover – ou se propagar – através de um meio juntamente com uma onda complementar de um campo magnético. Em sua forma mais simples, esse fenômeno pode ser visualizado como um par de cordas agitadas até que formem uma série de picos e vales – a forma de uma onda senoidal. Quando a onda elétrica alcança um pico ou um vale, a onda magnética faz o mesmo. O campo elétrico em movimento produziu um campo magnético em movimento, e o campo magnético em movimento produziu um campo elétrico em movimento. De muitas maneiras isso lembrava uma máquina de moto-perpétuo.* Maxwell também descobriu que ele podia calcular a velocidade do movimento dessa "radiação eletromagnética". Para seu espanto, o valor era igual ao da velocidade da luz. Einstein posteriormente escreveria: "Imagine os sentimentos [de

---

* Moto-perpétuo: dispositivo que, uma vez posto para funcionar, jamais cessaria de gerar energia; ele poderia alimentar um motor eternamente, por exemplo. Tentativas de construir máquinas de moto-perpétuo foram feitas desde a Antiguidade, até que se demonstrou, usando argumentos da termodinâmica, que isso é impossível. (N.T.)

Maxwell] quando as equações que ele formulou provaram que os campos eletromagnéticos se espalham na forma de ondas polarizadas com a velocidade da luz!"[12]

Maxwell descobrira e provara que a luz era uma manifestação de campos elétricos e magnéticos. Que era um fenômeno eletromagnético. Esse foi o prego final no caixão da teoria corpuscular de Newton: campos elétricos e magnéticos não têm massa, portanto a própria luz teria "massa zero".

As equações de Maxwell ainda são inteiramente válidas, porém, mesmo com toda a sua beleza e incrível utilidade, elas se apoiam em algo ainda mais profundo e surpreendente. Configurações diferentes dos campos magnéticos e elétricos não alteram a velocidade de propagação. Oculta em meio às equações está a sugestão de que a velocidade da luz é constante. Também havia outra coisa: se a luz era uma onda eletromagnética, decerto ela precisaria de um meio para se propagar. Entretanto, a luz se propaga facilmente pelo vácuo. Então que meio seria esse?

Muitos outros físicos se ocuparam das equações de Maxwell e tentaram explicar a propagação da luz. A ideia mais popular adotada pela comunidade científica era a do "éter luminífero", um meio invisível que permearia o Universo e permitiria que as ondas eletromagnéticas fossem capazes de passar de um lugar para outro. Mas havia problemas com essa teoria. Mesmo que a luz se propagasse alegremente através do éter invisível numa velocidade fixa, nós deveríamos observar mudanças na velocidade *aparente*, porque nós mesmos estaríamos nos movendo em relação ao éter. Isso aconteceria porque estamos andando a pé, a cavalo, de trem, ou apenas porque estamos sentados num planeta que orbita ao redor do Sol a mais de 30 quilômetros por segundo. Os princípios da física newtoniana e galileana deveriam se aplicar, e a velocidade da luz teria de parecer variável.

Testar essa hipótese era um imenso desafio. Se a luz viaja a 300 mil quilômetros por segundo, então mesmo o movimento da Terra ao redor do Sol acarretaria uma mudança de apenas 0,01% na velocidade aparente da luz no éter. Medir a velocidade da luz com precisão no laboratório é algo complicado até hoje. No final do século XIX, até os experimentos mais bem projetados e com os equipamentos mais avançados passavam longe de alcançar a sensibilidade necessária para detectar variações tão pequenas na velocidade da luz.

Então, em 1887, dois cientistas americanos, Albert Michelson e Edward Morley, construíram um aparato engenhoso projetado para medir a velocidade da luz com precisão inédita. Michelson era um físico óptico bastante conhecido. Ele já tinha feito consideráveis esforços para refinar a medida da velocidade da luz (de fato, era a obsessão de sua vida). Alguns anos antes ele tinha realizado experimentos com um protótipo do aparato para alcançar um nível maior de precisão. Agora ele tinha juntado forças com Morley, professor de química e habilidoso experimentalista, para construir a próxima versão.

Para evitar até a menor distorção ou vibração durante o experimento, eles puseram o aparato sobre um enorme bloco de mármore que flutuava numa piscina rasa de mercúrio. Esse fluido denso suportava o peso do equipamento e permitia que eles o girassem com facilidade. Como cautela a mais, a coisa toda foi montada no porão de um prédio de dormitórios particularmente sólido no que hoje é o campus da Case Western Reserve University, em Ohio. Para conduzir o experimento, um feixe de luz muito fino foi dividido por um espelho semitransparente (algo parecido com o espelho das salas de interrogatório dos filmes policiais) a um ângulo de 45°, de maneira que os feixes divididos formavam um ângulo reto. Os feixes então viajavam até o primeiro de um conjunto de espelhos colocados nos cantos do bloco de mármore. Os espelhos refletiam os feixes em direção a outros espelhos no bloco, que eram cuidadosamente alinhados para que cada feixe percorresse dez voltas. A reflexão final foi arranjada para que os feixes perpendiculares passassem através do espelho semitransparente de novo e fossem refletidos. Dessa vez a luz seria reunida num mesmo lugar, dentro de um pequeno telescópio. Assim a luz viajaria uma distância bem maior, amplificando qualquer variação atribuível às velocidades diferentes dos feixes.

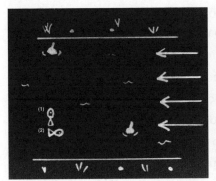 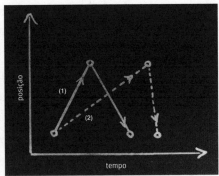

FIGURA 2. Ilustração da ideia por trás do experimento de Michelson-Morley. Imagine dois peixes num rio que corre (o éter). Ambos nadam sempre através do meio, empurrando-o com a mesma força. Um peixe (1) nada em direção a uma boia ancorada a certa distância, na outra margem, e retorna. O outro peixe (2) nada em direção a outra boia à mesma distância, porém localizada rio acima. Michelson e Morley perceberam que os peixes levam diferentes intervalos de tempo para completar a viagem de ida e volta, e que os fótons deveriam se comportar de maneira parecida se estivessem interagindo com um meio.[13] À direita está um diagrama mostrando a posição relativa da viagem de cada peixe com respeito ao tempo. O peixe que cruza o rio (1) luta contra a corrente lateral de igual maneira na ida e na volta. O peixe que sobe o rio (2) precisa enfrentar uma resistência forte na ida, mas depois volta depressa ao ponto de partida. Mesmo assim, o peixe que cruza o rio (1) sempre vai chegar primeiro ao ponto de partida – ele aparenta ter nadado mais depressa. Este é exatamente o princípio que Michelson e Morley queriam utilizar ao refletir fótons para cima e para baixo – correnteza acima e através do hipotético éter.

O experimento de Michelson-Morley foi concebido de forma brilhante – a princípio. Em suas viagens através do hipotético éter luminífero, os raios de luz se movendo para cima e para baixo na mesma direção da órbita terrestre deveriam parecer viajar numa velocidade diferente que os raios viajando na direção perpendicular à órbita. A diferença de velocidades faria com que as ondas de luz dos feixes se desalinhassem. Quando os feixes se reunissem, ocorreria um fenômeno conhecido como interferência; eles não iriam se combinar perfeitamente. Isso se mostraria na forma de uma série de anéis fantasmagóricos brilhantes e escuros, cuja imagem seria captada pelo pequeno telescópio alinhado com os dois raios de luz. Ou seja, Michelson e Morley usaram a própria natureza da luz para construir a régua extremamente precisa de que necessitavam para obter essa difícil mensuração.

Esse foi um belo experimento, que passaria à história da ciência para sempre – porque foi uma falha espetacular. Com toda a precisão do aparato e a considerável habilidade de Michelson e Morley, ficou claro que os raios de luz que viajaram em direções diferentes não exibiram absolutamente nenhuma diferença perceptível de velocidade. Isso era verdadeiro para qualquer hora do dia em que a medida fosse feita, ou qualquer época do ano, ou posição do bloco de mármore, ou temperatura em Cleveland, ou valor das ações na bolsa. Ou o éter através do qual a luz viajava não operava de acordo com os princípios aceitos da física ou ele simplesmente não existia.

Os autores descreveram seu experimento em cuidadoso detalhe num artigo publicado no *American Journal of Science*. Desesperados para entender o resultado, eles propuseram várias explicações para a falha em obter o resultado esperado. Nenhuma parecia plausível. A única conclusão a que puderam chegar é que, se realmente existisse um éter luminífero, a Terra não poderia estar se movendo através dele muito depressa.

Esforços posteriores de Michelson, Morley e outros não produziram resultados melhores. Todos esses experimentos executados com brilhantismo e que falharam em detectar qualquer coisa tornaram devastadoramente difícil defender a hipótese do éter. Alguma outra coisa estava acontecendo.

O segundo evento crucial que terminaria por trazer de volta as estrelas escuras de Michell à consciência dos cientistas começou dentro do cérebro de um jovem alemão funcionário de um escritório de patentes na Suíça. Até aquela altura, as misteriosas propriedades da luz continuavam a desafiar e frustrar os físicos, até que Albert Einstein publicou sua teoria da relatividade *especial* em 1905.[14] Ela mudou nossa compreensão da natureza da realidade de maneira irrevogável. De um golpe só, as peças do quebra-cabeça da velocidade fixa da luz viraram do avesso e subitamente se encaixaram. De fato, a extraordinária intuição de Einstein veio do estudo das equações de Maxwell. Ocorre que elas já continham a descrição matemática correta da natureza. Só era preciso que alguém descobrisse que descrição era essa.

Há dois postulados fundamentais na relatividade especial. O primeiro é que as leis da física não mudam de acordo com o seu referencial, conceito que remonta ao astrônomo italiano Galileu Galilei. Você poderia estar sentado numa cadeira de praia numa ilha tropical, ou amarrado num foguete que viaja a dezenas de milhares de quilômetros por hora, e em ambos os casos você deduziria que as mesmas leis da física estão atuando no Universo ao seu redor.

Já o segundo postulado mostra que Einstein estava mesmo inspirado. Ele propôs que a velocidade da luz permanece constante *independentemente* da velocidade de sua fonte emissora. Isso é totalmente contrário à intuição relativa à nossa experiência cotidiana do mundo e aos princípios da mecânica de Newton. Mas resolve muito bem as agruras de Michelson e Morley, elimina a necessidade do éter e explica a validade das equações de Maxwell. Também significa que o fenômeno da luz é uma parte extremamente fundamental do nosso Universo. Hoje, lasers e arranjos experimentais mais complexos podem medir a velocidade da luz com precisão maior que duas partes em 10 trilhões. Einstein estava certo. A velocidade da luz no vácuo simplesmente não muda, não importando o movimento da fonte emissora ou do observador.

Esse simples fato tem implicações surpreendentes para nosso Universo físico.[15] O próprio tempo se torna parte importante de qualquer sistema de coordenadas, e a passagem do tempo é relativa – depende do movimento do observador em relação a qualquer evento. A descrição newtoniana clássica para a energia portada por objetos móveis também foi modificada. Einstein descobriu que mesmo quando achamos que um objeto está estacionário, ele ainda possui uma quantidade que chamamos de energia da massa de repouso, dada pela famosa equação $E = mc^2$. Conforme objetos móveis com massa ganham cada vez mais velocidade, sua massa total aparente, ou inércia, aumenta, atingindo o infinito, se eles alcançassem a velocidade da luz. Einstein raciocinou que era por isso que nenhum objeto com massa poderia alcançar ou ultrapassar a velocidade da luz, uma vez que uma força infinita seria necessária para acelerar o objeto até aquele ponto.

A teoria da relatividade especial vale em situações nas quais o movimento relativo entre objetos, ou entre objetos e observadores, se mantém constante (em outras palavras, quando as velocidades envolvidas não se alteram). Somente uma década mais tarde, em 1915, Einstein publicaria sua teoria da relatividade *geral*, que incluía modificações de aceleração e o fenômeno da gravidade.[16]

Se a relatividade especial foi uma revolução, a relatividade geral foi o total e completo desmembramento da física que existia antes dela. Uma das principais intuições de Einstein foi perceber que, se você ou eu estivéssemos flutuando sem peso no Universo distante e vazio, isso seria *completamente* equivalente a cair no campo gravitacional de um objeto com massa. Essa observação simples levou-o a redefinir a própria gravidade.

Por ora, o ponto essencial é este: a relatividade geral nos diz que massa e energia distorcem a forma do espaço e do tempo, curvando-os como se fossem parte de uma trama flexível. O que chamamos de gravidade nada mais é que a maneira como os objetos se movem nesse espaço e tempo distorcidos. Até a luz, que não tem massa e possui uma velocidade fixa, está sujeita aos efeitos da gravidade. Se o caminho da luz estiver distorcido, então a luz também "sente" a força desse estranho fenômeno enquanto seus raios contornam objetos com massa. A relatividade de Einstein foi uma das ideias mais profundamente incômodas em sua época. Até hoje é considerada um grande desafio conceitual, mas fornece a melhor descrição que temos sobre a natureza do Universo.

Uma consequência-chave surgiu dos resultados anteriores de Einstein. A relatividade especial mostrou que a energia (ou seja, o comprimento de onda) da luz se altera de acordo com a velocidade aparente da fonte emissora medida do ponto de vista do observador. Uma fonte luminosa movendo-se em nossa direção vai parecer mais azulada, deslocada para comprimentos de onda mais curtos e energias mais elevadas. Uma fonte que se afaste de nós vai parecer mais avermelhada, deslocada para com-

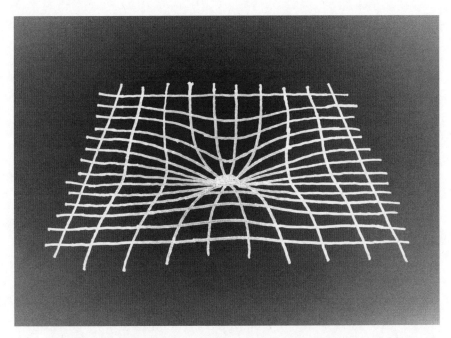

FIGURA 3. Isso é conhecido como *diagrama compactado*. A distorção da geometria do espaço tridimensional pela presença de massa pode ser representada por uma superfície bidimensional que se curva e se estica como uma membrana de borracha. Nesse caso, um objeto como um planeta ou uma estrela está ali no meio. Sem a massa, as linhas de coordenadas formariam uma grade homogeneamente quadriculada. Com a massa, a geometria do espaço é distorcida – agrupada ao redor da massa e esticada para baixo. O caminho mais curto através dessa região pode não ser mais uma linha reta. Vamos explorar o raciocínio por trás da relatividade geral com maiores detalhes no Capítulo 3.

primentos de onda mais longos e energias mais baixas. Em qualquer dos casos, a velocidade da luz permanece a mesma. O tamanho desse efeito em nossa experiência cotidiana é desprezível. Mas lá fora, no Universo, os objetos podem se mover rápido o bastante para que esses efeitos se tornem muito mais óbvios.

A relatividade geral demonstrou que o mesmo efeito ocorre no espaço e no tempo distorcidos ao redor de objetos com massa. A luz que sai de uma fonte no interior da distorção ao redor de um corpo massivo será percebida com um desvio para energias menores, ou para o vermelho. O efeito costuma receber o nome de desvio para o vermelho gravitacional: fótons perdem energia ao "escalar as paredes" para sair do interior do "poço" gravitacional de um objeto – embora a velocidade deles permaneça a mesma. De forma equivalente, se um observador estiver sentado bem no interior de uma distorção no espaço e no tempo ao redor de um objeto com massa, então a luz vinda do Universo distante vai parecer desviada para energias maiores – desviada para o azul –, enquanto segue seu caminho para dentro do poço de gravidade. O que é ainda mais perturbador, a distorção no espaço e no tempo faz com que eventos pareçam ocorrer mais lentamente quanto mais próximos estiverem de uma grande massa, quando vistos a distância. Experimentos já confirmaram tal efeito. Se você tiver força de vontade para sentar-se num balão por 48 horas a mais ou menos 10 quilômetros acima da Terra, você ficará mais ou menos 0,0000002 segundos mais velho que alguém que continuou na superfície. A gravidade faz o tempo andar mais devagar, e esse é exatamente o mesmo fenômeno da perda de energia associada ao desvio para o vermelho gravitacional.

Foram necessários muitos anos depois da publicação da teoria da relatividade geral de Einstein para que algumas de suas implicações e seus detalhes fossem compreendidos. O próprio Einstein não produziu um modelo completo que explicasse como um objeto massivo, como uma estrela, pode distorcer o tecido do Universo ao seu redor. Entretanto, logo depois de suas descobertas, um colega físico teria um insight que acabaria por desempenhar papel vital na aplicação da relatividade para a solução desse problema.

POR MAIS IMPROVÁVEL que pareça hoje, o cientista Karl Schwarzschild, de 42 anos, escreveu alguns de seus mais importantes trabalhos sobre relatividade e física quântica enquanto servia no selvagem front russo durante a Primeira Guerra Mundial, no fim de 1915. Nascido de pais judeus na Alemanha, Schwarzschild, assim como Michell, era um polímata com gosto pela astronomia. Sua genialidade foi reconhecida na infância, e quando tinha vinte e poucos anos ele já havia se estabelecido como professor nos altos escalões acadêmicos. Quando a guerra estourou, Schwarzschild apresentou-se para o dever, juntando-se à artilharia alemã. De alguma forma conseguiu prosseguir em seu trabalho científico. Numa carta para Einstein, ele derivou uma solução matemática que descrevia a distorção do espaço e do tempo ao redor de um objeto esférico com massa. Numa segunda carta, derivou a solução para a curvatura do espaço e do tempo *dentro* desse objeto com massa, admitindo que ele teria densidade uniforme. Tragicamente, seis meses depois de enviar seus cálculos para Einstein, Schwarzschild morreu doente no front e nunca pôde ver todas as implicações de seu trabalho.

O legado principal de Schwarzschild é a fórmula que agora leva seu nome. O raio de Schwarzschild estabelece uma relação entre a massa de um objeto e seu efeito na luz. Ele é o elo crítico que acabaria por demonstrar que as estrelas escuras de Michell e de Laplace poderiam mesmo existir em nosso Universo.

Quando Michell e Laplace pensaram sobre as propriedades desses objetos massivos, eles consideraram erroneamente que a luz era feita de pequenos corpúsculos que sentiriam o puxão da gravidade da mesma forma que uma pedra, uma bola de tênis ou qualquer outra coisa. De acordo com a teoria deles, não vemos a luz emergir das estrelas escuras porque ela foi puxada de volta pela força da gravidade. Mas se você pudesse viajar em direção a uma estrela escura, encontraria alguns desses corpúsculos de luz antes que eles caíssem de volta na superfície. Se você chegasse um pouco mais perto, os veria dando a volta em suas trajetórias, como o voo em curva de trilhões de bolas arremessadas para cima e caindo de volta no chão. Tudo que você tem de fazer é se aproximar, e a luz da estrela escura começa a se revelar.

E é aqui que as estrelas escuras de Michell colidem com nosso mundo moderno. Na linguagem de Michell, a certa distância de um objeto suficientemente massivo, a velocidade necessária para escapar do puxão gravitacional daquele objeto começa a exceder a velocidade da luz. A luz é detida, e o objeto é escuro para o Universo exterior. Mas hoje sabemos, tanto por experimentos quanto pelas teorias, que a luz não tem massa e que sua velocidade permanece constante. Ela simplesmente segue o caminho mais curto no tempo e no espaço. Baseando-se nos princípios da relatividade geral, o que a fórmula de Schwarzschild sugere é que de fato há uma distância a partir do centro de massa de um corpo além da qual a luz não pode escapar.

O raio de Schwarzschild corresponde a uma singularidade em sua solução matemática para a distorção do espaço ao redor de uma massa esférica. Uma singularidade matemática é simplesmente um ponto em que nenhuma expressão algébrica fornece respostas definidas, mais ou menos como calcular o valor de um dividido por zero. No caso da maravilhosa formulação de Schwarzschild, uma singularidade ocorre a certa distância de um objeto com massa e indica uma curvatura extrema do espaço e do tempo. Entretanto, por mais interessante que seja, será que o raio de Schwarzschild é apenas uma travessura matemática, ou corresponde a algo observável de verdade? A resposta é que, embora a singularidade possa ser arrumada pela escolha certa das variáveis matemáticas, ainda assim existe algo de notável sobre esse local. Todos os caminhos a partir do raio se viram para dentro, até mesmo para a luz. Do seu ponto de vista como observador externo, a luz é desviada para o vermelho – seu comprimento de onda é esticado – por uma quantidade infinita. Não importa quanto você chegue perto, você nunca verá fótons vindos lá de dentro.

Einstein demonstrou que a luz é a "régua" do cosmo, intrinsecamente costurada ao tecido do Universo observável. Ela define a maneira pela qual matéria e energia interagem. O raio de Schwarzschild é mais que um ponto além do qual a luz não pode escapar. A partir do referencial de um observador externo, o raio representa o lugar onde o tempo e o espaço parecem ter se detido. Se você pudesse colocar um relógio nesse local para observá-lo de uma distância segura, ele pareceria parado. Estritamente falando, o relógio também desapareceria de vista, já que a luz que saísse dele seria desviada para o vermelho até o nada enquanto tentasse escapar em sua direção. Qualquer coisa, qualquer evento que aconteça além desse ponto jamais poderá ser visto no Universo externo. Por esse motivo, o raio de Schwarzschild também é chamado de horizonte de eventos.

*Estrela escura*

A pergunta mais óbvia que se faz, e que surgiu vez após vez nas décadas que se seguiram a essas revelações, é se tais lugares podem realmente existir no cosmo. A definição matemática do raio de Schwarzschild é uma função muito simples, uma propriedade fixa da massa de qualquer objeto esférico. A questão é que o valor desse raio é muito pequeno. Por exemplo, enquanto a Terra tem uma massa de cerca de 6 trilhões de trilhões de quilogramas ($6 \times 10^{24}$ kg), seu raio de Schwarzschild é de apenas 9 milímetros – menos de 1 centímetro.

E aí está parte do problema. Você teria de apertar a massa total da Terra dentro desse raio de 9 milímetros para criar um horizonte de eventos. Dado o tamanho real da Terra, claramente não há nenhum ponto além do qual o espaço e o tempo se distorçam tanto que nem a luz possa escapar. Nosso enorme Sol tem uma massa cerca de 332 mil vezes maior

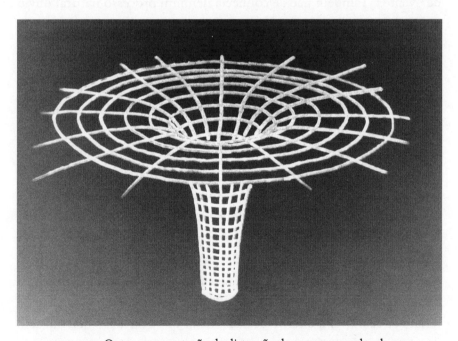

FIGURA 4. Outra representação da distorção do espaço ao redor de um objeto com massa. Nesse caso, a massa densa está curvando o espaço e o tempo até um estado extremo. No fundo do funil está o horizonte de eventos. O Universo exterior não recebe informação alguma além desse ponto, já que nem a luz pode escapar da parte mais profunda do funil.

que a da Terra e um raio de quase 700 mil quilômetros. Ele teria de ser comprimido por um fator de mais de 200 mil vezes para caber em seu raio de Schwarzschild de 3 quilômetros. Só então o espaço e o tempo ficariam distorcidos o bastante para impedir que a luz escape.

Embora a relatividade geral tenha providenciado uma descrição mais completa sobre a natureza da gravidade, e tenha demonstrado de maneira rigorosa e satisfatória que, em princípio, pode haver objetos escuros, todo mundo teve muita dificuldade para acreditar que coisas tão sem sentido assim pudessem estar lá fora.

Ironicamente, o próprio Einstein foi um dos que argumentavam contra a plausibilidade desses objetos. O que ele criticava, na companhia do poderoso físico inglês Arthur Eddington e de outros, era a ideia de que lugares reais pudessem reunir os requisitos necessários para criar um horizonte de eventos. Também não se conhecia nenhum processo natural óbvio que pudesse criar um objeto tão compacto. Para piorar, havia a natureza peculiar do horizonte de eventos. O próprio tempo iria desacelerar até parar nesse ponto. Da perspectiva do Universo externo, essa característica poderia evitar que qualquer coisa real, com todos os seus calombos e buracos,* desaparecesse inteiramente dentro desse raio. Ele permaneceria estático para sempre.

Havia maneiras diferentes de organizar esses argumentos. Einstein propôs o exemplo de uma nuvem de pequenas massas orbitando umas ao redor das outras, como estrelas orbitando na distorção do espaço e do tempo (ou campo gravitacional) de suas massas combinadas. Quanto mais compacta essa nuvem se tornar, tanto mais velozmente as pequenas massas precisarão orbitar para evitar que a nuvem sucumba à gravitação e desmorone em direção ao centro. Se a nuvem encolher o bastante para caber dentro de seu raio de Schwarzschild, então os pequenos objetos teriam de se mover a uma velocidade maior que a da luz, o que Einstein concluiu ser impossível.

---

*No original, *lumps and bumps*, descrição cômica para as irregularidades de objetos reais. (N.T.)

Nas décadas que se seguiram, um formidável grupo dos maiores cientistas do século XX resolveu aos poucos uma série de problemas físicos altamente complexos e desafiadores, até que afinal solucionaram a questão. Percebeu-se que outros ambientes extremos são muito mais comuns no Universo do que qualquer um suspeitava. Esse seria o caminho das pedras que levaria à resposta.

No começo da década de 1930, outra revolução na ciência já estava bem encaminhada. Era a formulação da mecânica quântica, a física das escalas atômicas e subatômicas, e a natureza dual da matéria, que se comporta tanto como partícula quanto como onda. Se a relatividade geral derrubara nosso belo e arrumado panorama da realidade de sua posição de destaque, a mecânica quântica distorceria esse retrato de uma forma que quase ninguém seria capaz de compreendê-lo por completo, nem nos nossos dias.

Muitos cientistas desempenhariam papéis-chave no desenvolvimento dessa nova física, do próprio Einstein até Max Planck, Niels Bohr, Werner Heisenberg, entre outros. Em 1927, Heisenberg foi o primeiro a formular uma das partes mais desafiadoras e estranhas da mecânica quântica: o princípio da incerteza.[17] No cerne dessa extraordinária descrição do mundo físico estava o fato de que, em escalas microscópicas, a natureza possui uma "opacidade" inerente. Por exemplo, é impossível medir precisamente ao mesmo tempo a localização de alguma coisa e o seu momento linear – ou seja, sua massa multiplicada por sua velocidade. Se a localização de um objeto que, como um elétron, ocupa a escala de femtômetros, ($10^{-15}$ metros), for conhecida com alta precisão, então seu momento linear será conhecido com grande imprecisão. Uma vez que uma "medida" sempre envolve alguma espécie de interação – por exemplo, aprisionar um elétron num espaço apertado –, não há maneira de contornar a incerteza. A incerteza intrínseca do mundo gera todos os tipos de fenômeno profundamente perturbadores, desde realidades paralelas até partículas virtuais que aparecem do nada para logo depois desaparecer. Mesmo assim, vista através da blindagem protetora da matemática, a teoria quântica é uma boa descrição do Universo ao nosso redor. O comportamento de átomos, elétrons, núcleos atômicos, luz e eletromagnetismo é muito bem descrito pela mecânica quântica.

Enquanto essa realidade subatômica profundamente estranha estava se revelando, outros desenvolvimentos críticos ocorriam no campo da astrofísica estelar. Nos primeiros anos do século XX tornou-se cada vez mais claro que as estrelas e os objetos parecidos com estrelas não eram coisas permanentes, mas estavam em constante evolução. Esses objetos não apenas aparecem em grande variedade de tamanho e cor, como também representam diferentes estágios do ciclo de vida de um único fenômeno. E a única fonte de energia conhecida capaz de alimentar as estrelas é a fusão nuclear, na qual matéria é convertida em energia – e que agora é descrita pela teoria da relatividade especial e pela mecânica quântica.

No final da década de 1950, o quebra-cabeça estava quase todo montado. Sabíamos que as estrelas eram objetos nos quais a gravidade competia contra a pressão – a pressão de uma mistura de elétrons e núcleos atômicos conhecida como plasma e até a pressão da própria luz. A gravidade "tenta" comprimir, ou colapsar, a matéria para dentro. A pressão vem em sentido contrário, tentando impedir o colapso da matéria. Essa competição faz com que os núcleos estelares alcancem temperaturas de dezenas de milhões de graus. Tais condições extremas são suficientes para que os núcleos dos elementos se unam ou se fundam, formando e sintetizando elementos mais pesados e liberando energia. Isso é de importância fundamental, pois, se assim não fosse, formas de vida como a nossa não poderiam existir jamais.

A maior parte da matéria visível no Universo ainda consiste em hidrogênio e hélio. Esses são os elementos primordiais que restaram do Universo jovem e quente que se seguiu ao que hoje chamamos de big bang. Carbono, nitrogênio, oxigênio e todos os outros elementos mais pesados do Universo surgiram depois. As estrelas foram as responsáveis por isso. Por meio da fusão do hidrogênio e do hélio em núcleos atômicos cada vez mais pesados, elas atuam como panelas de pressão cósmicas, cozinhando novos elementos.

As receitas são complicadas, porém, quanto mais massa uma estrela tiver, mais pesados serão os elementos que ela poderá eventualmente sintetizar. Além disso, quanto maior for a massa de uma estrela, mais rápido ela "queimará" os elementos mais leves que lhe servem de combustível. Enquanto uma estrela como o Sol pode cozinhar núcleos atômicos por um total de 10 bilhões de anos, uma estrela que tenha vinte vezes mais massa consumirá todo o seu combustível em apenas uns poucos milhões de anos. As estrelas menos pesadas, que possuem meros décimos da massa do Sol, podem queimar em paz por 1 trilhão de anos ou mais.

O destino final das estrelas foi uma parte importante de todas essas descobertas. Uma estrela que careça de fonte central de energia é um objeto cuja gravidade pode vencer o cabo de guerra contra a pressão de uma vez por todas. Isso também é um problema complexo, mas há sinais na natureza indicando o caminho. As décadas iniciais do século XX veriam uma crescente onda de observações cada vez mais sofisticadas e desafiadoras sobre o Universo ao nosso redor – em particular, a descoberta e a caracterização de objetos astrofísicos distantes que em nada se parecem com o nosso Sol, ou com seus vizinhos estelares que nos são familiares. Dentre eles, há os corpos que chamamos de estrelas anãs brancas. Apesar de ter um brilho extremamente fraco, elas exibem as cores que se esperaria ver numa estrela grande, muito luminosa e muito quente. Na década de 1920 os astrônomos perceberam que elas eram pequenos objetos, muito menores, mas muito, muito mais densas que uma estrela típica.[18] Hoje sabemos que a densidade de uma anã branca é tal que num mero centímetro cúbico, algo como o tamanho da ponta do seu dedo mindinho, haveria massa correspondente a *milhões* de gramas. Para colocar as coisas em perspectiva, um cubo de material de anã branca de mais ou menos 4 metros de aresta teria a mesma massa que toda a humanidade combinada.

A astrofísica estelar forneceu uma explicação para a origem de objetos tais como restos e carcaças queimadas de estrelas como o Sol. Porém, explicar como um objeto tão denso poderia existir de forma estável – ainda que exibindo um tamanho maior que seu raio de Schwarzschild – era uma questão muito mais complicada. Para um objeto tão compacto quanto uma anã branca, as forças normais de pressão, as mesmas que empurram e apertam os átomos e evitam que nosso Sol imploda sob a própria gravidade, simplesmente não são suficientes.

Quem primeiro discerniu a magnitude desse problema foi o físico inglês Ralph Fowler. Vigoroso e atlético cientista de Cambridge, Fowler mudou de ramo com paixão, da matemática para a física e para a química. Na década de 1920 ele aplicou habilmente a nova ciência da mecânica quântica para resolver a questão. As equações revelaram que, quando a matéria é forçada em estados cada vez mais densos, surge um novo tipo de pressão que mal se faz notar em ambientes "normais", como a superfície da Terra. Conforme os átomos que compõem uma anã branca se apertam uns contra os outros, os elétrons se tornam cada vez mais confinados, o que eleva seu momento linear e revela cada vez mais a natureza ondulatória que eles têm. A mecânica quântica nos diz que as pequenas ondas dos elétrons não podem se acumular umas com as outras; as partículas precisam permanecer distintas.* Isso cria uma força conhecida como *pressão de degenerescência*, que compete com a gravidade na anã branca e é muito maior que a pressão de um gás normal. Fowler entendeu que essa pressão nem sequer depende da temperatura. De fato, se tivesse tempo suficiente, uma anã branca poderia se resfriar até o zero absoluto, e a pressão de degenerescência dos elétrons continuaria a suportar sua gravidade! Mas será que existe um limite? Quanta massa uma anã branca pode ter sem entrar em colapso pela própria gravidade?

Seria necessário o gênio de um jovem físico treinado em Madras, no sudeste da Índia, chamado Subramanyan Chandrasekhar para resolver o problema, com intuição para unir as várias descobertas da relatividade, da mecânica quântica e da gravidade.

Em qualquer objeto estável com a densidade de uma anã branca, os elétrons acabam ziguezagueando em seus pequenos volumes comprimi-

---

\* Trata-se do princípio de Exclusão de Pauli: dois elétrons (ou prótons, ou nêutrons) não podem ocupar o mesmo estado quântico ao mesmo tempo – não podem ter o mesmo "documento de identidade", por assim dizer. Isso é bem diferente do comportamento dos fótons, por exemplo, que podem se acumular à vontade. (N.T.)

dos de maneira extremamente rápida. Velocidades maiores que 50% da velocidade da luz são comuns. Quanto mais massa a anã branca possuir, maior será a velocidade, pois os elétrons são esmagados em espaços cada vez menores, o que faz com que sua natureza ondulatória fique mais evidente. Isso tem duas consequências notáveis. A primeira é que, à diferença de objetos mundanos como estrelas normais, quanto maior a massa de uma anã branca, menor ela fica. A segunda é que, uma vez que nada pode viajar mais rápido que a luz, há um limite muito definido para a massa de uma anã. Depois de certo ponto os elétrons não podem ziguezaguear mais depressa e sua pressão de degenerescência não pode mais aumentar, então, a gravidade vence a queda de braço.

Embora ainda tivesse de enfrentar pesadas críticas e levasse muitos anos para ser totalmente aceita e reconhecida, a teoria completa de Chandrasekhar foi apresentada em 1935, explicando o comportamento de todas as anãs brancas.[19] Ele também previu a massa máxima que elas poderiam atingir. E percebeu que essa nova pressão de degenerescência *somente* poderia evitar o colapso gravitacional de uma anã branca que tivesse menos de 1,4 vez a massa do Sol.

Há muitos outros detalhes fascinantes nessa história, mas a bela intuição de Chandrasekhar foi importantíssima. Nela estavam as pistas para a resposta ao enigma que tanto incomodou Einstein e outros físicos, sobre como um objeto real pode existir dentro de seu raio de Schwarzschild. Também havia uma peça-chave para a compreensão do ciclo de vida das estrelas: a maioria delas acaba se tornando anãs brancas. Não é surpresa, portanto, que o grande observatório moderno de fótons de raios X que capta luz de 12 bilhões de anos de idade dos confins do Universo tenha sido carinhosamente batizado de "Chandra".

Dissecar anãs brancas foi só o começo. A natureza das estrelas começou a desvelar seus segredos para a compreensão humana, da mesma forma que a natureza do reino subatômico. O século XX testemunhou um entrelaçamento sem precedentes da ciência com o desenvolvimento de armas, a política da guerra e a economia. Enquanto físicos do Ocidente e do Oriente concorriam para construir bombas nucleares cada vez mais devastadoras, eles também desenvolviam a ciência dos estados extremos da matéria.[20] A peça seguinte do quebra-cabeça das estrelas escuras foi a percepção de que podia haver um estado ainda mais denso de matéria. Além das anãs brancas havia outra possibilidade, a de que os elétrons fossem engolidos pelas partículas nucleares, transformando prótons em nêutrons, formando um objeto que era, essencialmente, um núcleo atômico gigante e muito peculiar: uma estrela de nêutrons. Ela seria muito, muito mais densa e mais compacta que qualquer outra coisa já conhecida. O físico americano J. Robert Oppenheimer, que teve papel central na invenção da bomba atômica, foi um dos que desenvolveram a física necessária para descrever esse objeto extraordinário. Assim como as anãs brancas, as estrelas de nêutrons têm um limite de massa. Além de duas ou três massas solares, a gravidade as sobrepuja.

Ao contrário das anãs brancas, porém, as estrelas de nêutrons nunca tinham sido observadas na natureza. Isso mudou no final dos anos 1960, com várias medidas astronômicas intrigantes. O clímax foi a espetacular descoberta, feita pelos cientistas Jocelyn Bell e Antony Hewish, de que havia uma estrela de nêutrons distante girando ao redor de seu próprio eixo cerca de uma vez por segundo. Essa classe de objetos seria chamada mais tarde de *pulsar*. A detecção do objeto foi feita com um gigantesco conjunto de antenas de rádio que cobriam uma área de pouco mais de dois campos de futebol, a alguns quilômetros a oeste de Cambridge, na Inglaterra. Auxiliados pelas habilidades segadoras de um dedicado rebanho de ovelhas locais, Jocelyn Bell, irlandesa de Belfast, e Hewish, seu orientador inglês, tinham planejado originalmente estudar as emissões de rádio de objetos no Universo distante. Eles ficaram surpresos ao descobrir o novo sinal pulsante. Quando os cientistas ponderaram acerca da natureza do objeto, perceberam que a única explicação concebível era que um corpo bem pequeno girava muito, muito depressa e emitia um facho de radiação parecido com um farol. O único objeto astrofísico que poderia ser tão pequeno, porém capaz de resistir a um giro tão rápido, devia ser a até então hipotética estrela de nêutrons.

As estrelas de nêutrons fazem com que as anãs brancas pareçam diáfanas como a neblina. Um mero centímetro cúbico – mais ou menos o tamanho de um cubo de açúcar – de material de estrela de nêutrons tem a mesma massa que toda a humanidade reunida. Uma anã branca que possua a massa do Sol pode caber numa esfera mais ou menos do tamanho da Terra, porém, uma estrela de nêutrons pode conter o *dobro* da massa do Sol num raio de cerca de 12 quilômetros.

Numa estrela de nêutrons, o mesmo tipo de pressão de degenerescência existente nas anãs brancas resiste à gravidade, só que agora são os nêutrons, e não mais os elétrons, que geram a força. Estrelas de nêutrons são tão compactas que estão muito mais próximas de caber em seus raios de Schwarzschild. Para escapar da superfície de um desses objetos, você teria de se mover a uma fração substancial da velocidade da luz – cerca de 30%, ou 90 mil quilômetros por segundo. O espaço e o tempo são tão distorcidos e curvados que, se você caísse de 1 metro de altura, colidiria com a superfície da estrela de nêutrons a uma velocidade de mais ou menos 1.900 quilômetros *por segundo*.

Finalmente, ali estavam os objetos que se encontravam à beira da escuridão. A existência deles, juntamente com modelos mais detalhados e mais bem compreendidos sobre o processo de implosão de restos estelares, forneceu o impulso final que levou à rejeição da ideia de que nada poderia realmente colapsar além de seu horizonte de eventos. Se mais matéria pudesse ser acumulada sobre essas esferas bizarras, não haveria nenhuma força de pressão conhecida capaz de evitar um colapso total para o interior do raio de Schwarzschild, e além dele, para um único ponto que, em todos os sentidos, teria densidade infinita – uma singularidade interna. No final da década de 1960, a existência desses lugares no cosmo já era aceita de forma geral, e observações mais detalhadas do Universo começavam a descobrir alguns candidatos muito interessantes.

Em 1967 o físico americano John Wheeler[21] deu uma palestra no que hoje é o Instituto de Estudos Espaciais Goddard da Nasa,[22] na Universidade Columbia, em Nova York. Nesse prédio discreto, que também abriga no térreo um restaurante imortalizado pela cantora Suzanne Vega na música "Tom's diner", o carismático Wheeler usou a expressão "buraco negro" para caracterizar um objeto que tenha colapsado para dentro de seu raio de Schwarzschild. O termo pegou. Depois de uma jornada de duzentos anos, as estrelas escuras de Michell tinham finalmente se tornado buracos negros.

Desde então, aprendemos muito mais sobre esses extraordinários objetos. Lá atrás eu disse que os buracos negros desempenham um papel superimportante para fazer o Universo ser do jeito que é e preparar o palco para o surgimento da vida. Isso pode parecer uma declaração ousada, mas nosso Universo é muito mais interconectado e cheio de nuances do que suspeitávamos dez anos atrás. Os conceitos que nos ajudam a compreender isso também são algumas das ideias mais importantes e centrais da ciência física desde o século passado. Já vimos algumas delas. A velocidade finita e imutável da luz; a natureza de espaço e tempo, massa e gravidade; e, claro, a idade finita e a escala do Universo observável. Mencionei algumas outras: a natureza das estrelas, o Universo quântico e a síntese dos elementos a partir do hidrogênio e do hélio primordiais. Além de tudo isso há outros componentes, ideias de ponta que ainda estão sendo desenvolvidas pela compreensão humana: a maneira como as estrelas surgem no Universo; a formação dos mundos; as estruturas moleculares que preenchem o espaço interestelar e que, entretanto, são da mesma variedade que aquelas que permitem a vida num planeta. Esse é um conjunto extraordinariamente diverso de ideias, então, é bom ter uma perspectiva clara a seu respeito.

Já atravessamos o cosmo, partindo de um buraco negro colossal no interior de uma galáxia agora antiga até o nosso próprio grãozinho microscópico de rocha e metal. Mas o que sabemos a respeito do tamanho e da forma do Universo observável? Com o que ele se parece, qual a sensação que provoca, que odor ele tem? Se quisermos entender o que o forma, o que faz com que ele tenha a aparência que tem e como podemos navegar por seus caminhos e atalhos, picos e vales, por todos os seus cantos e recantos, primeiro vamos precisar de um mapa muito, muito bom.

## 2. Um mapa da eternidade

TRAÇAR MAPAS DA NATUREZA é algo muito instintivo e atraente. É incrivelmente difícil para nossa espécie resistir à tentação de mapear e tabular tudo aquilo que vemos ao nosso redor. Não apenas gostamos de saber onde estamos em um dado momento, também queremos saber como o mundo se arranja muito além do horizonte visível. Mapas nos auxiliam a organizar nosso modelo do mundo e podem nos ajudar a testar se esse modelo combina com a realidade.

Por mais de 10 mil anos nós rabiscamos, entalhamos, desenhamos e pintamos mapas de nossos arredores e das regiões mais distantes. Levados a explorar, expandimos as fronteiras do mundo conhecido a partir de cada ponto de origem. Onde antes havia espaços em branco rotulados com informações úteis, como "Aqui há dragões", agora existe um território familiar e bem conhecido. Com o passar do tempo, porém, os mapas terrestres chegaram ao limite, a consequência inevitável de viver numa esfera. Na falta de novos continentes, cartógrafos entusiasmados produziram níveis cada vez mais requintados de detalhes, preenchendo mapas com minúcia cada vez maior. Hoje, muitos de nós sentamos diante de um computador e visualizamos instantaneamente qualquer canto do globo escolhido segundo nosso capricho. Podemos descer até o nível das ruas de lugares para onde jamais viajaremos. Assim como todos os seres humanos que vieram antes de nós, ansiamos em vão por ter uma perspectiva ainda mais próxima: espiar dentro daquela loja de uma cidade desconhecida, uma olhada nas manchetes de uma banca de jornal num país que nunca visitaremos.

Mapear os objetos que vemos no céu representa ao mesmo tempo um paralelo e uma divergência em relação à cartografia terrestre. A astronomia é a mais antiga das ciências e sempre se preocupou em mapear e relacionar as formas e os ritmos da natureza. A maravilhosa propensão do cérebro humano a reconhecer padrões nos fez imaginar grandes riquezas no céu noturno. Um grupo de estrelas como a constelação que chamamos de Órion está ligado a diversos mitos em diferentes culturas ao redor do mundo. Os aborígenes da Austrália olharam para Órion e imaginaram uma canoa carregando dois irmãos banidos. Os finlandeses viram uma foice. Na Índia, aquele padrão de estrelas era obviamente um cervo. Para os babilônios era um pastor celestial e para os gregos, um caçador, um gigante primordial.

Há muito tempo a astronomia vem inspirando tanto a precisão quanto a imaginação abstrata em inúmeras sociedades e civilizações. Nos registros históricos de praticamente todas as culturas conhecidas, descobrimos que as pessoas desenvolveram métodos para mapear a localização das estrelas e dos planetas. De fato, da Oceania até a Ásia, do Oriente Médio até a África, a Europa e as Américas, nós temos observado e representado o céu noturno com cuidado. Arqueólogos pensam que Órion é uma das mais antigas representações celestiais reconhecíveis, gravada no marfim das uma presa de mamute de 33 mil anos, na Alemanha;[1] outra é o aglomerado estelar das Plêiades nas pinturas das cavernas de Lascaux, na França, feitas há mais de 20 mil anos. No hemisfério sul do planeta, os povos nativos da Austrália produzem complexas descrições orais e pictóricas das estrelas, as quais fazem parte de sua história cultural de 40 mil anos.

A superfície curva da Terra nos impediu de mapear o globo com facilidade. Mas o céu sempre esteve disponível para quem tivesse interesse em descobrir nosso lugar no cosmo, ou simplesmente sonhasse com os reinos mágicos de outros lugares. Contudo, nossos olhos são limitados pela sensibilidade. Objetos celestiais menos brilhantes se tornam invisíveis, e pontos de luz muito próximos se tornam terrivelmente indistintos, em geral se juntam em confusas bolhas de luminosidade. Um vasto Universo tridimensional é projetado em nossas retinas como imagem plana. O que está longe pode parecer perto e o que está perto pode parecer distante. Mapear o cosmo, portanto, foi um processo gradual em termos de distância e de substância, localizando os objetos mais brilhantes primeiro e depois preenchendo as lacunas. Para ajudar nossos olhos, construímos telescópios que captam muito mais luz que nossas pequenas lentes biológicas, e eles podem produzir uma resolução dessa luz num foco muito mais refinado e nítido. Esses instrumentos também nos permitiram superar uma de nossas maiores limitações científicas. A evolução nos equipou com sentidos maravilhosos, mas nos deixou cegos para a maior parte do Universo, ao nos dar olhos que só podem detectar uma faixa muito estreita de comprimento de onda dos fótons.[2] Entretanto, acabamos por descobrir como construir telescópios que mostram muito mais que a luz visível, revelando a totalidade do espectro eletromagnético e fenômenos além de nossa imaginação.

Perceber o cosmo do jeito que ele é exigiu que superássemos muitos outros pontos cegos, incluindo uma complicação perpétua da cartografia: nós tendemos a nos colocar no centro. Essa é uma suposição natural e, geralmente, uma necessidade prática, mas também foi um enorme obstáculo para o desenvolvimento de um modelo acurado de Universo. Foi preciso a intuição e a convicção intelectual de Galileu e de Copérnico para desafiar a ortodoxia, que dizia que nosso lar na Terra, como nós mesmos, era o centro do cosmo. Recusar esse ponto de vista infantil não foi uma tarefa simples, mas a noção de que nosso sistema solar estava localizado na vizinhança do centro do Universo conhecido ainda estava muito em voga até as primeiras décadas do século XX. Como muitas vezes na ciência, apenas um grande salto na observação da natureza poderia convencer o mundo do contrário.

Harlow Shapley nasceu em 1885, na zona rural do Missouri, com o irmão gêmeo Horace.[3] Brilhante e com a impressionante energia pessoal que seria sua marca registrada pela vida toda, Harlow encarou os desafios de seu tempo. Sua educação primária foi repleta de obstáculos. Quando ainda era pequeno, estudou numa escola de sala de aula única em que sua irmã mais velha às vezes atuava como professora. Aos doze anos abandonou a escola. Então, depois de estudar em casa e trabalhar num jornal, ele retornou com nova motivação e completou os estudos em tempo recorde. Sua meta era entrar na universidade e estudar para se tornar jornalista. Mas ao chegar à Universidade do Missouri ele descobriu que o Departamento de Jornalismo só seria aberto no ano seguinte. Em vez de ir embora, decidiu se matricular em astronomia, porque o curso estava no topo da lista alfabética de assuntos e, como ele confessaria mais tarde, era mais fácil de pronunciar que arqueologia. Após se formar no Missouri, ele ganhou um *fellowship* em Princeton. Apenas alguns anos depois, em 1914, ele obteria o doutorado em astronomia.

O jovem dr. Shapley era bem versado nas técnicas astronômicas mais recentes. Uma delas fazia uso de uma classe peculiar de estrelas velhas chamadas Cefeidas, que receberam esse nome por causa da estrela Delta de Cefeu. Esses objetos exibem um brilho variável regular ao longo de dias ou meses, enquanto suas camadas externas atravessam ciclos de aquecimento e resfriamento. O mais surpreendente é que o tempo das variações revela a luminosidade real, ou emissão de energia, dessas estrelas: quanto mais lenta for a variação, mais luminosa é a Cefeida. Outras classes de estrelas variáveis, como as menos brilhantes e com o nome pouco poético de RR Lyrae, exibem propriedades muito semelhantes. Conhecer o brilho verdadeiro dessas estrelas variáveis permitiu aos astrônomos deduzir a distância correta delas até a Terra, pela simples medição do brilho que emitem. Isso era como ter uma maravilhosa fita métrica cósmica, que Shapley sabia exatamente como utilizar.

Nos primeiros anos do século XX era consenso geral que o Sol se localizava em algum lugar próximo ao centro do Universo. Esse Universo consistia no grande disco de estrelas parecido com uma roda, a Via Láctea, além de nebulosas próximas e distantes, e densos agrupamentos esféricos de estrelas, conhecidos como aglomerados globulares. Ainda não se sabia que a maioria das nebulosas esmaecidas vistas no céu eram realmente outras galáxias distantes. Foi então que uma coisa muito estranha chamou a atenção de Shapley. Os aglomerados globulares, orbes extraordinários de 100 mil estrelas agrupadas próximas umas das outras, se distribuíam de maneira desproporcional no céu noturno – a maior parte deles estava em um hemisfério. Isso era extremamente confuso para Shapley. Se estivéssemos no centro de tudo, por que veríamos mais aglomerados globulares de um lado que de outro? Shapley, que tinha se mudado das salas de Princeton e se instalara recentemente no Observatório de Monte Wilson, no alto das montanhas San Gabriel sobre Pasadena, Califórnia, se pôs a trabalhar para medir a distância até essas colmeias cósmicas.

Suas ferramentas de medida eram as estrelas variáveis dos aglomerados. Ele se propôs a traçar um mapa tridimensional das posições dos aglomerados globulares da Via Láctea. Em 1918, depois de estudar um total de 69 dessas joias estelares, ele encontrou a resposta. Os aglomerados globulares estavam distribuídos assimetricamente no céu porque nós não estamos no centro comum a todos eles. Como marcações geográficas, eles definem uma grande esfera centrada não em nós, mas na própria Via Láctea. Isso significa que nosso sistema solar não fica no centro da galáxia, e sim na periferia. Como o próprio Shapley declarou: "O Sol se localiza muito excentricamente no sistema geral; ... o grupo local está aproximadamente a meio caminho entre o centro e a borda da galáxia."[4]

Essa foi uma descoberta extraordinária. Surpreendentemente, houve uma aceitação geral por parte de outros astrônomos – a coisa toda fazia sentido e abria a porta para revelações muito mais controversas nas décadas seguintes. Não apenas descobriríamos que a Via Láctea é apenas uma dentre muitas galáxias, mas também que não há um centro comum para esses objetos. Todos eles estão se afastando à medida que o Universo se expande. O grande avanço produzido por Shapley em 1918 foi o início do mapeamento moderno do cosmo.[5]

Mas os desafios são muitos. Além dos confins de nosso mundo esférico, o Universo parece se espalhar eternamente. Além disso, até os mais simples lugares podem esconder uma extraordinária complexidade.

Há um problema famoso no ramo da cartografia que ilustra esse desafio em particular. É um problema bastante peculiar da Terra, mas suas implicações vão longe. O enigma foi percebido pela primeira vez na década de 1950, na obra de um cientista inglês chamado Lewis Fry Richardson.[6] A pesquisa de Richardson era bastante eclética, indo da física e meteorologia até a matemática da guerra. Quacre e nascido no seio de uma família abastada, em 1881, ele acreditava fortemente na importância da moralidade, e suas experiências como motorista de ambulância na França durante a Primeira Guerra Mundial reforçaram sua postura pacifista. Encarando a guerra como uma doença e uma desgraça, ele acabou tentando modelar os conflitos armados com a ajuda da matemática. Em seu livro *Arms and Insecurity*, publicado em 1949, declarou que: "As equações são meramente uma descrição do que as pessoas fariam se não parassem para pensar."

Esses estudos levaram Richardson a ponderar se o comprimento da fronteira compartilhada entre dois países poderia ter alguma coisa a ver com a probabilidade de eles entrarem em guerra. A hipótese pode soar arcaica em nosso atual mundo de agressão transglobal, mas ela se encaixava mesmo assim numa análise estatística muito complexa, com verdadeira relevância para a natureza dos conflitos humanos.

Para testar o poder de previsão de seus sofisticados modelos matemáticos, Richardson precisou pesquisar os comprimentos estimados das fronteiras entre países reais. Para sua grande surpresa, os números que ele descobriu variavam enormemente, dependendo da fonte de referência. O comprimento de fronteiras bem estabelecidas e bem assinaladas, tais como as que existem entre Espanha e Portugal, ou entre a Holanda e a Bélgica, podia diferir em centenas de quilômetros de um mapa ou de um levantamento para outro. O que estaria acontecendo?

Richardson descobriu que a resposta tinha a ver com a menor unidade de medida usada para estimar o comprimento da fronteira. Se o agrimensor viajar pela fronteira e fizer medidas visuais com o telescópio de um teodolito a cada 50 metros, mais ou menos, e for somando as distâncias, ele obterá um número muito diferente do que se tivesse percorrido todo o trecho com um hodômetro. O problema, como Richardson acabou por perceber, é que fronteiras naturais ou linhas costeiras têm uma complexidade infinita. Quanto menor for sua fita métrica, mais comprimentos dela você pode encaixar em cada irregularidade ou curva, e maior a fronteira vai parecer. Dois corredores, um com passada curta e outro com passada larga, vão percorrer distâncias diferentes se estiverem competindo nos limites de uma ilha ou na fronteira de um país.

Richardson, com seu mórbido (embora moral) fascínio pela guerra, tropeçou num dos elementos-chave do que mais tarde seria conhecido como matemática fractal. A cuidadosa análise de sua descoberta se tornou um fundamento vital nesse campo. Muitas coisas que vemos na natureza são mais bem descritas não por linhas retas ou curvas simples, mas por padrões que se repetem indefinidamente ou por estruturas aninhadas em outras.

À primeira vista, não parece que o Universo ao nosso redor seja assim tão complexo. De fato, há objetos e estruturas muito distintos que superficialmente parecem finitos e simples. Estrelas são estrelas, galáxias são coleções de estrelas, e as próprias galáxias formam grandes coleções conhecidas como aglomerados e até superaglomerados. Podemos traçar um mapa mostrando a posição de estrelas brilhantes no céu ou a localização das galáxias visíveis. Mas isso seria enganoso. Assim como os mapas antigos do mundo descreviam com displicência continentes inteiros como "deserto", ou "terra de gigantes", amplas generalizações cartográficas do céu também são necessariamente incompletas. O que parece uma única estrela pode muito bem ser um par ou até um trio de objetos ocultos pelas imagens imperfeitas formadas em nossos olhos ou nos telescópios. Uma galáxia é formada por estrelas, mas também por gás de átomos e moléculas discretas, compondo grandes nuvens interestelares que podem ser diáfanas e quase invisíveis, ou densas e obscuras como as grandes nebulosas do Órion e da Quilha. Galáxias também podem conter vastas quantidades de poeira microscópica, composta de silicatos e carbono.

Pode haver planetas à espreita em pelo menos metade de todas as estrelas numa galáxia como a nossa – objetos frios e escuros completamente ofuscados de nossa visão pelo brilho de seus sóis. E o que dizer desses planetas? Eles não merecem ser mapeados também? Não possuem características geográficas que por sua vez têm níveis cada vez mais refinados de detalhe? Claro, nesse ponto somos terrivelmente limitados. Além dos mundos de nosso próprio sistema solar, temos por enquanto apenas as informações mais rudimentares sobre planetas girando em torno de outras estrelas – os exoplanetas. Ainda não foi construído um telescópio grande e sensível o bastante para mapear de verdade a superfície de um desses mundos distantes, mas temos todas as razões para acreditar que um dia ele será inventado.

O Universo observável claramente compartilha algumas das dificuldades intratáveis que encontramos na tentativa de avaliar o comprimento de litorais ou fronteiras nacionais. Objetos complexos estão aninhados dentro de objetos complexos. Mas esse não é o único grande desafio no caminho da cartografia do cosmo. A maior parte da informação que tradicionalmente buscamos em mapas da Terra vem da observação da luz visível. Seja olhando pelo telescópio no convés de um navio que se aproxima cuidadosamente da costa, seja caminhando no interior de um grande continente, nós fazemos um mapa daquilo que podemos ver e do que podemos medir com a visão. De muitas formas isso nos permite captar a informação sobre a Terra que mais útil será para nós.

Lá fora no Universo, entretanto, uma abundância de ambientes e fenômenos físicos emite ou absorve luz em comprimentos de onda que nossos olhos nem registram. Outro aspecto básico do mapeamento do Universo é incorporar não apenas as cores e os espectros dos objetos tais como nós os veríamos, mas incluir a vastidão de todo o espectro eletromagnético. Isso vai desde as longas ondas de rádio até as micro-ondas, do infravermelho distante e próximo até a luz visível. Depois seguem-se a luz ultravioleta, os raios X "suaves" (menos energéticos), os mais energéticos e os raios gama. E então ainda há a explorar os aspectos mais exóticos de matéria, energia, ondas gravitacionais, neutrinos e até de partículas subatômicas ultrarrápidas, para não mencionar a difundida, porém misteriosa, matéria escura, cuja presença se revela apenas pela sua influência gravitacional.

Então, com o que se parece nosso atual mapa do Universo? Hoje ele contém uma vasta quantidade de informações, o que é apenas um fragmento de pergaminho comparado ao que seria o atlas completo. Por pura necessidade física, o nível de detalhamento nesse mapa é menor quanto mais nos afastamos da Terra. O mapa também contém muitas e muitas camadas de dados dos diferentes fótons usados em sua construção, cada qual revelando uma topografia diferente, mas inter-relacionada. Com frequência, essas camadas múltiplas são reveladas em regiões pequenas, o que é resultado do trabalho árduo de alguém ao telescópio, observando um objeto ou conjunto de objetos muito particular, e não outro. Há áreas correspondentes a pequeninos furos de alfinete no céu onde a densidade de informação é grande, cercadas por zonas do mapa ainda borradas e vazias, e que talvez contenham dragões.

Fazer justiça ao mapa em palavras ou imagens é extremamente difícil; ele já contém muita informação, embora seja apenas uma pequena fração de tudo o que há para se conhecer. O mapa é ao mesmo tempo em três e quatro dimensões, pois o tempo se torna parte do que vemos. Quanto mais longe estiver um objeto observado, mais tempo sua luz leva para nos alcançar, considerando-se a história de 14 bilhões de anos do Universo. Existem muitas categorias de objetos e fenômenos, além de uma mistura de dados desorganizados, resultantes de centenas de anos de observações astronômicas com telescópios. O melhor que podemos fazer para construir nosso atlas é bolar uma experiência mental, algo como um jogo de salão que nos permita começar a compreender com o que se parece um mapa da eternidade.

Vamos fingir que uma caixa muito grande acabou de ser deixada em nossa porta e que nós a arrastamos para dentro de casa. Na caixa há um saco de aparência tenebrosa, repleto de algo que tem uma forma misteriosa. Ocasionalmente um fiapo de gás escapa pela boca do saco, atada com um nó, e de vez em quando parece haver um murmúrio abafado e um brilho logo obscurecido saindo lá de dentro.

O saco contém o que podemos encarar como uma porção típica do Universo. Os cosmólogos geralmente usam o termo "amostra representativa" do Universo. Com isso eles querem dizer uma fatia (ou volume) grande das coisas "lá de fora". Ela reúne um bom pedaço dos vários calombos e buracos, de galáxias, aglomerados galácticos, espaços vazios e espaços preenchidos, em quantidade suficiente para a fatia ser considerada típica. Se você observasse todas as propriedades dentro daquele volume e tirasse a média, ela seria muito próxima da média universal. Por exemplo, se você dividisse a massa total do saco pelo seu volume, obteria uma estimativa muito boa da densidade média do Universo como um todo. Da mesma forma, se você mensurasse os "calombos irregulares" na distribuição das galáxias dentro do volume, a resposta chegaria bem perto da irregularidade estrutural do Universo.

Então vamos dar uma espiada dentro do saco e ver o que conseguimos achar. A primeira coisa que acontece quando você desfaz o nó na boca do saco é que escapa radiação eletromagnética, juntamente com outras partículas – neutrinos, prótons velozes, núcleos atômicos e elétrons – que nasceram em ambientes físicos de alta energia e extremamente violentos. Também há um vazamento mais ameno de núcleos e átomos de hidrogênio e hélio, além de outra coisa mais difícil de perceber: uma espécie ainda desconhecida, mas pesada, de partículas invisíveis conhecidas como matéria escura. Todas essas coisas, esses fótons e partículas, permeiam o cosmo, e é importante compreendê-las.

Fótons de luz estão ali presentes em vastas quantidades. Eles aparecem sob todos os aspectos, desde ondas de rádio com frequência extremamente baixa, nas quais a distância de um pico a outro pode ter vários quilômetros, até micro-ondas, infravermelho, luz visível e frequências no ultravioleta, e daí para o reino dos raios X e raios gama. Um dos tipos mais comuns de fóton é a espécie que se originou no Universo muito jovem, quando ele ainda era extremamente denso, com temperaturas superiores a 5 mil graus, e transitoriamente opaco. Cerca de 380 mil anos depois do big bang, o cosmo em expansão se resfriou e ficou rarefeito o bastante para que esses fótons voassem com liberdade, evitando os átomos de hidrogênio e hélio que de outra forma os aprisionariam e os espalhariam. Eles agora preenchem o cosmo, seus comprimentos de onda foram esticados pela expansão do espaço e do próprio tempo que se seguiu ao big bang. Isso fez com que a energia dos fótons se reduzisse, e hoje a maior parte deles ocupa a faixa do comprimento de onda do rádio, que vai desde as frequências ocupadas por telefones celulares, TVs e fornos de micro-ondas até as ondas mais curtas, com frequências maiores, já entrando no início da faixa do espectro infravermelho. Eles são conhecidos como fótons da *radiação cósmica de fundo*. Há cerca de 410 deles por centímetro cúbico em nosso Universo local, a qualquer instante. Pode não parecer muito, mas o saco – a amostra representativa do cosmo – tem centenas de milhões de anos-luz de comprimento e contém um número colossal desses fótons. Até o volume da esfera que contém nosso pequeno sistema solar, cuja fronteira mais externa pode estar a apenas um ano-luz do Sol, contém em determinado instante aproximadamente $10^{57}$ desses fótons antigos. Isso é mais que 1 trilhão de trilhão de trilhão de trilhões. Além dessa conta impressionante, somam-se todos os outros fótons originários de estrelas e de gás resfriado em todo o Universo. A luz pode não ter massa, mas o cosmo está cheio dela. Esse é um componente muito importante do Universo. Vamos descobrir que ela desempenha papel fundamental em vários processos. O espaço pode parecer majoritariamente vazio para nós, mas, na realidade, ele é uma sopa borbulhante de fótons invisíveis correndo de um lado para outro por toda a eternidade.

É mais difícil contar o número das outras partículas que escaparam do saco-Universo. Neutrinos são partículas subatômicas com massa extremamente pequena, menor que um milionésimo da massa dos elétrons. Eles desempenham papel-chave no que chamamos de interações fracas na física, e aparecem sob vários aspectos: há neutrinos relacionados a elétrons, taus e múons. Por exemplo, um tipo de radioatividade natural ocorre quando um próton dentro do núcleo de um átomo se transforma num nêutron por um processo chamado decaimento beta. Nessa transformação, o núcleo atômico cospe fora um antielétron de alta velocidade, juntamente com um neutrino eletrônico.

Os neutrinos já foram chamados "fantasmas do cosmo", uma vez que têm muito pouco a ver com a matéria normal, passando através de gases, líquidos e sólidos com chances mínimas de atingir qualquer coisa ou interagir com ela. Nas profundezas interiores das estrelas, os processos de fusão nuclear produzem neutrinos em abundância. Mas, para um neutrino, o Universo é quase completamente transparente, então, eles logo escapam dos núcleos estelares e se espalham pelo espaço. Aqui na Terra, a cada segundo, cerca de 65 bilhões de neutrinos passam a cada centímetro quadrado de sua pele. Oito minutos atrás eles eram produzidos no centro do Sol, e eles correram para fora numa velocidade muito próxima à da luz. Apesar dessa incrível artilharia, as chances de um deles ser realmente bloqueado por seu corpo é tão pequena que pode ocorrer apenas uma vez ou duas em toda a sua vida. As estrelas, portanto, inundam o Universo com neutrinos. Além desses neutrinos novos, há os antigos. Eles são os remanescentes dos estágios mais primordiais da evolução do Universo, cerca de dois segundos após o big bang. Por conta de sua energia menor, esses neutrinos ainda não foram conclusivamente detectados, mas esperamos que eles estejam viajando pelo cosmo em todas as direções.

A maior parte da matéria normal e reconhecível que emerge do saco-Universo tem a forma de hidrogênio e hélio, na proporção de aproximadamente sete átomos de hidrogênio para cada átomo de hélio. Novamente, esses são remanescentes do Universo jovem e quente. Para comparar, há apenas traços de qualquer outra coisa nessa mistura de matéria normal, e tudo isso foi forjado no interior das estrelas. O terceiro elemento mais abundante que encontramos no saco-Universo é o oxigênio, e existe apenas um átomo de oxigênio para cada 1.500 átomos de hidrogênio, aproximadamente. Todos os elementos tão importantes para fazer os objetos como planetas e as moléculas que nos compõem, além de todas as coisas vivas, são raros – literalmente, eles são poluentes cósmicos.

Alguns desses elementos saem voando para fora do saco com velocidade considerável. Nesse caso, eles são componentes de gases quentes, tão aquecidos que em geral a maioria dos elétrons que encontraríamos orbitando os núcleos atômicos foi arrancada fora, deixando para trás um objeto com carga elétrica positiva, conhecido como cátion. Um gás nesse estado também é chamado de plasma, e aquilo que escapa do saco-Universo pode ter uma temperatura de dezenas de milhões de graus. Outra matéria normal escapa de maneira extremamente lenta. São os componentes de gases muito mais frios, alguns exibindo temperaturas de apenas alguns graus acima do zero absoluto.

Esse gás mais frio é composto por moléculas. A maioria delas, assim como os átomos simples, são moléculas de hidrogênio. Dois prótons com carga elétrica positiva, interligados por uma força eletromagnética a dois elétrons com carga elétrica negativa, formam uma molécula de hidrogênio. Também há traços minúsculos de outras estruturas mais complexas no gás: compostos como monóxido de carbono, formado por um átomo de carbono e um de oxigênio unidos por forças quânticas; dióxido de carbono, com dois átomos de oxigênio; $H_2O$; e até álcoois. Se farejarmos muito cuidadosamente esses fiapos de estruturas moleculares mais pesadas, por mais raros que sejam seus constituintes comparados ao hidrogênio e ao hélio, descobriremos que a maioria contém o elemento carbono. De fato, 70% de todas as moléculas mais pesadas que vagam pelo Universo contêm carbono. Nós as chamamos de compostos orgânicos. Isso é surpreendente, porque muitas dessas moléculas baseadas em carbono são as mesmas estruturas que encontramos aqui na Terra. O que elas estão fazendo no espaço interestelar? Essa é uma pergunta que iremos revisitar adiante, uma vez que ela tem implicações importantíssimas.

Todos esses íons, átomos e moléculas se espalham para fora do saco-Universo na forma de névoa extremamente fina, tênue o bastante para ser confundida com o vácuo. Nas regiões mais vazias do Universo só existem alguns poucos átomos ou moléculas de hidrogênio por metro cúbico. Mesmo quando se deixa sair do saco algumas coisas mais densas, de lugares como as nebulosas mais ricas, a densidade alcança apenas cerca de 1 trilhão de átomos por metro cúbico. Em comparação, o ar que respiramos na superfície da Terra contém acima de 1 trilhão de vezes *mais* partículas, ou aproximadamente $10^{25}$ átomos ou moléculas por metro cúbico. O sopro de Universo que saiu do saco é tênue como fios de gaze, como o mais fino, o mais perfeito e o mais sutil dos perfumes.

Em meio à matéria normal, à luz e aos neutrinos que emergem dessa fatia do Universo encontra-se algo que mal conseguimos sentir. Ele não absorve nem reflete radiação eletromagnética. O único sinal de sua presença é o puxão gravitacional de sua massa. Essa é a misteriosa substância que chamamos de matéria escura. Ainda é um enigma a matéria de que ela é feita. O candidato mais provável é um tipo de partícula subatômica que tem interações muito fracas e muito ineficazes com a matéria "normal". De forma semelhante ao neutrino, a matéria escura pode penetrar a matéria sólida como se fosse um fantasma. Diferentemente do neutrino, porém, ela se move devagar, e cada partícula carrega uma massa considerável. Até que olhemos direito para dentro do saco, não temos como ver de que maneira essa substância estranha se organiza dentro do Universo. Todavia, contando o tanto que saiu, já dá para dizer que a matéria escura ultrapassa em cinco vezes toda a matéria normal. A massa do Universo é dominada por ela.

Ainda há outra coisa que escapa do saco quando o abrimos cuidadosamente. Sobretudo nos fiapos mais frios, densos e lentos que emergem, mais ou menos a cada centena de átomos ou moléculas vamos encontrar uma partícula microscópica, um grão de poeira. Não é o mesmo tipo de poeira que você encontraria debaixo da cama. Aquela é muito mais fina e tem uma composição muito diferente. Um grão típico de poeira interestelar tem algo como 0,001 milímetro (1 mícron) de comprimento e pode ser composto de substâncias tais como carbureto de silício ou grafite. Alguns grãos são menores ainda, compostos de apenas algumas centenas de átomos – pouco mais que moléculas gigantes.

De onde, nas profundezas do Universo, saiu essa poeira? Na verdade, os astrônomos ainda estão tentando entender os detalhes de sua origem, embora se conheçam pelo menos dois ambientes capazes de produzir essas estruturas microscópicas. Um deles é a nuvem de refugo expelida de estrelas grandes e velhas, que estão começando a encerrar os processos de fusão nuclear em seu interior. Enquanto as estrelas passam por essas mudanças, suas partes externas se tornam inchadas e acabam sendo sopradas para fora pela pressão da própria luz. Enquanto esse gás rico em elementos se expande e se distancia da estrela, ele resfria, e, assim como a água que se condensa a partir do vapor, parte do carbono, do silício e outros elementos se condensam em partículas de poeira sólida. Então, elas passam a vagar pelo cosmo. A outra fonte conhecida de poeira são as grandes nuvens de material sopradas pelas explosões de supernovas de estrelas antigas.

Todo esse vazamento e inundação de partículas e de material ocorrem antes mesmo que possamos dar uma boa espiada para dentro do saco. Muita coisa no Universo é pequena e se move bem rápido, ou é pequena e vagarosa. Muitas dessas coisas são praticamente invisíveis para nós, seja porque não interagem com a luz, seja porque, como a própria luz, só conseguimos vê-las quando elas colidem conosco. Entretanto, se você pudesse ver os caminhos de todos esses componentes de longe, o cosmo ia parecer uma névoa opaca.

AGORA VAMOS ABRIR totalmente o saco-Universo e admirar as estruturas em seu interior. Já analisamos os ingredientes principais, mas como eles se arrumam e o que estão fazendo? A primeira coisa que notamos é que o espaço é cheio de, bem, espaço. Apesar da torrente de fótons e neutrinos que preenche o cosmo, ele permanece quase totalmente vazio. Isso talvez não surpreenda tanto, mas não é óbvio para nós aqui na Terra apreender exatamente quão esparsa é a distribuição da matéria. Em particular, a escala dos átomos e partículas é minúscula comparada aos espaços vazios entre eles. Isso é totalmente diferente da experiência sensorial cotidiana da vida em nosso planeta. Mas nossos sentidos são limitados. Pensamos que nossos corpos – e casas, vilarejos, cidades – ocupam volumes consideráveis comparados aos arredores imediatos. Podemos estender a mão sobre a mesa para apanhar um biscoito, ou colocar os dedos ao redor de uma tulipa de cerveja que pareça solitária na mesa de um bar. Essa alta densidade aparente de matéria é uma questão de perspectiva.

Um átomo de hidrogênio consiste em um próton com carga elétrica positiva e um elétron com carga elétrica negativa. Considerando a imprecisão quântica das escalas envolvidas, o próton tem mais ou menos 1 milésimo de trilionésimo de metro de comprimento, ou $10^{-15}$ metros. Pode-se dizer que o elétron ocupa uma escala mil vezes menor que essa. Entretanto, o tamanho típico de um átomo de hidrogênio é de um décimo de bilionésimo, ou $10^{-10}$ de metro. Assim, o espaço típico entre um próton e um elétron é 100 mil vezes maior que o tamanho do próton. Você e eu, compostos de átomos, somos feitos principalmente de espaço vazio. Essa incrível discrepância entre o tamanho dos objetos e seu espaço interior também se estende a escalas muito maiores. A distância dos planetas até o Sol em nosso sistema solar é dezenas de milhares de vezes maior que o tamanho dos próprios planetas.

Espiando a distribuição de gás em nosso pedaço representativo do Universo, percebemos que há uma média de aproximadamente um átomo de matéria normal por centímetro cúbico. Isso significa que em qualquer posição aleatória existe um extraordinário abismo entre as partículas de matéria no Universo. Você teria de deixar grãos de areia a uma distância de mais ou menos 100 quilômetros uns dos outros para obter a separação equivalente. Contudo, se observarmos de bem longe, dali emergem estruturas e formas claras.

Sabemos que nossos limitados órgãos visuais humanos captam uma faixa muito estreita de comprimentos de onda a partir de qualquer lugar onde sejam gerados ou refletidos os fótons. Mesmo assim, vemos um brilhante arranjo de luz no volume contido pelo saco-Universo. Galáxias inteiras parecem pequeninas manchas indistintas espalhadas por esse espaço tridimensional. As posições delas são ao mesmo tempo aleatórias e estruturadas. É como se o grande artista expressionista abstrato Jackson Pollock tivesse carta branca para desenhar o Universo. Vastos agrupamentos de galáxias emergem quando você aperta os olhos. Em alguns pontos, milhares delas se acumulam dentro de poucas dezenas de milhões de anos-luz: são grandes catedrais de luz, com galáxias que formam vastas nuvens esféricas cuja densidade aumenta quanto maior for a proximidade do núcleo central. Conduzindo até esses monumentos brilhantes estão o que parece ser filamentos e mantos. Às vezes eles são os contornos mais tênues delineados pela distribuição das pequenas poças de luz das galáxias, às vezes são magníficas correntes de luminosidade, com galáxia após galáxia formando a estrutura. Além disso, há enormes zonas de vazio, vácuos que parecem grandes bolhas de sabão colidindo umas com as outras. Como num desenho de ilusão de óptica, todo o conteúdo do saco pode ser visto de duas formas: ou é um torrão de bolhas escuras demarcado pela luz das galáxias ou é uma rede interconectada de filamentos, mantos e aglomerados de luz, cercada de escuridão – os dendritos e neurônios de uma representação artística megalômana do cérebro cósmico em forma de teia.

FIGURA 5. Mapa de 1,6 milhão de galáxias que cercam nossa posição no Universo. Galáxias individuais detectadas na luz infravermelha são exibidas como pontinhos brilhantes e granulares numa projeção cartográfica do céu noturno inteiro. O plano poeirento de nossa Via Láctea fica no limite externo dessa imagem e aparece bem no meio como um eixo escuro. As galáxias formam uma distribuição de matéria que lembra uma teia de aranha ou a espuma do mar.[7] O torrão brilhante no centro do mapa é chamado superaglomerado Shapley em homenagem a Harlow Shapley. Ele está a 650 milhões de anos-luz de distância e contém mais de vinte aglomerados galácticos, cada qual com centenas ou milhares de galáxias.

Essa é a essência da estrutura em grande escala do Universo. Ela é ao mesmo tempo espumosa e filamentosa, mas em sua maior parte é vazia. As galáxias podem ter centenas de milhares de anos-luz de diâmetro, mas apenas nos aglomerados mais densos os espaços entre elas se comparam ao seu tamanho. Os vastos vazios em forma de bolha podem se estender por mais de 100 milhões de anos-luz sem uma só galáxia. Se olharmos com mais cuidado, procurando os átomos e moléculas de hidrogênio e hélio que, como sabemos, ocupam o Universo juntamente com as partículas da fantasmagórica matéria escura, vamos descobrir que eles também se organizam na mesma estrutura, no mesmo arranjo delineado pelas galáxias brilhantes.

Agora vamos pegar uma lente de aumento e olhar mais de perto esses pontos indistintos de luz, as galáxias. A maioria dos fótons visíveis saídos delas é formada dentro de estrelas. Às vezes os fótons são refletidos, ou absorvidos e então reemitidos pelo gás e poeira que coexistem com as estrelas, mas a maior parte vem dos objetos estelares incrivelmente compactos que compõem as galáxias. As menores galáxias são como anãs comparadas às maiores, que podem ter diâmetros centenas de vezes maiores. As anãs podem conter apenas 100 milhões de estrelas discerníveis, comparadas às centenas de bilhões que formam uma galáxia gigante. As próprias estrelas em todas as galáxias apresentam grande variedade. As menores, objetos vermelhos e pouco brilhantes que mal alcançam um décimo da massa de nosso Sol e têm o dobro do diâmetro do planeta Júpiter, emitem suavemente um milésimo da energia produzida em nosso próprio sistema solar. Os objetos mais brilhantes e mais azuis possuem mais de dez vezes a massa do nosso Sol e apresentam cerca de dez ou vinte vezes o seu tamanho. Elas geram centenas de milhares de vezes mais energia, mas são muito, muito mais raras que as estrelas parecidas com o Sol. A maioria das estrelas em todas as galáxias do nosso saco-Universo tem menos da metade da massa do Sol. As mais raras de todas as estrelas normais são aquelas que têm mais ou menos cem vezes mais massa que o Sol, mas elas não passam de um ou dois grãos entre as grandes dunas de areia que são o conjunto de objetos estelares.

Todas essas estrelas muito diferentes, entretanto, estão no meio da vida adulta normal. Nas profundezas de seus núcleos, o hidrogênio primordial é fundido em elementos mais pesados. Para as estrelas menores, esse é um processo muito, muito lento. Nosso Sol vai realizar essa tarefa por um total de aproximadamente 10 bilhões de anos. As estrelas com um décimo de massa solar são as panelas de cozimento lento do Universo, levando pelo menos 1 trilhão de anos antes de esgotar seu combustível nuclear primordial. As estrelas mais pesadas são comilonas. Com barrigas superquentes e engolindo sua comida, elas vão consumir hidrogênio por apenas mais alguns milhões de anos.

Existem muitos outros objetos parecidos com estrelas nas galáxias de nosso saco-Universo representando as coisas muito jovens e as muito velhas. Num extremo do ciclo de vida estelar estão as protoestrelas, objetos que ainda não podem fundir elementos; no outro extremo estão os restos de estrelas que viveram e morreram. Anãs brancas são caroços arrefecidos de material estelar denso que sobrou. Mantidas pela pressão quântica dos elétrons, como vimos ainda há pouco, elas são tão numerosas quanto as estrelas que ainda estão gerando energia. Estrelas de nêutrons também são comuns, uma vez que descendem das estrelas de maior massa. Esses objetos faiscantes raramente são observados quando estão no auge, pois vivem pouco e morrem jovens, preenchendo uma galáxia como a Via Láctea com seus cadáveres brutalmente compactos e densos.

Além disso tudo há os buracos negros. Numa galáxia grande, buracos negros pequenos, com apenas algumas vezes a massa do Sol, podem existir aos milhares, ou até às dezenas de milhares. Às vezes cai matéria em seus covis gravitacionais, liberando energia sob a forma de explosões brilhantes de radiação eletromagnética. Bem mais raros, porém cosmicamente mais importantes, são os buracos negros gigantes – os senhores da gravidade. Bilhões de vezes mais massivos que o nosso Sol, eles se sentam como imperadores nos mais profundos recônditos das galáxias e são um grande mistério para nós.

A própria Via Láctea é uma galáxia grande, dentre os maiores objetos de seu tipo. Galáxias como ela contêm várias centenas de bilhões de estrelas, protoestrelas e restos estelares. Esse parece um ambiente superlotado. Contudo, embora seja lotada perto do centro, a galáxia, como o resto do Universo, ainda é composta principalmente por espaço vazio. Uma estrela do tamanho do Sol é cerca de 30 milhões de vezes menor que o espaço entre ele e a estrela mais próxima. Até na região mais densa de nossa galáxia, a separação média entre as estrelas ainda é cerca de 100 mil vezes maior que o tamanho de cada uma delas. Mapeada por seus componentes estelares, a galáxia é um espaço extraordinariamente *aberto*.

Assim como as estrelas que as formam, as galáxias que estão dentro de nosso saco-Universo possuem uma gama de formas e tipos. Além de se apresentarem em diferentes tamanhos, elas exibem características externas muito diversas. A mais perceptível delas é que as galáxias têm duas formas estruturais primárias. Algumas são estruturas parecidas com grandes discos achatados, com enormes rios de estrelas em curva, como se houvesse respingado tinta num prato giratório liso. Outras galáxias são quase esféricas, nuvens de estrelas parecidas com um dente-de-leão. As que se parecem com discos somam talvez 15% de todas as galáxias que vemos, e são apropriadamente chamadas de espirais. Nossa Via Láctea é uma delas. As nuvens parecidas com neblinas de estrelas, algumas das quais achatadas em forma ovoide, são conhecidas como elípticas. Uma vez que esse formato inclui muitas das galáxias menores, as elípticas são várias vezes mais numerosas que as espirais. Entre essas classes principais, existem vários tipos de híbridas, assim como galáxias que sofreram alguma espécie de trauma gravitacional. Cheias de caroços, distorcidas e retalhadas, elas são coletivamente chamadas de "irregulares".

As maiores galáxias tomam a forma de elípticas gigantes. Essas estruturas em formato de nuvem se tornam cada vez mais densas no centro, com mais e mais estrelas amontoadas a distâncias cada vez menores. Em geral, essas mastodônticas coleções estelares se situam no meio de grandes aglomerados galácticos, nos ápices da teia cósmica, como já registramos. Em grande contraste, as galáxias espirais evitam esses locais, preferindo espreitar nos subúrbios desabitados do Universo. Diferentemente das elípticas puras, os grandes discos espirais giram devagar, embora seus redemoinhos de estrelas se movam separadamente das massas, como uma projeção de luz no prato da vitrola. Os dois tipos de galáxia também exibem cores estelares muito diferentes. As galáxias espirais em geral contêm muitas estrelas azuis jovens, brilhantes, quentes e massivas, além de nuvens densas de gás e poeira, enquanto as galáxias elípticas são compostas de sistemas estelares mais antigos, menores e mais vermelhos, com poucas das belas nebulosas apresentadas pelas espirais. Seja o que for que tenha acontecido para tornar essas grandes coleções de estrelas tão diferentes, o fenômeno tem raízes profundas no passado das galáxias, em suas localizações e em seus ambientes gravitacionais.

Nenhuma estrela está em repouso no interior da galáxia. Nas galáxias elípticas e anãs, a maioria das estrelas voa para lá e para cá em órbitas de mão única que as levam para mais perto do centro galáctico, e então se afastam novamente para o outro lado. São como vespas nervosas voando em torno de uma colmeia central. Numa galáxia espiral, as estrelas do grande disco seguem órbitas circulares ao redor do centro, bamboleando para cima e para baixo, para dentro e para fora, de acordo com a natureza irregular do sistema, que pode puxá-las e empurrá-las. Nosso próprio Sol faz isso em nossa galáxia, completando um circuito em passo tranquilo a cada 210 milhões de anos. Mais perto do bojo central das espirais, entretanto, as estrelas começam a vagar, a exemplo do que acontece nas galáxias elípticas.

As próprias galáxias estão em constante movimento. Dentro dos grandes aglomerados, elas se comportam de forma muito parecida com as estrelas dentro das galáxias elípticas – voando para dentro e para fora do núcleo. A velocidade aí pode ser enorme. Uma galáxia ganha muita velocidade quando cai em direção ao centro do poço gravitacional do aglomerado, alcançando mais de 900 quilômetros por segundo em muitos casos. Nas regiões mais vazias, entre as galáxias, o ritmo é bem mais calmo. As velocidades médias não passam de um terço disso. Mas até aqui as grandes formas esculturais de filamentos, mantos, aglomerados e vazios prevalecem. A matéria tende a se estender ao longo de fios de teia em redor dos vazios. Ela gradualmente preenche os aglomerados e superaglomerados mais densos e massivos com cada vez mais material, da mesma forma que os barrancos alimentam os lagos das montanhas.

DEIXANDO DE LADO nossa lente de aumento, pegamos agora um poderoso microscópio para olhar ainda mais de perto esse verdadeiro zoológico de galáxias e estrelas dentro do saco-Universo. Aqui vamos encontrar novamente o problema cartográfico intratável de Richardson: uma complexidade sem fim de limites e linhas costeiras. Dentro de cada nebulosa de gás molecular e atômico existe uma infinidade de corredores e superfícies. Orbitando mais de 50% de todas as estrelas existem planetas pequenos e grandes. Alguns possuem luas e satélites, que por sua vez apresentam superfícies lisas ou irregulares, montanhas, vales e mesmo litorais intrincados e infindáveis. Além disso, há componentes mais obscuros: objetos chamados anãs marrons, que não são grandes o bastante para se tornar estrelas nem pequenos o bastante para dizermos que são planetas. Quando sintonizamos nas faixas mais distantes do espectro eletromagnético, mais e mais estruturas extraordinárias ganham luz, mostrando-se como por magia. Grandes laços de partículas magneticamente entrelaçadas que emitem sinais de rádio são estendidos pelas estrelas e até por galáxias inteiras. Fótons de alta energia, do ultravioleta até os raios X e aos raios gama mais energéticos surgem do interior de anãs brancas e estrelas de nêutrons quentíssimas. Gases com temperaturas de 10 milhões de graus aprisionados nos poços gravitacionais de galáxias e aglomerados galácticos brilham com luz de raios X, cheios de formas e estruturas estranhas.

 Muitos fenômenos se repetem. Aqui há uma estrela parecida com o Sol; ali há outra, e outra, e mais uma. Mas há novas maravilhas também. Podemos encontrar algo extraordinário em quase qualquer direção que olharmos. Ali está um par de estrelas orbitando tão de perto que o puxão gravitacional de uma sobre a outra é significativamente maior do lado interno que do lado externo. O material estelar cru, plasma escaldante, forma um rio que cruza o espaço entre elas num cabo de guerra que pode resultar numa estrela devorando grande parte de sua irmã menor. Num canto remoto de outra galáxia há uma velha estrela gigante, a alguns minutos apenas de ceder ao abraço persistente da gravidade. Quando isso acontecer, seu núcleo, transmutado em ferro e níquel, vai implodir e colapsar, apenas para colidir consigo mesmo, numa reação que vai explodir completamente a estrela. Uma grande e brilhante supernova vai se acender, talvez para ser observada por uma forma de vida num planeta orbitando outra estrela em outra galáxia.

E aqui temos um buraco negro percorrendo uma trajetória extraordinária a centenas de quilômetros por segundo. Algum evento anterior, talvez durante sua formação, ou talvez em algum apavorante encontro com outro objeto massivo, o ejetou da galáxia que um dia fora seu lar. Sua longa jornada o conduz até o espaço intergaláctico, um viajante obscuro e solitário. Bem ali temos um pulsar duplo. Duas estrelas de nêutrons, cada uma com a massa de dois sóis e, entretanto, com menos de 13 quilômetros de diâmetro, correm uma ao redor da outra, como um haltere rodando no espaço. Ambas giram furiosamente, levando meras frações de segundo para completar uma rotação. Cada qual emite intensas ondas de rádio. E lá distante, numa majestosa galáxia espiral, está um planeta rochoso orbitando uma estrela de brilho modesto. Suas três pequenas luas deslizam ao redor dele, cutucando o grande oceano equatorial na superfície. Nas águas que suavemente abraçam as praias distantes, um denso tapete verde cresce devagar, lar de incontáveis criaturas microscópicas que vagueiam cuidando de suas vidas.

Nosso saco-Universo é enorme, e mesmo assim representa uma pequena, minúscula fração do Universo observável total.[8] Ele também representa uma pequena fatia do estrato cósmico do tempo. Nas poucas centenas de milhões de anos que a luz leva para cruzar o saco-Universo, muito pouco muda. Estrelas grandes e quentes devoraram seu combustível de hidrogênio e se tornaram velhas e inchadas, ou explodem quando a gravidade tenta rearranjar seu equilíbrio. Novas estrelas e novos planetas se formaram a partir de gás e poeira das nebulosas. Algumas galáxias podem ter se encontrado, começando uma dança de salão que se estende por escalas de tempo ainda maiores. Vários pequenos mundos passaram por ciclos de mudanças ambientais, de eras do gelo para trópicos úmidos. No grande esquema das coisas, entretanto, numa escala realmente cósmica, quase nada aconteceu.

Aí está: um pedacinho do mapa da eternidade. Se pudéssemos ver o resto, ele ocuparia as maiores escalas do Universo observável, todos os 13,8 bilhões de anos que ele tem, mas também conteria cada detalhe infinitesimal de cada pedaço de rocha pontiaguda, cada nuvem porosa de gás.

Em muitos aspectos, até nosso mapinha é terrivelmente incompleto. Existem grandes lacunas. Nós pudemos investigar algumas localidades, mas não outras. Fomos capazes de olhar para trás só até certo ponto do tempo. Mesmo assim, ele é um impressionante retrato do cosmo, ele compreende tudo, desde a tênue distribuição de elétrons individuais, de átomos, moléculas e poeira microscópica até planetas e estrelas. Então ele retrata os grandes enxames que são as galáxias, e daí para as galáxias sobre galáxias, que formam aglomerados e superaglomerados e finalmente as muralhas, filamentos e vazios da teia cósmica. Partes do mapa são coloridas com delicadeza. Os mais tênues fios de radiação emanam do reino etéreo das longas ondas de rádio ou do ímpeto esparso, embora potente, das partículas cósmicas de mais alta energia – migalhas subatômicas exóticas zumbindo pelo cosmo em estase relativística, enquanto o tempo, para elas, parece estar parado. Outras partes são ferozmente vívidas, pintadas em cores primárias de infravermelho intenso e ondas de ultravioleta, raios X e raios gama. Mesmo o mar de fótons do Universo jovem é extraordinariamente rico: centenas deles se enfileiram em cada centímetro cúbico do cosmo.

Esse é um mapa com uma infinidade de placas de sinalização e rotas secundárias. O que parece pequenas galáxias desinteressantes contém uma miríade de tesouros: novos planetas e estrelas, campos magnéticos entrelaçados, dinâmicas intrincadas, sempre singulares. Trilhões de objetos dançam enquanto a gravidade puxa as cordas.

Um mapa como esse serve para muitos propósitos. Ajuda a satisfazer nossos desejos mais profundos de ordem e localização. Permite-nos identificar, nomear e estudar objetos e fenômenos específicos. Propicia-nos quantificar seu relacionamento com os arredores cosmográficos, comparando-os e contrastando-os com seus primos. Galáxias revelam mais quando podemos compará-las com outras galáxias, próximas e distantes, com características comuns ou pouco usuais. Estrelas de diferentes composições seguem um padrão descrito pela física fundamental, porém apresentam enorme variedade em seu comportamento cotidiano. Nosso mapa oferece uma visão do Universo completa o bastante para que tentemos aplicar nossas teorias e modelos do cosmo, testando-os um por um, a fim de deduzir a natureza universal da matéria e da energia e o comportamento subjacente do próprio espaço-tempo.

Enquanto o mapa de nosso Universo conhecido foi se montando com velocidade crescente nos últimos cem anos, auxiliado pelos trabalhos de Harlow Shapley, em 1918, e pela revelação posterior de Edwin Hubble, de que muitas nebulosas são na verdade galáxias distantes que se afastam de nós, fomos capazes de dar declarações bastante ousadas. Uma delas, de importância fundamental, é a simples estimativa da população estatística dos objetos. Assim como saber o número de seres humanos aqui na Terra, ou de árvores, ou de vulcões nos ajuda a reunir uma descrição de nosso planeta, compreender a natureza do cosmo depende da estatística. Com cuidadosa extrapolação, podemos agora estimar que o número total de galáxias no Universo observável provavelmente excede os 100 bilhões e pode chegar a 200 bilhões de sistemas distintos. Uma única galáxia grande, como a nossa Via Láctea, pode conter mais de 200 bilhões de estrelas normais. Tanto para estrelas quanto para galáxias, os exemplos mais numerosos são justamente os menores. Mais ou menos 75% de todas as estrelas da Via Láctea têm menos da metade da massa do Sol, e, em todo o Universo, a maioria das galáxias é classificada como anã, contendo apenas algumas poucas centenas de milhões de estrelas individuais.

Os números são um pouco flexíveis; nesse caso, as estimativas são arte e ciência. Mesmo assim, é uma aposta segura dizer que há 1.000.000.000.000.000.000.000 ($10^{21}$, ou 1 bilhão de trilhões) de estrelas normais individuais em todo o Universo observável – possivelmente, dez ou cem vezes esse número. Esse é um número inimaginavelmente grande. Interessa notar que o número total de seres humanos que já nasceram (contando até 50 ou 100 mil anos atrás, ao menos) é estimado em cerca de 110 bilhões. Então, grosso modo, existem cerca de 10 bilhões de estrelas para cada ser humano que existiu algum dia no planeta.

Nosso estoque de estrelas não vai se esgotar tão cedo. Mas a pergunta realmente intrigante é: por que esse número? Por que, quando olhamos para cima, para o céu noturno, vemos esse equilíbrio particular entre luz e sombra, entre os pontinhos brilhantes espalhados e a escuridão do espaço?[9] A propensão de nosso Universo para fabricar estrelas e a eficiência com que elas são produzidas em qualquer ponto da história cósmica são o que determina o número de estrelas visíveis para nós – seja dentro de nossa própria galáxia, seja nas galáxias para além dela, e até no terreno disperso do espaço intergaláctico. Uma vez que nós somos produto de gerações de estrelas forjando elementos pesados, e dependemos da energia de uma estrela – o Sol – para manter o ambiente na superfície da Terra, é importantíssimo saber qual a receita para fazer o Universo se apresentar do jeito que é.

Postulamos aqui uma conexão profunda entre essa questão e o fenômeno extraordinário que são os buracos negros – uma conexão que implica que eles desempenham papel ativo na formação do Universo. Nosso mapa da eternidade nos dá um ponto de partida para seguir essa linha de raciocínio. Esse é o Universo tal como o vemos hoje, ontem e ao longo de sua história de 14 bilhões de anos. As conexões entre essa carta e as máquinas da gravidade que ajudaram a forjá-lo estão logo ao alcance da mão. Precisamos apenas encontrá-las.

## 3. Cem bilhões de caminhos até o fundo

EM UM DIA ESCALDANTE de setembro de 1935, uma carreata de vinte veículos seguia por uma estrada poeirenta em direção a um cânion no deserto. O presidente Franklin Delano Roosevelt ia inaugurar a Represa Hoover.[1] À sua espera estavam as duas Figuras Aladas da República, assentadas em seus pedestais negros, com rostos solenes, no lado ocidental da represa. Os braços musculosos das esculturas se esticavam para cima e se fundiam com as grandes asas de bronze parecidas com lâminas, estendendo-se 9 metros em direção ao céu de um azul cristalino. Ao sul e a leste o mundo parecia cair num abismo de 200 metros de profundidade que se abria em meio à paisagem rochosa e seca. A nordeste, um lago de águas reluzentes corria entre colinas antigas. Depois de chegar e receber ajuda para sair do carro, Roosevelt deu uma boa olhada ao redor. E então realmente perdeu a fala. A estrutura elegante e colossal que o cercava era de tirar o fôlego, esmagadora. Por fim, ele começou seu discurso oficial de inauguração com uma frase espirituosa, mas de sincera admiração, por aquela forma monumental: "Nesta manhã eu vim, vi e fui conquistado..."

A Represa Hoover é um templo dedicado à gravidade, com o ápice encastelado na divisa rochosa entre os estados de Arizona e Nevada. As enormes formas de concreto e aço se equilibram no espaço e no tempo, alimentando-se da energia contida na matéria do rio Colorado quando ele se estreita nesse desfiladeiro. A represa é muito mais que um grande feito de engenharia; ela está profundamente conectada à cola e às costuras ocultas que amarram o Universo. Não é de estranhar que, quando a Agência de Recuperação de Terras dos Estados Unidos pediu ao famoso arquiteto Gordon B. Kaufmann para opinar sobre o projeto da represa, ele tenha se sentido inspirado a encomendar as curvas orgânicas do modernismo e da *art déco* que agora caracterizam a estrutura, incluindo as duas grandes sentinelas aladas.[2] No chão logo abaixo dessas figuras está um mapa extraordinário feito em pedra polida entalhada. Esse grande mosaico de estrelas e planetas em estilo *terrazzo* foi construído com refinada precisão, refletindo o hemisfério celeste que se poderia ver no dia exato de setembro de 1935 em que um Roosevelt, tomado de humildade, proferiu seu discurso. Ele foi projetado para ser um relógio, um instrumento de navegação para as eras. Se daqui a mil anos arqueólogos encontrarem esse mapa poderão aplicar conhecimentos astronômicos para dizer com precisão a data em que foi colocado no chão. A língua não será uma barreira. As estrelas providenciarão sua própria tradução. É impossível não se maravilhar com a fantástica sensação de orgulho e otimismo das pessoas que conceberam e construíram a represa. Até o cinismo pós-moderno se ameniza na presença desse monumento à inovação humana e suas conexões cósmicas.

A Represa Hoover foi construída segundo os mesmos princípios básicos que governam o comportamento da matéria em qualquer lugar no Universo. Se você andar na grande passarela, estará muito mais perto da física gravitacional do que imagina. O peso da água represada sobre a muralha da barragem, dado pela gravidade, representa um enorme depósito de energia. Trilhões de litros preenchem o vasto reservatório do lago Mead ao norte. Essa massa de água não apenas providencia o impulso usado para propelir os enormes geradores elétricos na base da represa, ela também empurra a face convexa da barragem, transferindo força para as muralhas de rocha natural dos dois lados, assegurando que o concreto continue lacrado com firmeza e segurança. Seguindo regras universais, as águas do Colorado buscam percorrer o caminho mais curto e cair cada vez mais para dentro do espaço e do tempo distorcidos pela Terra. Aqui, no pedacinho de terra entre Arizona e Nevada, está o belo e visceral retrato de um fenômeno que é de importância fundamental para a compreensão da natureza cósmica dos buracos negros.

A grande represa pode extrair cerca de 2 mil megawatts de potência elétrica das águas que caem em sua base e giram suas turbinas. Isso representa um total estupendo de aproximadamente 4 terawatts-hora todos os anos – o bastante para alimentar uma pequena cidade. Ao bloquear o fluxo natural da água, que é movido pela gravidade, a represa criou literalmente uma montanha de líquido pronta para liberar toda sua energia ao fluir em cascata. Chamamos essa fonte de energia de hidreletricidade, que se tornou um recurso de importância determinante em todo o nosso planeta, ao nos ajudar a manter nossas vidas. Em alguns lugares ela é verdadeiramente indispensável. A milhares de quilômetros de Nevada, a Noruega é abençoada com uma bela e extraordinária topografia montanhosa, contendo mais de 30 mil lagos elevados nutridos diretamente pelos ciclos naturais planetários. Vapor de água se ergue na atmosfera pela evaporação provocada pelo Sol e retorna como chuva sobre esses lagos e rios, que então são acelerados para baixo pela gravidade. A hidreletricidade na Noruega gera mais de 130 terawatts-hora por ano, provendo todas as necessidades elétricas do país.[3]

Aprendemos como extrair a impressionante energia da gravidade sob essas circunstâncias especiais, mas, para entender como o mesmo princípio opera nos ambientes mais extremos do Universo, precisamos exercitar nossas mentes um pouco mais. A gravidade, tal como a experimentamos aqui na Terra, é uma versão fraca do fenômeno. Equivalentes cósmicos da Represa Hoover ou dos lagos montanhosos da Noruega envolvem um tipo de física totalmente diferente, uma evolução desses exemplos terrenos. Já introduzi a ideia de que a gravidade é um efeito colateral da curvatura do espaço e do tempo, e agora é o momento de encarar esse conceito.

Quando Einstein apresentou seu trabalho sobre relatividade especial em 1905, ele alterou profundamente a maneira pela qual concebemos o Universo.[4] Espaço e tempo eram até então considerados pelos físicos entidades separadas, mas Einstein revelou que os dois estavam intimamente conectados. Ele foi capaz de conciliar nosso modelo da natureza com o que víamos ao nosso redor, aceitando a velocidade finita e imutável da luz e a invariância das leis físicas em todos os referenciais possíveis. Mas a pegadinha conceitual que foi preciso aceitar é que espaço e tempo precisam ser variáveis e inseparáveis. Juntos, eles se tornam algo novo, que se tornou conhecido como espaço-tempo. Isso implica uma multidão de efeitos físicos que dependem das limitações inatas de medidas e interações envolvidas na velocidade finita da luz. Um objeto que se afaste de nós a velocidade alta e constante parece mais curto em sua direção de movimento. Também parece que ele tem inércia maior. Se portarmos um relógio, vamos ver o tempo passar mais devagar para aquele objeto. Eventos que parecem simultâneos para um observador podem não ser para outro que se mova em relação a ele. No esteio dessa mudança de visão de mundo tão profundamente nova, não espanta que Einstein se preocupasse tanto em amarrar as pontas soltas, em especial aquelas que permitem aplicar a relatividade a *qualquer* situação natural.

Einstein estava particularmente preocupado com a gravidade. De acordo com Newton, a força da gravidade acelera os objetos. Mas a força depende da distância entre os objetos, e, no novo espaço-tempo relativístico de Einstein, a distância é uma quantidade flexível. Um astronauta imaginário viajando em direção a um planeta mediria uma distância menor entre sua cápsula espacial e o mundo gradualmente assomando à sua frente que um observador em repouso numa estação orbital a seu lado. Cada um deles calcularia uma atração gravitacional diferente sobre o astronauta – mas isso não pode ser verdade, pois violaria a afirmação da relatividade segundo a qual as leis físicas devem permanecer as mesmas em toda parte. Einstein estava profundamente confuso. Como a natureza podia escolher a distância correta ou o referencial correto para fazer tudo funcionar? Ele sabia que faltava algo no velho panorama da gravidade. Sua intuição lhe dizia que a relatividade deveria se aplicar nesse caso também – nenhum observador era "especial".

Seu primeiro avanço, que lhe veio enquanto estava trabalhando, em 1907, foi perceber que alguém em queda livre num campo gravitacional não sentiria nenhuma aceleração. Brinquedos de parques de diversões exploram isso o tempo todo. Se você entrar em "queda livre" num brinquedo, seu estômago parece parar na garganta. E pode ser que esteja lá mesmo! Por um breve momento você não terá peso algum. O "experimento mental" de

Einstein sugeriu que a experiência de uma pessoa em queda livre pode ser inteiramente equivalente a flutuar no espaço distante, longe de qualquer atração gravitacional. Então, pensou ele, pequenos referenciais num campo gravitacional poderiam de fato satisfazer as exigências da relatividade, de que nenhum referencial é privilegiado. Voltando ao meu exemplo, naquele instante de náusea no parque de diversões você poderia muito bem estar flutuando no espaço profundo. Qualquer experimento infeliz realizado em seu estômago seria indistinguível daqueles feitos num local livre da gravidade.

Havia um problema, entretanto, e era uma questão de tamanho. Quando os objetos caem em direção à Terra, eles se movem numa linha reta que aponta para o centro do planeta. Isso significa que as duas extremidades opostas de um objeto são puxadas na direção uma da outra enquanto o objeto cai. Imagine uma gigantesca baleia-azul caindo em direção à Terra – não porque queremos machucá-la, pois, embora não tenha culpa, ela é grande o bastante para essa experiência. Pela aerodinâmica "baleiônica", nossa baleia-azul cai horizontalmente. Agora, a cabeça e a cauda estão caindo ao longo de linhas retas que apontam diretamente para o centro da Terra. Mas isso significa que, durante a queda, a cabeça e a cauda estão sendo comprimidas uma em direção à outra, uma vez que, quanto mais perto chegamos do planeta, menor é a distância entre essas linhas radiais. Há um nome para isso na mecânica newtoniana clássica: a baleia está sentindo uma maré gravitacional. Ela também sente uma força de estiramento entre a barriga e as costas. A barriga da baleia está mais próxima da Terra, então, sente uma atração gravitacional maior que as costas da baleia. Então a pobre baleia está sendo esmagada no comprimento e esticada de cima para baixo pelas forças de maré gravitacional. Se ela será mais esmagada ou mais esticada, isso depende do tamanho exato do planeta e do tamanho e da forma da baleia.

Esse era o dilema de Einstein. Os efeitos sentidos pela baleia são reais e facilmente descritos pela teoria da gravitação de Newton. Entretanto, ele sabia que a mesma teoria não era compatível com a relatividade. Einstein poderia fazer a gravidade e a relatividade funcionar para pequenos referenciais, nos quais as forças de maré gravitacional seriam

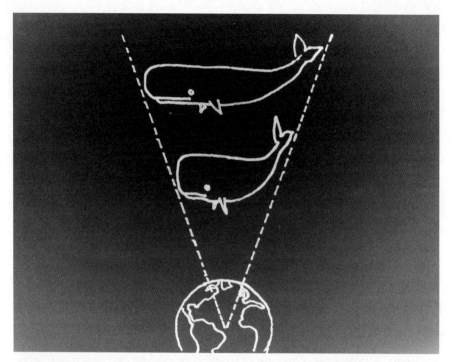

FIGURA 6. O dilema da baleia. Forças de maré num poço gravitacional apertam a baleia da cabeça à cauda e a esticam da barriga às costas, como é bem explicado pela teoria da gravitação de Newton. Mas essa teoria não é compatível com a relatividade, na qual as distâncias medidas dependem do referencial. A solução de Einstein foi refazer todo o significado da gravidade. Na teoria da relatividade geral, efeitos de maré são uma consequência da própria distorção do espaço-tempo.

pequenas demais para nos preocuparmos com elas, mas uma lei universal deve se aplicar a qualquer situação. A única maneira de conciliar o problema seria jogar fora a teoria da gravidade de Newton e começar do zero.

Esse era, e ainda é, um salto conceitual de tamanho insight e de uma arrogância tão colossal que chega a causar tonturas. Ele alterava profundamente mais de trezentos anos de pesquisas físicas fundamentais. Einstein insistiu tanto em que a relatividade devia estar correta que acabou declarando que a teoria da gravitação de Newton era uma ficção. No lugar dela, ele propôs que o próprio espaço-tempo fosse flexível. Uma massa como a da Terra curva o espaço-tempo ao seu redor e em direção a ela. Cada parte da baleia segue o caminho mais curto através desse espaço-tempo. O efeito de maré que ela sente comprimindo sua cabeça em direção à cauda é *inteiramente* equivalente a dizer que o espaço-tempo está ficando mais apertado em direção à Terra. Da mesma forma, o estiramento entre a barriga e as costas ocorre porque o espaço-tempo se estica na direção radial. Para resolver esse problema, Einstein decidiu que as marés gravitacionais e a curvatura do espaço-tempo são descrições diferentes da mesma coisa. O que todo mundo vinha chamando de gravidade é apenas a maneira como os objetos se movem nesse espaço-tempo distorcido. No entanto, embora Einstein tenha encontrado a solução conceitual para incorporar a gravidade na relatividade, ele ainda devia formular um arcabouço matemático para descrever o que agora era a teoria da relatividade *geral*. Esse arcabouço tinha de relacionar a curvatura ou distorção do espaço-tempo diretamente com a massa que causava a distorção.

Esse era um desafio imenso, que levou Einstein até o limite. No final de 1915, depois de vários sucessos parciais, ele afinal chegou a uma descrição matemática que condensava completamente a nova física. Não teria chegado lá, não fosse o trabalho de muitos outros, incluindo aqueles que, essencialmente, chegaram ao mesmo ponto praticamente ao mesmo tempo.[5] Einstein, entretanto, foi o indivíduo cuja intuição e persistência incríveis romperam a casca que obscurecia essa descrição melhorada do Universo.

Todos aqueles anos de trabalho podem ser resumidos no que se costuma chamar de equação de campo de Einstein, uma expressão que é surpreendente e enganadoramente simples:

$$G = \frac{8\pi G}{c^4} T$$

Equações podem levar muitos de nós ao pânico, mas há características da equação de campo de Einstein que podemos entender sem mergulhar muito profundamente em sua complexidade total. Ela só descreve tudo aquilo que já vínhamos falando. Do lado esquerdo do sinal de igual o símbolo $G$ representa a curvatura do espaço-tempo. Do lado direito, o símbolo $T$ é a descrição da massa e da energia no pedacinho de espaço-tempo em questão. Então, por exemplo, $T$ pode ser encarado como as instruções que descrevem onde uma massa esférica está, quanta massa existe, se está se movendo ou se está girando. $G$, então, contém as instruções para que você, eu, ou uma grande baleia possam se mover no espaço-tempo distorcido, ou curvo, ao redor daquela massa. Essas instruções, naturalmente, também contêm a informação sobre como as coordenadas e distâncias vão funcionar, e como o tempo vai se dilatar. $G$ é em geral conhecido em termos técnicos como *tensor* de Einstein, e $T$ é conhecido como tensor de momento-energia, lembrando que momento é o termo técnico referente à quantidade de movimento que uma coisa possui.

A segunda característica a que se deve prestar atenção é o conjunto de símbolos antes do $T$. Ali está o símbolo familiar de pi ($\pi$), que tem um valor numérico aproximado de 3,141. O símbolo G é a constante gravitacional. É uma constante da natureza, que também faz parte da formulação original de Newton acerca das leis da gravidade. Ela descreve, simplesmente, a força da gravidade relativa a todas as outras forças, e é um número pequeno: seu valor é cerca de $6{,}67 \times 10^{-11}$, com unidades de metros ao cubo por quilograma por segundo ao quadrado. Na parte de baixo (o denominador), temos $c^4$, que é a velocidade da luz multiplicada por si mesma quatro vezes. E isso, por qualquer padrão que se escolha, é um número bem grande. Seu valor é cerca de $8 \times 10^{33}$, ou o algarismo 8 seguido de 33 zeros, uma vez que a velocidade da luz é de cerca de 300 milhões de metros por segundo. Tudo isso significa que o conjunto de constantes na equação de campo de Einstein equivale a um fator muito, muito pequenininho, e a equação se torna:

$$G = 0{,}0000000000000000000000000000000000000002 \times T$$

Isso não é uma mera brincadeira com os números, mas está nos dizendo uma coisa muito importante: embora o espaço-tempo possa se curvar e seja um meio flexível, ele também é *extremamente* rígido e firme.[6] É preciso um bocado de $T$ para conseguir só um pouquinho de $G$. Em outras palavras, você precisa de um montão de massa ou energia numa região muito pequena para obter uma distorção apreciável do espaço-tempo. Um prédio grande ou uma montanha alta não faz com que balancemos em nossos carros ou tropecemos enquanto caminhamos na rua. De fato, são necessários todos os 6 trilhões de trilhões de quilogramas do planeta Terra para nos manter grudados na superfície. Mesmo dentro desse espaço curvo, nós ainda podemos dar saltos em altura ou arremessar bolas de basquete no ar. Não é de espantar que o raio de Schwarzschild que vimos no Capítulo 1 tenha de ser tão pequeno para criar o horizonte de eventos de um buraco negro. A matéria deve ser comprimida até uma densidade incrível para produzir a enorme tensão necessária sobre o espaço-tempo, $T$, a fim de superar sua rigidez inerente e dobrar o ambiente local o bastante para aprisionar fótons de luz.

A distorção, ou curvatura do espaço-tempo descrita por $G$, afeta a geometria fundamental de posições, distâncias e movimentos. Veja novamente as Figuras 3 e 4 para lembrar como se visualiza isso. O agrupamento de coordenadas que nossa baleia em queda sentiu do nariz até a cauda, e o estiramento da barriga às costas, se aplica também à propagação da luz. A forma de onda eletromagnética dos fótons emitidos bem no limite externo do horizonte de eventos é efetivamente esticada até se anular quando os fótons tentam sair. Em outras palavras, a energia deles é totalmente drenada, e eles deixam de existir. Assim, nunca podemos vê-los escapar.

A rigidez do espaço-tempo está conectada a outro fenômeno que se manifesta de maneira bem visível ao redor de coleções extremamente densas de matéria. Quando Karl Schwarzschild apresentou sua solução da equação de campo de Einstein para uma única massa esférica e deu à luz a ideia de um horizonte de eventos, ele teve de assumir que a massa não estava girando. Contudo, se investigarmos o Universo lá fora com nossos olhos e telescópios, vemos que não é assim que a maioria dos objetos se comporta. Todos nós estamos cientes de que a Terra gira em torno de seu eixo. Mas o Sol também gira. Todos os planetas e luas giram. Podemos medir a rotação de outras estrelas. O material espalhado ao redor de estrelas recém-nascidas gira em grandes rodas sujas de gás e poeira. Galáxias espirais giram. Matéria dentro de vastas nebulosas lentamente flui e se move. O movimento periódico e quase sempre circular de material sólido ou gasoso em torno de um eixo central é um fenômeno universal. Isso nos leva a uma pergunta que pode parecer óbvia agora, mas que nem sempre foi formulada. Se buracos negros se formaram originalmente dos restos de estrelas grandes e velhas, o que aconteceu com a rotação delas?

Isso é muito intrigante por duas razões. A primeira é: dissemos que se a massa for comprimida dentro de seu raio de Schwarzschild o Universo externo deixa de receber informação sobre ela. A luz não pode escapar; nenhuma informação ou evento podem ser transmitidos para fora. Não podemos saber jamais o que acontece dentro do horizonte. A segunda razão é que a rotação é uma propriedade muito difícil de ser eliminada depois que um objeto a adquire. O Universo gosta de preservar, ou conservar, a rotação. Dito de maneira mais exata, o Universo gosta de conservar o momento angular. Isso é o produto matemático da distribuição de massa de um objeto pela sua velocidade de rotação. Até o físico mais entediado vai usar a analogia simples de um patinador no gelo para explicar o conceito, e essa é uma analogia que funciona bem. Quando um patinador no gelo fecha bem os braços e as pernas, criando uma bela rotação, ele pode alcançar uma velocidade estonteante e impressionar os juízes. O que ele fez foi reduzir a distribuição de sua massa, movendo-se dentro de um raio menor. O Universo precisa compensar essa redução aumentando o giro, porque o momento angular é conservado pela natureza.

Agora imagine pegar um objeto como o Sol e comprimi-lo para dentro de seu horizonte de eventos (seu raio de Schwarzschild). Em sua forma atual, o Sol gira uma majestosa vez em torno de seu eixo a cada 25 dias, com alguma variação, pois o Sol não é um corpo sólido como um patinador no gelo. Ele tem cerca de 1,4 milhão de quilômetros de diâmetro. Se fosse encolhido até o interior de seu horizonte de eventos de cerca de 6 quilômetros, sua taxa de rotação teria de ser acelerada para que completasse uma revolução a cada 0,0001 segundo – um décimo de milésimo de segundo. Isso pode parecer ridículo, mas sabemos que é exatamente o tipo de coisa que acontece na natureza. Estrelas de nêutrons (o núcleo atômico gigante e ultradenso deixado para trás por estrelas massivas) podem zunir em torno de seus eixos em alguns milésimos de segundo, e, como vimos, elas estão a um pequeno passo de se tornar buracos negros. Baseado no que sabemos sobre objetos astronômicos reais, parece inevitável que alguns buracos negros se formem com um enorme momento angular. Mas o horizonte de eventos não deveria bloquear essa informação de nossa vista? Esse foi um grande desafio para os matemáticos e físicos que tentavam compreender essa física revolucionária.

Nas décadas que se seguiram à formulação da relatividade geral de Einstein, muitos cientistas tentaram encontrar novas soluções matemáticas para a equação de campo. Uma solução que escapava aos esforços de todos era a que incorporaria a rotação de uma massa esférica – o $G$ que resulta de um $T$ que gira. Essse não era um problema fácil. Então, de maneira inesperada, em 1963, um jovem matemático da Nova Zelândia chamado Roy Kerr deu uma breve palestra numa conferência de astrofísica em Dallas que mudou tudo isso. Kerr conseguira. Ele tinha encontrado uma solução que ia além da de Karl Schwarzschild e incluía a possibilidade de um objeto com rotação.[7] Aqueles que assistiram ao evento se lembram de que a maior parte da plateia não percebeu que testemunhava um momento de pura descoberta. As pessoas cochilavam, algumas chegaram mesmo a se levantar e ir embora. Mas os que prestaram atenção ficaram maravilhados. Chandrasekhar mais tarde descreveria as implicações dessa descoberta matemática como "a experiência mais devastadora" de seus 45 anos de carreira científica.

A solução de Kerr gerou um alvoroço de trabalhos. Logo ficou claro que a rotação de um buraco negro não era apenas uma das poucas propriedades que o horizonte de eventos não ocultava, mas era também uma propriedade que se manifestava de forma notável.

Essencialmente, um objeto massivo girante produz o mesmo tipo de efeito que um tornado. O espaço-tempo rígido e firme ao redor da massa acaba sendo arrastado. Assim como os ventos ferozes de um tufão, isso significa que tudo na região será arrastado também. Não há nada que se possa fazer a respeito. Até a luz que se aproxima de um buraco negro girante vai ser arrastada para lá e para cá, em vez de viajar diretamente para baixo.

O mais incrível é que, como isso acontece *do lado de fora* do horizonte de eventos, a propriedade de rotação do buraco negro se torna visível para o resto do Universo.

Essa característica extraordinária levou a outras revelações. Em 1969 o físico inglês Roger Penrose argumentou que era possível extrair a energia armazenada num buraco negro girante.[8] A essência de sua ideia pode ser vista com um exemplo simples. Imagine que você arremessa um tijolo esfarelado e pesado em direção ao lado de um buraco negro que gira para longe de você. No momento em que o frágil tijolo penetra na zona de forte arrasto do espaço-tempo no exterior do buraco, ele se quebra em dois pedaços. Um pedaço se move numa trajetória frontal para dentro do espaço-tempo móvel, o que o faz cair para dentro do horizonte de eventos e desaparecer. O outro pedaço, porém, se alinha com o espaço-tempo em redemoinho e consegue escapar – como um surfista pegando uma onda. No processo de Penrose, o pedaço que escapou pode se mover tão depressa que acaba carregando mais energia que aquela originalmente portada pelo tijolo inteiro. Essa energia extra vem da rotação do buraco negro.

De novo: o cosmo põe a mão naquela energia porque o espaço-tempo *do lado de fora* do horizonte de eventos está sendo arrastado. Matéria e radiação transportam aos montes essa energia para o Universo exterior. Teoricamente, a energia rotacional máxima que pode ser removida de um buraco negro que gire rapidamente equivale a mais ou menos 28% de sua massa convertida em energia pura. Isso é quase cinquenta vezes mais eficiente que a produção de energia do Sol via fusão nuclear em seu centro. De fato, os buracos negros podem ser a última palavra em termos de turbinas geradoras de energia, e essa possibilidade suscita uma questão de importância vital. Será que o comportamento da matéria dentro das curvaturas extremas do espaço-tempo ao redor de buracos negros produz as pistas que revelarão esses ambientes para nós?

Aqui na Terra nós aprendemos a extrair energia de matéria que cai no espaço-tempo curvo. A Represa Hoover é um grande exemplo disso, como qualquer outra usina hidrelétrica. No caso da represa, bilhões de litros de água acelerados a grandes velocidades movimentam enormes turbinas que convertem energia de movimento em corrente elétrica. No Universo lá fora, se cai matéria no espaço-tempo curvo ao redor de um corpo com massa – o que às vezes é descrito como poço gravitacional –, ela também ganha velocidade, e ganha o que chamamos de *energia cinética*. Essa matéria em aceleração pode então colidir ou interagir com outras matérias que estejam caindo pelo caminho. Assim como a água que escorre por um plano inclinado, os objetos em queda se agitam e rolam, como uma onda espumante que quebra sobre si mesma. Parte da energia cinética se converte em outras formas de energia. Tudo, de fótons a partículas subatômicas, pode ser cuspido pela matéria que se move com energia cinética alta o bastante. Não é surpresa alguma que a quantidade de energia cinética ganha pela matéria em queda aumente de acordo com a quantidade de massa num sistema. A quantidade de energia também depende fundamentalmente de quanto um objeto pode cair, e de quão perto ele pode chegar do fundo do poço gravitacional. Esse é um fator que, como veremos, faz com que os buracos negros sejam coisas à parte de todas as outras no cosmo.

Suponha que pudéssemos largar um vaso de flores, talvez belos gerânios, de uma posição na Terra e fazer com que ele caísse em direção ao Sol, saindo do repouso e ignorando a atração gravitacional da Terra.[9] O Sol está muito distante. É como se estivéssemos largando algo do alto de um poço de 149 milhões de quilômetros de profundidade. Quando o vaso atingir o limite exterior da atmosfera solar, ele terá adquirido uma quantidade considerável de energia cinética. O vaso vai atingir a superfície visível do Sol com velocidade terminal de cerca de 600 quilômetros por segundo. Se o vaso de plantas tiver uma massa de 1 quilo, a energia cinética portada por ele será ainda mais impressionante. Será equivalente à energia de 100 bilhões de maçãs largadas da altura de 1 metro sobre a superfície da Terra. Também é o equivalente a cerca de 20 toneladas de energia explosiva, o bastante para arrasar uma pequena cidade.

Mas isso é uma ninharia em termos cósmicos. Suponhamos que, em vez de deixar nosso vaso cair no Sol, vamos abandoná-lo da mesma distância (uma unidade astronômica, ou UA) em direção a uma anã branca, os densos restos mortais de uma estrela que um dia brilhou orgulhosa. Uma anã branca moderadamente grande, com massa igual à do Sol, terá um raio aproximadamente cem vezes menor. Essa é a chave para compreender a energia ganha por quedas em poços gravitacionais. Quanto mais fundo você conseguir chegar, mais drástico será seu ganho de energia cinética. Nesse exemplo, nosso vasinho vai atingir a anã branca com cem vezes mais energia do que atingiu o Sol, no exemplo anterior, mesmo que as massas totais do Sol e da anã branca sejam idênticas. O vaso estará se movendo a mais ou menos 6 mil quilômetros por segundo, ou 2% da velocidade da luz, e vai colidir com a energia de uma bomba nuclear de 2 quilotons. E isso só porque se deixou ele cair pelo caminho mais curto no espaço-tempo curvo ao redor da anã branca. Essa é uma brincadeira de balões de água cósmicos, ou de vasos de flores largados sobre as cabeças de passantes desavisados.

Se realizássemos o mesmo experimento numa estrela de nêutrons, que tem um raio de menos de 10 quilômetros, o resultado seria ainda mais radical. Com velocidades terminais se aproximando de 30% da velocidade da luz, teríamos de modificar nossas estimativas da energia final do impacto para levar em conta, de maneira apropriada, os efeitos da relatividade especial, pois, de acordo com ela, nosso pequeno vaso de flores ganharia massa inercial à medida que acelerasse.

E quanto ao extremo definitivo, uma massa solar confinada a um raio menor que seu horizonte de eventos, de 3 quilômetros, num buraco negro? Podemos tremer antecipadamente, mas já sabemos o que acontecerá ao nosso quilograma de vaso, terra e planta: caindo, ele vai acelerar até chegar cada vez mais perto da velocidade da luz, alcançando esse limite definitivo no horizonte de eventos. Mas não há uma superfície verdadeira com a qual colidir, não há lugar algum onde toda aquela energia cinética possa ser liberada. Além disso, a distorção do espaço e do tempo na vizinhança imediata do horizonte de eventos se torna tão radical que o que podemos ver como observadores distantes se torna um bocado confuso. Nossa informação chega sob a forma de fótons do vaso de flores que conseguiram escapar do espaço-tempo terrivelmente curvado ao redor do buraco. Eles são desviados para o vermelho e sofrem uma redução cada vez maior de

*Cem bilhões de caminhos até o fundo* 85

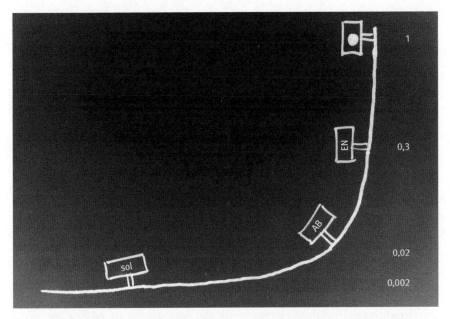

FIGURA 7. Ilustração da velocidade terminal de objetos soltos em direção a corpos astrofísicos de massa igual a partir de uma grande distância. Quanto mais compacto for o corpo, mais profundamente os objetos caem em seu poço gravitacional antes de atingir a superfície e mais eles são acelerados antes da colisão final. O Sol tem quase 700 mil quilômetros de raio, e os objetos vão atingi-lo a 0,2% da velocidade da luz. Uma anã branca com a mesma massa do Sol tem cerca de 7 mil quilômetros de raio, e um objeto a atingiria com 2% da velocidade da luz. Uma estrela de nêutrons com essa massa teria apenas 9,6 quilômetros de raio, e os objetos a atingiriam com cerca de 30% da velocidade da luz. O horizonte de eventos de um buraco negro de mesma massa teria menos de 3 quilômetros de raio, e sua velocidade terminal seria, tecnicamente, igual à velocidade da luz (na Figura, com valor igual a 1).

energia à medida que o vaso cai em direção ao horizonte de eventos. Como se não bastasse, a passagem do tempo para aquele vaso de flores parece cada vez mais lenta para nós, conforme ele se aproxima do buraco negro. O impacto explosivo final nunca vai chegar.

Mesmo assim, a massa se move a uma velocidade tremenda em sua queda bem antes de atingir o horizonte de eventos e o véu desses efeitos relativísticos. Se o buraco negro estiver girando e varrendo o vaso de flores de um lado para outro, o resultado é amplificado ainda mais. Se o vaso interceptar e colidir com alguma coisa em seu caminho, há chance de uma gigantesca liberação de energia cinética, convertida em movimentos de partículas atômicas e subatômicas e em radiação eletromagnética. Produzidos bem antes de alcançar o horizonte de eventos, essas partículas e esses fótons podem escapar, correndo de volta para o Universo. Para fazer uma analogia grosseira, seria como a água descendo ruidosamente pelo ralo na banheira, com parte de sua energia cinética convertida em ondas sonoras pelo choque da água com as moléculas do ar. As ondas sonoras se movem mais depressa que a água e conseguem escapar. O som gorgolejante que ouvimos vem da energia de movimento da água convertida em movimento das moléculas no ar. Esse movimento é transmitido de molécula para molécula, como numa fileira de dominós caindo, e a pressão golpeia nossos tímpanos. Finalmente, nossos ouvidos convertem essas forças de movimento em impulsos elétricos que são conduzidos até nossos cérebros.

Esse processo de emissão de energia quando a matéria se move no espaço-tempo distorcido é uma característica do nosso Universo. A massa tensiona e curva o espaço-tempo ao redor de si; assim como a água que cai nos vertedouros da Represa Hoover, a matéria caindo no espaço-tempo pode ganhar e perder um bocado de energia. Esse é um processo muito eficiente, e se torna ainda mais quanto mais distorcido for o espaço-tempo. Buracos negros representam o extremo definitivo desse fenômeno, sendo tão compactos que puxam o Universo para si, arrastando-o de um lado para outro enquanto giram. A próxima parte importante de nossa história é descobrir *como*, exatamente, podemos detectar a energia produzida pela matéria que se aproxima do ralo gravitacional de um buraco negro. Se não houvesse o equivalente para o gorgolejo barulhento da água da banheira, os buracos negros permaneceriam ocultos para sempre, à espreita nos recantos escuros do Universo. Felizmente para nós a solução é muito diferente.

É QUASE MEIA-NOITE no Novo México, no dia 18 de junho de 1962. Do ponto de vista da baixa altitude da órbita terrestre, a 225 quilômetros de altura sobre a Área de Teste de Mísseis de White Sands, perto de Las Cruces e do rio Grande, a massa sombria de nosso planeta preenche o céu. O vácuo do espaço aqui é totalmente silencioso, e os últimos fios perceptíveis de atmosfera estão a mais de 90 quilômetros abaixo de nós. A sudeste, uma Lua quase cheia assoma, brilhante, contra a escuridão do espaço. Pequenos pontos de estrelas parecem preencher o cosmo. Tudo está completamente quieto. E então um objeto aparece abaixo de nossa posição, brilhando intensamente ao luar. Ele se aproxima aos poucos. Um fino cilindro branco, um foguete com quase 10 metros de comprimento, vem escalando o poço gravitacional da Terra.[10] Seu combustível já se esgotou e agora ele vem num embalo quase vertical, desacelerando enquanto sobe. Muito em breve atingirá o ápice de seu voo, bem onde estamos localizados, e então começará a cair em direção à Terra. A não ser por algumas poucas luzes amareladas espalhadas na superfície do planeta abaixo de nós, não há nada que indique a existência da atarefada civilização que ali vive. Aqui em cima é o espaço, e o pequeno veículo apenas faz uma breve visita para sondar as profundezas. Confinados na lateral de seu nariz estão três contadores Geiger projetados para medir radiação, em especial a presença de fótons de raios X. Esse pequeno foguete estreito como uma flecha gira sobre seu eixo vertical duas vezes por segundo, e seus detectores grosseiros varrem a face da Lua, farejando radiação produzida pelo impacto da luz do Sol contra a superfície lunar. Não há muita. E então algo acontece. Longe da Lua, a 30 graus de arco em direção à escuridão do espaço, os contadores começam a bipar cada vez mais depressa. Duas, três, quatro vezes mais rápidos que antes. Fótons de raios X chegam aos borbotões, vindos de um novo e misterioso local no cosmo. O foguete sente o faro por apenas alguns breves momentos. Ele já escorrega de volta à Terra, começando uma descida em cambalhotas que irá deixá-lo na paisagem deserta do Novo México. Mesmo assim, isso é o bastante. Pela primeira vez, os seres humanos viram pistas de um lugar no Universo que brilha com o fogo de alguma coisa feroz e alienígena.

    O foguete em forma de flecha que se ergueu lá no alto sobre o Novo México em 1962 foi parte de uma rede pioneira de experimentos que buscavam formas de luz do cosmo em geral bloqueadas pela densa atmosfera da Terra. Isso era parte de um tipo radicalmente novo de astronomia, agora realizada no espaço. Um dos participantes desse inovador esforço científico era um jovem italiano chamado Riccardo Giacconi.[11] Nascido em Gênova, em 1931, Giacconi já tinha vivido uma vida colorida pelas grandes mudanças no mundo. Passando pela turbulência do governo fascista na Itália durante a Segunda Guerra Mundial, e depois por lutas pessoais contra o ensino convencional e imbecilizante da ciência, mesmo assim ele se tornou um cientista extremamente habilidoso. No final da década de 1950 se mudou para os Estados Unidos, onde ajudou a desenvolver e construir vários experimentos para detectar partículas subatômicas velozes e exóticas. E então, quando a era espacial começou de verdade, ele mergulhou no projeto de lançar experimentos a bordo de pequenos foguetes. Eles não eram muito mais que mísseis modificados. Chamados foguetes de sondagem, não conseguiam alcançar a órbita terrestre, mas podiam subir algumas centenas de quilômetros antes de cair novamente. Durante sua estada de mais ou menos cinco minutos no espaço, era possível realizar todo tipo de experimento, de detecção de radiação até medição de campos magnéticos.

Foi por isso que, numa noite de verão de 1962, um conjunto de detectores de radiação decolou do Novo México. Eles foram projetados para sondar a interação da radiação solar com a Lua. Com o intenso fluxo de partículas estelares atingindo a superfície lunar, esperava-se que o espalhamento de raios X fizesse da Lua a segunda maior fonte desse tipo de radiação no céu, comparada ao Sol. O resultado foi surpreendente e extraordinário. A vazão mais intensa de fótons de raios X que o foguete viu no espaço não vinha da Lua. Vinha de um local totalmente diferente, da constelação de Escorpião. O que Giacconi e seus colegas descobriram não tinha origem em nosso sistema solar, mas vinha de muito mais longe. Aquele era o primeiro sinal de um Universo totalmente novo, que ainda não fora visto por olhos humanos. Era o regime dos fenômenos mais fisicamente violentos e ricos em energia do cosmo, o reino do que viria a ser conhecido como astrofísica de altas energias. A misteriosa nova fonte de raios X intensos foi chamada de Scorpius X-1, e prontamente propiciou um alvoroço de esforços para identificar sua origem.

Um panorama especulativo surgiu então, depois confirmado pelos astrônomos. No coração de Scorpius X-1, a mais ou menos 9 mil anos-luz de distância da Terra, existe um incrível sistema de dois objetos. Um deles é uma estrela de nêutrons, um caroço espetacularmente denso de material nuclear. Sua companheira é uma estrela normal, mas ela está sendo devorada viva. A distorção no espaço-tempo ao redor da estrela de nêutrons suga material estelar de sua companheira, e, quando esse material despenca, energia cinética é convertida em outras formas, incluindo raios X intensos. Era óbvio que, se os raios X podiam ser vistos nesse canto do Universo, devia existir uma miríade de outros lugares para se procurar. Nos anos que se seguiram à primeira detecção de Scorpius X-1, instrumentos cada vez mais sofisticados foram lançados em foguetes de sondagem, com a finalidade de farejar mais fontes de raios X extraterrestres. Num desses voos, em 1964, outro novo objeto apareceu. Dessa vez era uma intensa fonte de raios X na direção da constelação de Cisne. Cygnus X-1, a cerca de 6 mil anos-luz de distância da Terra, foi adicionado ao crescente atlas do Universo em raios X. Mas em 1970 um novo tipo de experimento com raios X, uma plataforma orbital de detectores de radiação, deu uma nova olhada em Cygnus X-1 e descobriu algo incrível.[12]

O observatório, que funcionava totalmente no espaço, chamava-se Uhuru, a palavra em suaíli para "liberdade", em homenagem à localização de sua plataforma de lançamento no oceano Índico, na costa do Quênia. Lançamentos espaciais próximos ao equador da Terra podem explorar a rotação do planeta para ajudar a alcançar a órbita, ganhando um pouco mais de velocidade. Uhuru permitiria, pela primeira vez, que os astrônomos observassem fontes de raios X por tanto tempo quanto quisessem, bem mais que os cinco minutos dos foguetes de sondagem. Eles descobriram que Cygnus X-1 piscava. A intensidade dos fótons de raios X mudava rapidamente várias vezes por segundo, às vezes uma vez por milissegundo – um milésimo de segundo. Isso só poderia acontecer se a própria fonte fosse pequena, menos de 100 quilômetros de comprimento.

De outra forma, o tempo de viagem finito dos fótons de cada extremidade de qualquer estrutura iria embaçar as variações. É como escutar música tocando simultaneamente num alto-falante próximo e em outro alto-falante a dezenas de metros. A essa distância o som ficaria fora de sincronia e discordante. Aproxime os alto-falantes o bastante, e a música se torna uma bela harmonia.

As piscadas nitidamente vistas indicavam que Cygnus X-1 era uma fonte de raios X altamente compacta. Ao mesmo tempo, a quantidade de energia emitida era imensa. Fótons de raios X precisam de muita energia para ser gerados. Os cientistas que olharam para os novos dados sabiam que, se essa radiação viesse de matéria comum, ela teria de estar aquecida a temperaturas de milhões de graus. Talvez, pensaram eles, fosse matéria caindo em outra estrela de nêutrons. Naquela altura, porém, novas medidas astronômicas do espectro de luz visível naquele sistema revelaram que Cygnus X-1 consistia em *dois* objetos. Os corpos giravam ao redor um do outro a cada seis dias, como crianças segurando as mãos e valsando furiosamente num parquinho. Uma delas era uma estrela gigante azul. A outra era um enigma, mas sabia-se que sua massa era mais de *dez vezes* maior que a do Sol. Como vimos antes, uma estrela de nêutrons não pode ser tão massiva assim e se aguentar dentro do espaço-tempo curvo que ela mesma gera. A única resposta plausível é que aquela misteriosa companheira era um buraco negro. Mas, sem uma superfície contra a qual matéria pudesse colidir, como exatamente o buraco negro estava produzindo a energia que jorrava para fora?

As fundações para encontrar a resposta já tinham sido construídas de forma independente e simultânea por dois cientistas que viviam em lados opostos da Cortina de Ferro durante a Guerra Fria entre a União Soviética, no Oriente, e o mundo ocidental. Yakov Zel'dovich era um físico brilhante e arquiteto-chave do programa de armas nucleares da antiga URSS.[13] Edwin Salpeter era um astrofísico brilhante que nasceu na Áustria, foi educado na Austrália e na Inglaterra e finalmente se estabeleceu na Universidade de Cornell, no estado de Nova York.[14] Em 1964, Zel'dovich e Salpeter perceberam que havia maneiras específicas pelas quais a matéria poderia ser aprisionada pelos buracos negros e que gerariam uma incrível violência. A ideia veio do comportamento conhecido do gás submetido a grandes velocidades e colisões. Quando a matéria cai dentro de um buraco negro, ou sofre *acreção*, ela colide e quebra contra si mesma. Em termos técnicos, a matéria sofre um "choque", da mesma forma que uma aeronave supersônica entra em "choque" com o ar ao seu redor para criar um estrondo sônico. As temperaturas no gás alcançam milhões de graus, e isso iluminaria a vizinhança do buraco negro com fótons de raios X. Armados com essas novas ideias, os astrônomos concluíram que Cygnus X-1 realmente tinha um buraco negro. Esse foi o primeiro exemplo claro de matéria gorgolejando enquanto caía pelo espaço-tempo curvo em direção à singularidade.

As décadas de 1960 e 1970 também foram notáveis para outros ramos da astrofísica. Enquanto Giacconi e seus colegas estavam ocupados lançando seus foguetes de sondagem e satélites no espaço, outros cientistas também exploravam o cosmo no extremo oposto do espectro eletromagnético. Nesse outro reino, havia sinais cada vez maiores de fenômenos ainda mais monstruosos que Cygnus X-1 no Universo distante. Para compreender isso, temos de seguir uma história astronômica diferente, que começou um pouco antes.

O CAMPO DA RADIOASTRONOMIA nasceu por acaso, na década de 1930. Quando trabalhava para os Laboratórios Bell em Nova Jersey, o físico Karl Jansky reparou num sinal curioso num novo tipo de antena de ondas curtas que ele tinha construído.[15] Jansky recebera a incumbência de entender as fontes de emissão de rádio que poderiam interferir com os planos dos Laboratórios Bell de criar um serviço transatlântico de radiotelefonia de ondas curtas. Sua antena era uma grande construção de madeira em formato de caixa com um rígido cabo metálico de mais ou menos 30 metros de comprimento e 6 metros de seção transversal, montado sobre quatro rodas de um automóvel Ford, Modelo T. Pondo os músculos para trabalhar, a geringonça podia ser girada numa pista circular, reposicionando a antena. Movendo a antena, Jansky podia localizar de forma grosseira de onde vinham as fontes de ruído de rádio.

A antena captou tempestades próximas com enormes arcos elétricos que emitiam ondas curtas de rádio. Ela podia detectar tempestades distantes também. E conseguia igualmente captar o chiado fugaz de outra coisa. Jansky esperou cuidadosamente, monitorando a estática barulhenta e reparando que ela variava de intensidade ao longo das semanas e dos meses seguintes. Ele afinal descobriu de onde vinha o sinal. Não vinha da Terra, mas da direção da constelação de Sagitário, que também era a direção do centro da galáxia. Ele percebeu que, o que quer que estivesse gerando essas ondas de rádio, aquele era um mistério completo. Alguma coisa estava à espreita lá fora entre as estrelas.

Quando Jansky publicou seus resultados sobre "perturbações elétricas extraterrestres", o trabalho causou um bocado de agitação – até o jornal *The New York Times* escreveu uma matéria sobre o assunto em maio de 1933. Jansky estava ansioso para construir outra antena a fim de descobrir o que acontecia, mas os Laboratórios Bell não queriam saber disso. Determinando que aquela fonte de ruído de rádio era algo com o qual eles teriam de conviver, mandaram o pobre Jansky trabalhar em outros projetos. Ninguém sabia qual a origem daquelas emissões de rádio, mas ela serviu como semente de todo um campo de descobertas que se desenvolveriam nas décadas seguintes.

No final dos anos 1950, esse campo havia progredido a ponto de os astrônomos construírem radiotelescópios sob medida, em forma de gigantescos pratos de metal e redes de antenas que varriam e perscrutavam o céu. Eles descobriram muitas fontes de emissões de rádio no Universo, incluindo o ponto brilhante no centro da Via Láctea que Jansky conseguira farejar. De gás eletricamente carregado até planetas, estrelas e outras galáxias, o cosmo vibra com o ruído natural de rádio. Os cientistas buscavam então novas coisas exóticas, e centenas de objetos distantes eram detectados. Entre eles havia uma categoria peculiar de fonte incrivelmente pequena, mas muito intensa. Os astrônomos utilizaram seus telescópios ópticos e tiraram fotografias para tentar entender o que eram essas fontes.

Tudo o que podiam ver eram pontinhos azuis parecidos com estrelas de onde provinham as ondas de rádio. Contudo, dividir e dispersar a luz visível num espectro tornaram as coisas ainda mais confusas: picos e bandas de luz apareciam em comprimentos de onda difíceis de identificar com as assinaturas de fenômenos familiares. Esses misteriosos objetos pareciam estrelas, mas suas impressões digitais estavam todas erradas.

Por fim, em 1962, uma série de cuidadosas medidas astronômicas foi realizada por vários cientistas da Austrália que examinavam um exemplo particularmente brilhante desse misterioso tipo de objeto.[16] A localização precisa logo permitiu que o astrônomo holandês Maarten Schmidt apontasse para ele o gigantesco telescópio de 200 polegadas do monte Palomar, no sul da Califórnia, capturando com sucesso um espectro limpo e preciso da luz visível do objeto.[17] Schmidt emigrara para os Estados Unidos alguns anos antes para trabalhar no Caltech, o Instituto de Tecnologia da Califórnia, e já era conhecido por seus estudos sobre como estrelas se formavam a partir de gás interestelar. Quando examinou as fotografias da luz dispersa que haviam sido tiradas do ponto brilhante desconhecido, começou a entender o que estava observando. Ele sabia que átomos de hidrogênio emitem e absorvem luz em comprimentos de onda muito específicos. É como um conjunto de chaves únicas. O espectro diante dele tinha essas marcas de chave, mas estavam todas desviadas para baixo, em direção às cores mais vermelhas, tornando-as difíceis de reconhecer. A resposta mais simples, na visão dele, era que o objeto se afastava de nós a uma velocidade incrível: cerca de 50 mil quilômetros por segundo.

Schmidt sabia que, de acordo com a teoria da relatividade especial, os fótons de uma fonte que se afasta rapidamente vão ser desviados para energias mais baixas, um efeito Doppler que deslocaria o comprimento de onda das chaves espectrais. Isso implicava duas coisas. Primeiro, para parecer se mover tão depressa, o objeto deve ter sido pego na expansão do Universo e estava a cerca de 2 bilhões de anos-luz de distância. Segundo, se ele estava assim tão longe, teria de estar emitindo energia a uma taxa enorme para ser visto por nós. Schmidt fez os cálculos à mão e chegou a uma resposta surpreendente. O objeto era quase 1 trilhão de vezes mais luminoso que o Sol. Ele vomitava tanta energia quanto todas as estrelas contidas em cem galáxias normais. Era difícil acreditar que um objeto assim existisse. Parecia impossível, e era algo tão chocante que Schmidt se lembra de ter dito à sua mulher que "algo terrível" tinha acontecido em seu trabalho. As fundações da astrofísica tinham sofrido um tremendo abalo.

Nos anos seguintes, houve debates ferozes sobre o que poderiam ser essas "fontes de rádio quase estelares".[18] As pessoas acabaram por reduzir esse apelido complicado para "quasares", mas o mistério persistiu. Mais ou menos na mesma época os astrônomos descobriram que muitas galáxias reconhecíveis também eram fontes potentes de ondas de rádio. Nesses sistemas não havia uma fonte única óbvia de emissão; em vez disso, havia pares de vastos "lóbulos" em forma de nuvens que brilhavam com emissões de rádio. Eles pareciam halteres quase simétricos entremeados com as estrelas das galáxias. Eram invisíveis para os telescópios normais de vidro e latão, mas ficavam extremamente óbvios para as antenas de

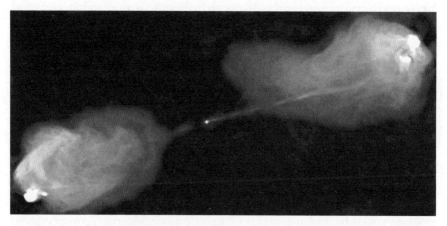

FIGURA 8. Imagem moderna de ondas de rádio emitidas de uma galáxia que está a 600 milhões de anos-luz de distância. Esse objeto notável, conhecido como Cygnus A, foi descoberto pela radioastronomia em 1939. Mensurações iniciais mostravam simplesmente uma estrutura básica em forma de haltere se estendendo por 600 mil anos-luz. Com o tempo, imagens cada vez melhores revelaram as incríveis estruturas em forma de filamento entre as duas enormes nuvens do que mais tarde seria reconhecido como um gás de elétrons extraordinariamente quente.
A galáxia de estrelas é invisível nesta imagem, mas está entre as nuvens.

rádio. Estendendo-se por centenas de milhares de anos-luz, através e além das galáxias que as continham, essas extraordinárias estruturas brilhantes necessitavam de enormes quantidades de energia para serem produzidas. Quando as pessoas computaram a quantidade necessária de energia, o resultado parecia implausível, dado qualquer processo físico conhecido. Aquilo era comparável a converter diretamente 1 milhão de vezes ou mais a massa do Sol em energia pura. A teoria da relatividade mostrou que massa e energia eram equivalentes pela famosa expressão $E = mc^2$. Mas, aparentemente, havia poucas maneiras naturais de fazer essa conversão com a eficiência necessária para explicar o que os radioastrônomos viam. Uma fonte do tipo fusão nuclear era terrivelmente inadequada.

Ainda antes, na década de 1930, astrônomos usando telescópios ópticos tinham reconhecido que muitas galáxias aparentemente comuns exibiam evidências de pontos muito quentes e brilhantes no centro.[19] Em algumas delas havia até sinais de raios curiosamente retos, ou "jatos" de luz emanando desses nódulos peculiares por milhares de anos-luz. Os enigmas abundavam. Mais uma vez, o Universo estava cheio de fenômenos estranhos e contrastantes. Muitos deles exigiam fontes de energia que excediam em muito qualquer coisa conhecida, de reações químicas a reações nucleares. Poderia haver um elo entre todas essas coisas?

As PEÇAS COMEÇAVAM a se encaixar. Só era necessário que alguém ligasse os pontinhos. Parecia haver vários ambientes incrivelmente compactos e energéticos em nossa própria galáxia, e Cygnus X-1 era o protótipo disso. Misteriosas emissões de rádio emanavam do centro da Via Láctea. A radioastronomia não apenas tinha encontrado centenas de fontes distantes em todo o céu, mas também detectara sinais das mais estranhas formas e estruturas, grandes zonas de emissão de rádio espalhando-se por milhares e milhares de anos-luz e contendo quantidades colossais de energia. A luz visível revelou cores brilhantes em muitas galáxias, com proeminências brilhantes em forma de raio muito notáveis. Parecia também que essas características podiam ter a mesma origem que os misteriosos e incrivelmente luminosos quasares. Mas a fonte de energia desses fenômenos era um gigantesco enigma. A geração de energia de matéria que cai em direção a objetos extremamente compactos decerto obedece aos critérios de eficiência exigidos. Mas os exemplos que começavam a ser descobertos na Via Láctea estavam numa escala muito pequena, comparada ao que era visto em outras galáxias e nos misteriosos quasares. Não podia ser essa a resposta, a não ser que os buracos negros fossem imensos, milhões ou bilhões de vezes mais massivos que o Sol.

As ideias originais de Zel'dovich e Salpeter levaram ao próximo salto conceitual, um salto que levaria a física a uma escala totalmente diferente. Em 1969, um artigo publicado na revista *Nature* traria uma solução simples e elegante para a natureza de quasares e fontes de rádio distantes. O artigo também delineava uma nova visão do relacionamento íntimo entre buracos negros e galáxias. Seu autor era Donald Lynden-Bell, que residia no Observatório Real de Greenwich, no Castelo Herstmonceaux, em Sussex, cerca de 80 quilômetros ao sul de Londres.[20] Lynden-Bell nasceu em 1935, em Dover, no sul da Inglaterra, estudou astronomia em Cambridge e trabalhou no Caltech. Ele estava, então, no belo castelo Tudor que tinha sido comprado vinte anos antes para abrigar o Observatório Real e sua equipe.

Trabalhador incrivelmente produtivo e fluente em matemática e física, Lynden-Bell deu contribuições para todas as áreas da astronomia. Seu importante artigo de 1969 está repleto de linguagem provocadora e exuberante. Até a primeira frase descreve a grande estrutura em forma de lóbulo em algumas galáxias como "quasar morto, ou em vias de morrer". Ele descreve o raio de Schwarzschild como "garganta" de Schwarzschild. A distância ligeiramente maior além da qual nenhuma órbita estável pode existir ao redor de um buraco negro se torna a "boca" de Schwarzschild. Apesar de seu linguajar vívido e colorido, Lynden-Bell não perdeu tempo e foi direto ao ponto.

No final do primeiro parágrafo, ele já delineara exatamente como as gigantescas estruturas emissoras de rádio vistas em todo o Universo pareciam se relacionar a quasares "mortos"; quão colossal era a vazão de energia dessas regiões compactas; como a energia gravitacional é mais que competitiva, nesse caso, com a fusão nuclear estelar como fonte de energia; e como devem existir quasares mortos em nossa região do Universo. Por trás de tudo isso estavam buracos negros supermassivos, com massas na ordem de algo como 10 milhões a 1 bilhão de vezes maiores que a do Sol. Aquilo era estonteante. Na época, em 1969, já se debatia que os quasares muito distantes de alguma forma representavam um estágio particular na evolução da estrutura do Universo. Com o passar das eras cósmicas, talvez eles se transformassem nos grandes lóbulos e nuvens emissoras de rádio que agora eram cartografadas. E como só podíamos achar os quasares mais brilhantes e mais próximos, havia boa chance de termos visto apenas um em cada mil dos objetos originais. Lynden-Bell percebera que o verdadeiro número de fontes de energia para quasares no Universo era comparável ao número de galáxias. Matéria acrescida a buracos negros com 1 bilhão de vezes mais massa que o Sol poderia gerar energia suficiente para ser essa fonte de energia. A conclusão lógica era que o melhor lugar para esses buracos negros supermassivos era dentro de virtualmente todas as galáxias. Em cada centro galáctico, a grande densidade de estrelas poderia providenciar bastante combustível para o enorme apetite dos buracos negros.

Esse é um trabalho de grande intuição física, ao mesmo tempo provocador e perfeito. Em seguida, Lynden-Bell apresentou uma descrição matemática de como esses buracos negros gigantes podiam comer matéria e liberar energia. Ainda vamos examinar essa física em maiores detalhes. O mais impressionante de tudo, porém, não foi como a ideia foi apresentada, mas quais eram suas implicações.

Se a hipótese fosse verdadeira, então o Universo não apenas está repleto de pequenos buracos negros produzidos diretamente pela morte de grandes estrelas, mas também estaria cheio de gigantescos buracos negros supermassivos. No centro de cada galáxia – mais de 100 bilhões delas espalhadas ao longo de quase 14 bilhões de anos de história cósmica – deve haver buracos negros cujos horizontes de eventos têm dezenas de milhões de quilômetros de diâmetro. Isso é difícil de acreditar. Embora a elegante hipótese de Lynden-Bell fosse consistente com muitos fatos, ela não foi adotada de imediato por todos. Brigas e desentendimentos pipocavam. Alguns astrônomos sentiam que admitir buracos negros gigantes em nosso panorama do Universo era estranho demais. Como era possível que as galáxias os contivessem? Como cresciam objetos assim? Os que discordavam sugeriam, em vez disso, que vastos aglomerados de estrelas morrendo como supernovas explosivas podiam ser responsáveis pelo fluxo de energia vindo dos centros galácticos. Outros se questionavam se a grande velocidade e a distância aparente dos quasares eram reais ou uma ilusão do desvio para o vermelho gravitacional da luz. Entretanto, conforme o tempo foi passando, mais e mais evidências se acumularam em favor dos tipos exatos de região compacta e incrivelmente densa no coração das galáxias de todo o Universo, que só poderiam ser identificadas como buracos negros colossais.

Como o gorgolejar da água que desce por um ralo, a energia era vomitada para fora desses lugares à medida que a matéria era devorada. Os astrônomos perceberam – assim como Lynden-Bell suspeitara – que isso não era uma situação sustentável. Objetos como quasares acabariam por morrer de fome. Mas também ficou claro que, longe de simplesmente "morrer" na escuridão, os buracos negros supermassivos poderiam assumir uma grande variedade de estados. Algumas vezes eles ainda continuariam a comer, pastando devagar, crescendo lentamente em massa e liberando energia. Outras vezes eles ficariam quietos, dormindo depois de uma refeição de milhões de anos. A quantidade exata de comida podia variar. A quantidade exata de energia liberada podia variar. O que vimos do processo também era altamente subjetivo, dependendo muito do arranjo aleatório das estruturas ao redor desses buracos e da direção de nossa linha de visão.

Para entender tudo isso, temos de fazer uma excursão de trabalho muito ambiciosa. Nosso objetivo? Descobrir o que realmente acontece ao redor de um buraco negro massivo e girante que sorve nosso Universo.

## 4. Os hábitos alimentares de gorilas de 500 octilhões de quilos

ERA UMA VEZ um enorme monstro que vivia no interior de um castelo construído nas profundezas de uma gigantesca floresta. Ninguém jamais vira o monstro, mas, ao longo dos séculos e milênios, havia sinais claros de seu despertar. As lendas diziam que ele aprisionava todas as coisas que chegavam por perto. Em sua toca, até o tempo se tornava pegajoso e lento, e seu hálito quente e azul podia queimar até o escudo mais forte. Poucos se aventuravam em seu reino. Aqueles que lá entravam voltavam de mãos vazias e com relatos exagerados e estranhos demais para serem críveis, e havia quem simplesmente não retornava. Se você ficasse de pé nas montanhas mais altas, podia espiar por sobre a copa das árvores e ver os contornos indistintos do castelo do monstro. Às vezes era possível enxergar algumas nuvens estranhas flutuando sobre o local, como se tivessem sido capturadas num grande torvelinho atmosférico, e à noite talvez houvesse um estranho brilho refletido no ar frio. Por anos você iria se perguntar coisas sobre o enigmático lugar e o monstro lá dentro. Finalmente, você decide que não há o que fazer, só prosseguir em sua própria demanda, na busca de ver a fera. Nessa versão particular do conto, seu ponto de partida, seu lar, é o sistema solar, e o castelo do monstro fica nas profundezas do coração da galáxia.

No princípio, sua jornada é muito tranquila. As estrelas são familiares e amigáveis. Bem ali está o Braço de Órion do grande disco espiral da Via Láctea, onde os sistemas estelares são separados por uma distância média de 5 ou 10 anos-luz. Encontrar um caminho confortável para passar não é difícil. Até os rios de escuridão poeirenta entre os braços galácticos são fáceis de cruzar, e atravessar os primeiros 20 mil anos-luz é moleza. Um pouco depois disso, entretanto, as coisas mudam. Começa o eixo central galáctico. Como a gema distorcida de um gigantesco ovo frito, a região central da galáxia tem cerca de 4 mil anos-luz e é uma estrutura delicadamente bulbosa, porém alongada. Existe ali uma densidade muito maior de velhas estrelas vermelhas e amarelas do que em nossos arredores. É aqui que a mata fica mais cerrada, enquanto caminhamos em direção ao "santuário interno". Mais e mais estrelas bloqueiam o caminho, e temos de mudar de trilha constantemente para passar adiante.

Prosseguindo, afinal penetramos o verdadeiro núcleo galáctico. Com cerca de 600 anos-luz de diâmetro, essa floresta interior está repleta de estrelas zunindo em suas órbitas. Comparando ao nosso lar, o céu aqui está coalhado de estrelas, mais estrelas, mais estrelas. Na beira do núcleo, assim que entramos, as estrelas estão ajuntadas com densidade cem vezes maior que nas vizinhanças de nosso sistema solar. Bem no meio há centenas de milhares de estrelas a mais do que aquelas a que estamos acostumados. O caminho se torna extremamente difícil e o progresso é lento, e vai ficando pior quando descemos ainda mais. Aqui encontramos a vegetação rasteira mais velha, parte da antiga barreira que cerca o centro. Algo mais existe aqui também. Um disco fragmentado e roto de material circunda todo o núcleo, feito de nuvens de gás de hidrogênio. A nuvem obscurece a linha de visão em algumas direções e, conforme avançamos, outra estrutura começa a se revelar. Ali está um anel achatado de gás, girando ao redor do ponto central da galáxia.[1] Ele é composto por átomos e moléculas, e difere de qualquer outra coisa na Via Láctea. É uma formação rica e cheia de substâncias, cem vezes mais densa que uma nebulosa típica. Sua beirada mais externa ainda se localiza a uns 20 anos-luz de distância do centro galáctico, mas sua fronteira interna se debruça a cerca de apenas 6 anos-luz. Despreocupadamente inclinado em relação ao plano da galáxia inteira, o anel gira a uma velocidade de 100 quilômetros por segundo. É composto, em sua maior parte, de gás hidrogênio, mas entremeados nessa massa pura encontram-se outros compostos: oxigênio e hidrogênio em combinações simples, moléculas de monóxido de carbono e até de cianeto. Mais ou menos a cada 100 mil anos, a parte interna desse anel molecular dá uma volta completa ao redor do centro da galáxia. Essa estrutura impressionante parece serena à primeira vista, mas uma inspeção mais próxima revela as cicatrizes de uma terrível violência. Um grande cataclismo recente abalou o anel, empurrando parte do gás para criar corcovas e calombos, e chamuscando outras partes. Esse é um portão estranho e agourento.

Movendo-se cautelosamente dentro do anel, percebemos o que acontece ao nosso redor. Estamos dentro de um enxame de estrelas incrivelmente denso e em constante movimento. Aquilo parece caótico, mas, além desse zumbido barulhento, podemos perceber alguma coisa distintamente peculiar acontecendo logo ali em frente. Paramos em nosso voo para observar o movimento das estrelas mais interiores em suas órbitas. Incrível é que as órbitas não estão apenas *ao redor* de alguma coisa invisível à nossa frente, no centro, elas também são órbitas extremamente rápidas, como se vê pelo modo como as estrelas se movem ao redor do ponto focal invisível. Uma estrela zune pelo ponto de maior aproximação a uma velocidade de cerca de 12 mil quilômetros por segundo. Isso é estonteante, considerando que nosso lar, a Terra, orbita o Sol a menos de 30 quilômetros por segundo, e que mesmo o planeta Mercúrio se move a quase 50 quilômetros por segundo. Para que a estrela atinja uma velocidade orbital dessa magnitude, é preciso que esteja se movendo ao redor de uma massa gigantesca. Vamos fazer os cálculos. No interior profundo de um pequeno volume no centro galáctico está *alguma coisa* invisível que é *4 milhões de vezes* mais massiva que o Sol. Esse corpo escuro não pode ser outra coisa além de um buraco negro colossal.[2]

A maneira como conseguimos construir esse panorama detalhado do ambiente no centro de nossa galáxia é uma história de proezas tecnológicas e de habilidosos insights.[3] Um dos maiores progressos da astronomia no final do século XX e começo do século XXI foi a descoberta de que nossa galáxia, a Via Láctea, abriga um buraco negro supermassivo no centro. Ele fornece um contexto vital para o resto de nossa história e é um ponto chave. Mas há limites para quão detalhadamente podemos ver quando espiamos as profundezas do centro galáctico. No presente momento, temos de utilizar vários fenômenos astronômicos indiretos para recolher mais informações. Por exemplo, mediu-se que gás quente e tênue está sendo expelido dessa região minúscula. Fótons de raios X também são cuspidos para fora e, mais ou menos uma vez por dia, o feixe se torna mais intenso e brilha cem vezes mais forte. É tentador imaginar que em algum lugar dentro desse núcleo central há mariposas voando perto demais de uma chama, e que, às vezes, vemos o infeliz falecimento de uma delas. Tudo considerado, essas características representam sinais claros de que esporadicamente cai matéria goela abaixo do monstro taciturno.

Vemos outra assinatura nos grandes laços de gás magnetizado que cercam toda a região, emitindo ondas de rádio que inundam a galáxia por

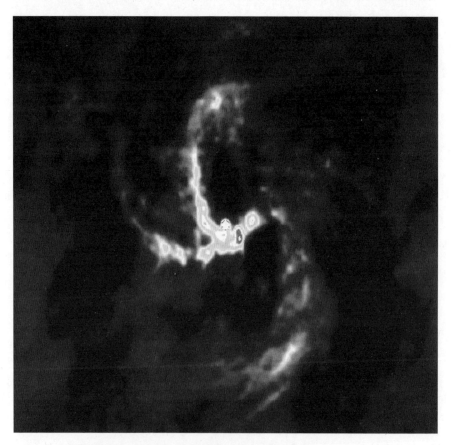

FIGURA 9. A região mais interna de nossa galáxia mapeada em frequência de micro-onda. A imagem, que se espalha por aproximadamente 12 anos-luz, revela uma estrutura extraordinária de gás irradiado, centrado em um objeto brilhante que os astrônomos dizem ser um buraco negro central gigantesco. Como a imagem sugere, essa estrutura gasosa está em movimento ao redor e na direção de um ponto central.

inteiro. Eles são parte daquele mesmo sinal extraterrestre de rádio que Karl Jansky detectou na década de 1930 com seu radiotelescópio simples, num campo de Nova Jersey. Mesmo assim, apesar de toda essa atividade, o buraco negro no centro da Via Láctea não está operando a todo o vapor, comparado com os luminosos quasares distantes, que podem exibir tanto brilho quanto cem galáxias juntas. Ele é uma fera taciturna e abrutalhada, não uma pira ardente. Contudo, para colocá-lo no contexto, devemos fazer algumas medidas e comparar o ambiente local ao resto do cosmo.

Para tanto, vamos retornar brevemente ao nosso mapa da eternidade contido no saco-Universo que foi deixado em nossa soleira dois capítulos atrás. Em nossa vizinhança do Universo, que engloba uns meros 6 bilhões de anos de tempo de viagem da luz, os quasares intensamente brilhantes ocorrem em apenas uma em cada 100 mil galáxias. Em outras palavras, eles são criaturas extremamente raras. Por essa razão, não deveríamos nos surpreender que a Via Láctea não seja uma das galáxias que contêm um quasar. Aquelas outras galáxias com grandes lóbulos de rádio e jatos em forma de raio estendendo-se para fora são ainda mais raras; os exemplos mais proeminentes estão a mais de 10 milhões de anos-luz de nós. Mas a distâncias ainda maiores, bem mais para trás no tempo cósmico, a situação é muito diferente. De fato, entre 2 bilhões e 4 bilhões de anos depois do big bang, quasares ferozmente energéticos eram mil vezes mais comuns. Pensamos que aproximadamente uma em cada cem galáxias continha um quasar em seu núcleo, na época. Aquela foi a era dourada desses objetos, alimentados pelos apetites vorazes de buracos negros supermassivos.

Nenhum quasar dura muito tempo, entretanto. Com monumental esforço, os astrônomos catalogaram e estudaram esses objetos enigmáticos nas últimas décadas, refazendo sua história passo a passo. Como paleontólogos montando esqueletos de criaturas há muito desaparecidas e cobrindo-os com carne reconstruída, os astrônomos também foram capazes de reconstruir o estilo de vida dos buracos negros supermassivos que alimentam os quasares. Descobrimos que um quasar típico vai brilhar apenas por períodos que duram entre 10 milhões e 100 milhões de anos, uma pequena fração da história cósmica. Por causa disso, sabemos que mais de 10% de todas as galáxias no

Universo chegaram a abrigar um quasar brilhante em algum momento de suas vidas. Isso significa que, para onde quer e quando quer que olhemos, nunca veremos todos eles acesos ao mesmo tempo.

Mas por que os quasares morrem depois de um tempo cósmico? Essa é uma pergunta que continua sem resposta. Até essa descrição básica da distribuição cósmica de quasares é resultado de décadas de pesquisa intensa. (A história desse esforço é fascinante, mas vai ter que ficar para outro dia.[4]) Podemos, entretanto, fazer algumas especulações razoáveis sobre o ciclo de vida dos quasares. Primeiro, eles são alimentados por buracos negros supermassivos que, enquanto devoram matéria, produzem uma quantidade de energia muito maior que em outros ambientes. Os gritos eletromagnéticos de material que cai num buraco negro são o que vemos durante esse processo. Isso nos sugere que a enorme energia dos quasares está profundamente ligada à disponibilidade de matéria consumível e à taxa de consumo dessa energia. Quanto mais matéria cair, maior o buraco negro pode se tornar, e quanto maior o buraco negro, mais energia ele pode extrair da matéria em queda. No fim, porém, o material disponível acaba. Quasares vivem depressa e morrem num faiscar glorioso, que deve depender acentuadamente da natureza detalhada do consumo de matéria dos buracos negros supermassivos.

Os quasares mais distantes que conhecemos (que remontam a cerca de 1 bilhão de anos depois do big bang) são tipicamente os mais luminosos. Em outras palavras, com o passar do tempo no relógio cósmico, novos quasares surgem e se vão, tornando-se aos poucos mais obscuros. O jargão astronômico para isso é *downsizing*. (Quem disse que os cientistas não têm senso de humor?) Todos os quasares, porém, do mais brilhante ao mais obscuro, são alimentados pelos maiores dentre os buracos negros supermassivos. Eles são a elite – os graúdos. Essa é uma conexão importante de se fazer, pois começa a relacionar a evolução de buracos negros supermassivos à evolução de suas galáxias hospedeiras, seus grandes domínios.

De fato, os astrônomos descobriram outra coisa peculiar e de importância fundamental acontecendo dentro das galáxias. A massa de seus enormes buracos negros é em geral fixada em um milésimo da massa do "bojo" central de estrelas ao redor dos núcleos galácticos.[5] O bojo é formado por estrelas velhas que configuram um grande enxame ao redor dos centros das galáxias. Às vezes esse enxame central pode dominar até a galáxia inteira. Cuidadosas medidas astronômicas revelaram que uma galáxia com um grande bojo de estrelas centrais também terá um grande buraco negro supermassivo central, e uma galáxia com um bojo pequeno terá um buraco negro menor – de acordo com uma razão entre as massas de 1.000:1. Embora essa relação seja absolutamente clara em muitas galáxias, ela não é universal. Por exemplo, a Via Láctea é praticamente "desbojada". Suas estrelas centrais se distribuem mais na forma de um bloco ou barra alongada, não num enxame de milhares de anos-luz de diâmetro. E, como vimos, nosso próprio buraco negro supermassivo é um monstro comparativamente pequenino, de 4 milhões de massas solares. Em contraste, a galáxia espiral vizinha, Andrômeda, tem um grande bojo de estrelas centrais e um buraco negro supermassivo, avaliado em 100 milhões de massas solares, praticamente se encaixando no tamanho esperado. O porquê de existir essa relação entre estrelas centrais e buracos negros é um mistério que ainda está sendo investigado. Vamos descobrir que é um fato da maior importância quando vasculharmos mais profundamente as relações entre buracos negros e o Universo ao redor deles. Mas o próximo passo no desenrolar dessa história exige que arregacemos as mangas para tratar de novo do assunto da alimentação dos buracos negros.

PODEMOS TECER VÁRIOS argumentos genéricos para descrever como a energia é produzida a partir do espaço-tempo distorcido ao redor de concentrações densas de massa no cosmo. Eu mesmo aludi a alguns deles no capítulo anterior, enfatizando a potência envolvida. A ideia soa factível, decerto: há energia de sobra, porém são necessários mecanismos físicos específicos para converter a energia de movimento da matéria em formas que possamos detectar. Isso é o mesmo que falar que queimar gasolina libera muita energia, e, portanto, o motor é movido a gasolina. A frase até é verdadeira, mas não explica como funciona um motor de combustão interna. Em nosso caso, os processos de geração e conversão de energia são particularmente complicados por causa da natureza exótica dos buracos negros. Diferentemente de um objeto como a anã branca ou uma estrela de nêutrons, o buraco negro não tem uma superfície. A matéria que se aproxima do horizonte de eventos vai desaparecer da vista de um observador externo. Não há impacto final num corpo sólido, não há uma liberação final de energia depois da colisão. Então, é importante compreender o que acontece bem do lado de fora de um horizonte de eventos.

Os primeiros trabalhos de Zel'dovich e Salpeter sobre geração de energia em buracos negros, escritos na década de 1960, bem como o de Lynden-Bell, produziram várias teorias sobre os mecanismos que podem estar em jogo. Esses mecanismos envolviam o fenômeno conhecido como acreção – a queda de matéria sobre e para dentro de outro corpo. No entanto, observações do Universo sugeriram que outras coisas também ocorriam. Algo é responsável por produzir as enormes estruturas repletas de energia que emitem ondas de rádio no interior das galáxias, bem como os estranhos sinais em forma de raio ou de jato que emanam dos núcleos galácticos. Nesse caso, o bizarro anel rodopiante de material que descobrimos ao redor de nosso centro galáctico oferece uma pista geral para parte do quebra-cabeça. A fim de saber por quê, está na hora de analisarmos com propriedade os hábitos alimentares dos buracos negros.

Embora possa cair matéria diretamente sobre objetos como planetas, estrelas, anãs brancas, estrelas de nêutrons ou buracos negros, em geral isso não acontece. A matéria tende a entrar em órbita. Uma forma de enxergar isso é imaginar um enxame de abelhas míopes voando sobre um campo em busca de uma boa flor rica em néctar. Uma dessas flores está bem no meio do caminho das abelhas, suas pétalas brilhantes criam um chamariz atraente para elas. Duas abelhas sortudas estão alinhadas na posição correta, e quando a flor surge em sua vista embaçada, elas simplesmente colidem com as pétalas. As outras abelhas, por todos os lados, mal conseguem reparar em algo ali por perto e têm de fazer desvios em seus planos de voo, circulando antes de pousar. De certa maneira, a matéria que se move através do espaço curvo faz a mesma coisa. Se não estiver perfeitamente alinhada com o centro de massa de um corpo extenso, com o ponto mais embolado no espaço-tempo, a matéria tenderá a dar voltas numa órbita. Como vimos, ela tenta seguir o caminho mais curto pelo espaço-tempo, mas se esse tecido subjacente estiver contorcido, o caminho também estará. Se os componentes da matéria que cai esbarrarem e colidirem uns contra os outros, eles podem até se rearranjar. Átomos e moléculas, ou até poeira e quantidades maiores de material vão acabar se acomodando na órbita de um corpo massivo numa estrutura em forma de disco achatado. Vemos isso ocorrer em todo lugar no cosmo. O arranjo dos planetas em nosso próprio sistema solar é um excelente exemplo desse fenômeno. Suas órbitas achatadas refletem o disco de gás e detritos do lugar onde eles se formaram há uns 4,6 bilhões de anos. Os anéis que vemos ao redor de Saturno são outro exemplo disso. O tempo todo matéria capturada pela influência de um corpo denso e massivo acaba se reunindo num disco orbital. Isso parece a mesma coisa que acontece ao redor de um buraco negro.

Mas se o buraco negro apenas engole matéria, luz e tudo o mais, como ele produz energia? O truque é que, quando a matéria forma um disco ao redor do buraco, seu material constituinte colide e choca consigo mesmo enquanto gira. É como esfregar um pedaço de pau contra outro para produzir fogo. Os pedaços de pau não são perfeitamente lisos, então, o atrito entre eles faz com que a energia do ato de esfregar seja convertida em energia térmica, que aquece a madeira. Num disco orbital, as partes externas se movem bem mais lentamente que as partes internas. Isso significa que, conforme o disco vai girando e girando, o atrito entre as camadas de material transforma energia de movimento em calor, que esquenta a matéria. Isso tem uma consequência muito direta: quando você segura com a mão um pneu de bicicleta em rotação, o atrito faz com que o pneu desacelere e sua mão esquente. A mesma coisa acontece com o disco de matéria. O material aquecido perde energia orbital e espirala para dentro. Quando, por fim, atinge o horizonte de eventos e é incorporado pelo buraco negro, ele desaparece da vista por completo. Contudo, até chegar lá, o atrito converte parte da tremenda energia de movimento em fótons e partículas.

FIGURA 10. Representação artística de um disco de material orbitando um buraco negro e emitindo luz. Em segundo plano há um panorama de estrelas e galáxias. Para simplificar as coisas, o disco de matéria é mostrado em estado muito puro: não há poeira ou outros detritos, apenas um gás fino. Ele se torna mais quente e mais denso quando rodopia para dentro, aquecido pelo atrito. Bem no centro está o escuro horizonte de eventos, e a luz em sua vizinhança próxima se curva ao passar perto desse espaço-tempo extremamente distorcido, formando o que parece um olho. De fato, estamos vendo a luz do disco que, de outra forma, estaria oculta de nós, do lado distante do buraco, curvada como se tivesse passado por uma gigantesca lente.

A causa exata desse atrito ainda é um mistério bem significativo. A força dos átomos que colidem aleatoriamente uns contra os outros não basta para explicar os acontecimentos que observamos lá fora no Universo. Ondas e redemoinhos de turbulência nos gases podem ajudar a intensificar as forças de atrito no interior das partes mais céleres de um disco, mas não são o bastante. Talvez os campos magnéticos produzidos pelas cargas elétricas e as correntes de material no disco ajam como uma grande fonte de "cola" para produzir o atrito necessário.

Qualquer que seja a causa exata, não há a menor dúvida a respeito do que acontece quando matéria é assim aprisionada. Enquanto espirala para dentro, através do disco, o atrito gera uma enorme quantidade de energia térmica. Nas regiões mais internas, o disco de acreção ao redor de um buraco negro supermassivo pode atingir temperaturas assustadoras de centenas de milhares de graus. Impulsionada pelo enorme reservatório de energia gravitacional do espaço-tempo curvo ao redor do buraco negro supermassivo, num só disco, a matéria pode produzir radiação suficiente para ofuscar cem galáxias normais. Esse é o maior exemplo de queima por atrito. Como Lynden-Bell percebeu em 1969, isso se encaixa perfeitamente com a produção de energia que os astrofísicos observaram nos quasares brilhantes e inferiram a partir das grandes estruturas de emissão de rádio em muitas galáxias. Esse mecanismo também é supereficiente. Você pode pensar que uma produção de energia tão prodigiosa deve exigir uma quantidade de matéria equivalente a uma galáxia inteira, mas não é o caso. Um disco de acreção ao redor de um buraco negro grande precisa processar o equivalente a algumas poucas massas solares *por ano* para manter esse tipo de emissão de energia. Claro, tudo isso se acumula ao longo de escalas cósmicas de tempo, mas, mesmo assim, é uma máquina de mistura extremamente pobre.* E ainda há muitas outras coisas acontecendo, porque o espaço-tempo ao redor de um buraco negro não é exatamente típico e comum.

Já vimos que o efeito produzido por uma massa em rotação sobre seus arredores é arrastar o espaço-tempo como um tornado. Esse fenômeno é parte da solução matemática que Roy Kerr encontrou para a equação de campo de Einstein descrevendo um objeto esférico girante. Na verdade, ela é uma descrição mais geral de como a massa afeta o espaço-tempo que contém igualmente a solução original de Karl Schwarzschild para um objeto em repouso. Qualquer massa em rotação vai puxar o espaço-tempo. Até a Terra faz isso, mas a intensidade é tão fraca que dificilmente se consegue detectar. Entretanto, as coisas ficam bem mais interessantes

---

* Um motor de combustão interna com "mistura pobre" usa mais ar e menos combustível para funcionar, consumindo bem menos para gerar a mesma quantidade de trabalho. (N.T.)

quando se trata de buracos negros e da enorme tensão que eles exercem sobre o espaço-tempo ao redor de suas massas compactas. Em particular porque, em decorrência da velocidade finita da luz, há uma região localizada a certa distância do buraco negro em giro rápido na qual os fótons que viajam contra o sentido de giro do tornado de espaço-tempo parecem estar parados. Essa zona crítica é maior que a distância que chamamos de horizonte de eventos, além da qual nenhuma partícula de luz ou de matéria pode escapar.

Levando tudo isso em conta, um buraco negro em rotação tem na verdade *duas* regiões, ou fronteiras matemáticas, ao seu redor que precisam ser conhecidas. A mais externa é essa superfície "estática" em que a luz aparenta estar em animação suspensa, sem movimento.[6] Ela é a última esperança para qualquer coisa que queira resistir ao arrasto para lá e para cá no tornado de espaço-tempo. Depois vem a superfície mais interna, que é o nosso familiar horizonte de eventos. Entre essas duas superfícies há um redemoinho de espaço-tempo. Ainda é possível escapar dessa zona, mas não se pode evitar ser arrastado ao redor do buraco negro, uma vez que o próprio espaço-tempo é torcido como um tapete pesado debaixo de seus pés. Essa região assustadora é conhecida como *ergosfera*, do latim *ergon*, que significa "trabalho", ou "energia". Entretanto, nem a superfície externa da ergosfera nem o horizonte de eventos interno são exatamente esféricos. Assim como num balão cheio de líquido, os horizontes e superfícies ao redor de um buraco negro em rotação são mais largos no equador, formando o que se conhece como esferoide oblato.

Buracos negros em rotação abrem uma miríade de maravilhas matemáticas. A maioria delas não importa para o nosso propósito de entender os efeitos do consumo de matéria, mas todas são fascinantes e nos levam a alguns dos mais incríveis conceitos da física. Por exemplo, a verdadeira singularidade interna de um buraco negro em rotação – o ponto central de densidade infinita – não se parece em nada com um ponto, mas espalha-se na forma de um anel. Nem todas as rotas internas chegam diretamente à singularidade, e os objetos podem não alcançar essa bizarra estrutura.

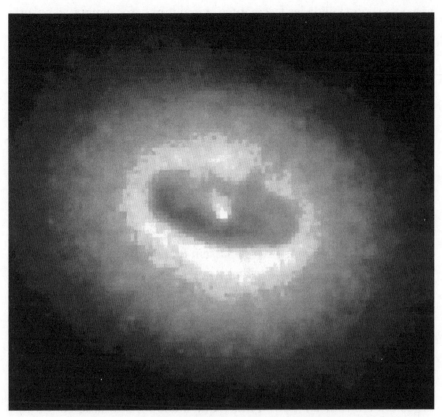

FIGURA 11. Imagem produzida pelo Telescópio Espacial Hubble do centro de uma galáxia elíptica conhecida como NGC 4261, que fica a 100 milhões de anos-luz de nós, ainda dentro de nossa "vizinhança" cósmica. Com as limitações das imagens pixeladas produzidas até por instrumentos como o Hubble, a figura mostra um disco escuro e denso de gás e poeira no interior da luz estelar do núcleo dessa galáxia. O disco está inclinado mais ou menos 30 graus em nossa direção e tem cerca de 300 anos-luz de diâmetro. Ele cerca um buraco negro supermassivo de cerca de 400 milhões de massas solares (cem vezes mais massa que o buraco negro no centro da Via Láctea). Esse material é lentamente drenado até o disco brilhante de matéria que orbita depressa e é aquecida pela acreção, bem no centro da imagem. O disco mais interno – que leva diretamente até o horizonte de eventos – pode ter apenas alguns poucos anos-luz de diâmetro. Radiotelescópios também detectaram enormes jatos emergindo do topo e do fundo desse sistema, espalhando-se por mais de 30 mil anos-luz de cada lado.

Buracos de minhoca conectando a outros Universos e viagens no tempo são outras possibilidades fascinantes, em alguns casos, embora a própria presença de energia ou matéria externa pareça invalidar esses fenômenos hipotéticos. Isso é qualquer coisa de mágico, estonteante, porém, a parte mais importante e de maior relevância para nossa história é que há um limite máximo para a rotação de um buraco negro.

De certo modo, os buracos negros são incrivelmente similares a todas as outras coisas no Universo. Se girassem rápido demais, o horizonte de eventos acabaria se partindo, e a singularidade ficaria nua e exposta. Isso não é uma coisa boa para as nossas teorias físicas. É melhor que as singularidades fiquem ocultas pelos horizontes de eventos. Do contrário, em termos técnicos, a casa viria abaixo. Por sorte, a natureza parece evitar que os buracos negros realmente passem do ponto, mas, como veremos, alguns chegam bem perto disso. Na década de 1980, o físico Werner Israel demonstrou que o Universo deve conspirar para impedir que um buraco negro alcance a velocidade máxima de rotação.[7] Uma vez que ele chegue perto da taxa máxima de giro, torna-se efetivamente impossível acelerá-lo ainda mais, se ele continuar tragando material. A matéria simplesmente não consegue se aproximar o bastante e atravessar o efeito centrífugo da ergosfera em rotação. Isso significa que qualquer interação com o Universo exterior vai agir para frear, e não para acelerar, o buraco negro com rotação máxima. Dessa forma, ele é impedido de se partir. Talvez não seja surpresa alguma o fato de que o limite de rotação seja atingido quando a velocidade de giro perto do horizonte de eventos se aproxima da velocidade da luz.

Tudo isso nos traz de volta ao maravilhoso insight do físico e matemático inglês Roger Penrose, ao sugerir, em 1969, que a energia de rotação de um buraco negro pode ser extraída do tornado de espaço-tempo que o circunda. Esse mecanismo é importante porque o disco de acreção feito de material ao redor de um buraco negro voraz se estende até a ergosfera. Não é um problema que isso ocorra, pois ainda está fora do horizonte de eventos. No interior dessa zona, a furiosa correnteza do espaço-tempo vai forçar o disco a se alinhar com o plano equatorial do buraco negro. O mesmo tipo de força de atrito que permite que a matéria libere energia ainda estará em jogo, e a energia ainda pode escapar da ergosfera. Ou seja, a matéria no disco continua a sofrer acreção dentro da ergosfera até alcançar o horizonte de eventos. Conforme o buraco negro cresce, à medida que devora matéria, ele também ganha o giro, ou momento angular, do material "comido". Com tudo isso em mente, era de esperar que os buracos negros mais massivos do Universo também fossem os que giram mais rápido, alcançando o limite máximo de rotação. Isso pode ser um fator superimportante no próximo fenômeno que vamos pesquisar e que trata da extração dessa energia de rotação.

JATOS DE MATÉRIA são um fenômeno que encontramos em várias situações aqui na Terra, bem como no cosmo. Podemos começar pensando sobre o jato de água que sai de uma mangueira. Água sob pressão é confinada num tubo e, quando emerge, tende a seguir a direção do tubo. O mesmo princípio se aplica em outros lugares. Por exemplo, numa escala cósmica relativamente pequena, quando estrelas jovens acumulam matéria e se tornam mais e mais compactas, elas também emitem fluxos ou jatos de material. Essas são estruturas de aspecto impressionante quando vistas ao telescópio. Partículas de matéria são aceleradas para o exterior em feixes dirigidos para norte e para sul com velocidade de cerca de 100 quilômetros por segundo. Os jatos acabam por colidir com as tênues nuvens de gás e poeira interestelares vários anos-luz depois, produzindo um brilhante esparramar de radiação. Os buracos negros supermassivos podem produzir jatos de matéria também, mas a natureza deles é, literalmente falando, de ordem muito diversa. Nesse caso, as partículas do jato viajam quase à velocidade da luz – no que se chama estado ultrarrelativístico. Eles são feixes ou raios extremamente finos emanando de alguns núcleos galácticos. Também são frequentemente associados com as raras, mas impressionantes, estruturas em forma de haltere que emitem ondas de rádio e circundam certas galáxias (já falamos sobre elas). Da perspectiva visual, somos tentados a pensar que os jatos de alguma forma são responsáveis pela criação dos halteres. Mas, para ter certeza, devemos entender melhor sua origem e natureza.

Um dos problemas mais persistentes da astrofísica moderna é saber exatamente *como* se formam os jatos de matéria incrivelmente acelerada – e isso não por falta de ideias. Os cientistas imaginaram uma vasta gama de mecanismos possíveis para explicá-los, muitos dos quais são apenas descrições superficialmente plausíveis para o que vemos no Universo. Mas o diabo mora nos detalhes. Duas coisas básicas precisam acontecer para a natureza criar um jato de matéria. Primeiro, cumpre que um processo físico produza material que se mova em altas velocidades. No caso dos jatos de buracos negros, essas partículas zunem muito próximas da velocidade da luz e parecem emanar dos polos de um horizonte esferoidal e rodopiante. O segundo requisito é que esse jorro de matéria ultrarrápida seja afunilado num feixe incrivelmente estreito que possa ser esguichado por dezenas de milhares de anos-luz, como se fosse uma mangueira mágica que forçasse todas as moléculas de água num disparo em quase perfeito alinhamento, de modo que você pudesse molhar a grama do vizinho lá do outro lado da rua, se quisesse.

É engraçado, mas a natureza parece ter várias maneiras de realizar truques extraordinários como esse, e grande parte do desafio é descobrir qual o mecanismo em operação. Para os ambientes extremos ao redor do buraco negro, a resposta parece envolver o magnetismo. Quando James Clerk Maxwell formulou suas leis do eletromagnetismo, na segunda metade do século XIX, ele cristalizou uma descrição de como as cargas elétricas em movimento, ou correntes, produzem campos magnéticos. Essas mesmas regras se aplicam a um disco de acreção, o prato girante de molho quente ao redor do buraco negro. Uma estrutura como essa está repleta de matéria eletricamente carregada. É fácil imaginar por quê. A temperatura das regiões internas do disco é tão alta que os átomos têm seus elétrons arrancados. Partículas com cargas elétricas positivas e negativas correm em órbita ao redor do buraco negro; como resultado disso, fluem grandes correntes elétricas. Parece inevitável que se criem poderosos campos magnéticos; como é próprio de sua natureza, eles se estendem para o exterior e o interior das estruturas no entorno do buraco negro. Enquanto o material no disco gira cada vez mais, ele arrasta consigo esses campos magnéticos, mas puxa-os de forma mais eficiente perto do disco e menos eficiente acima ou abaixo dele. Isso não é algo muito diferente de levar um garfo a um prato de espaguete. Os fios do macarrão são como as linhas de força do campo magnético. A ponta do garfo seria o disco colante de matéria em rodopio. Gire o garfo no espaguete. Os fios de macarrão começam a se enrolar em torno dele, porque o garfo faz força contra o espaguete que ainda está no prato. Acima e abaixo do disco ao redor de um buraco negro, os fios de espaguete magnético são torcidos num tubo em forma de funil, espalhando-se a partir dos dois polos do buraco. Cria-se um estreito corredor de fuga. Partículas que se desprendem do disco são varridas para dentro desses túneis de espaguete magnético densamente amontoados, para então se acelerar cada vez mais, enquanto espiralam através e por dentro do saca-rolhas cósmico. Esse é um mecanismo que funcionaria muito bem para produzir um jato de matéria. Contudo, para acelerar as partículas até quase a velocidade da luz, é preciso algo ainda maior. É preciso um motor turbo.

Quando Roger Penrose demonstrou como era possível extrair energia rotacional de um buraco negro através da ergosfera, essa parecia uma ideia esotérica e extraordinariamente pouco prática para a maioria de nós. Mas há outra propriedade dos buracos negros que torna muito real a possibilidade de extração dessa energia e empresta ainda mais força à ideia original de Penrose. Os cientistas agora acham que o buraco negro se comporta como um condutor elétrico, o que é uma ideia totalmente não intuitiva, uma vez que o horizonte de eventos supostamente esconde de nós toda e qualquer informação. De fato, apenas a massa e a rotação do buraco se manifestam pelos seus efeitos na curvatura do espaço-tempo ao seu redor. À primeira vista não parece haver um modo de pendurar mais etiquetas

FIGURA 12. Esboço de uma das formas pelas quais um buraco negro em rotação pode criar jatos de matéria. Linhas de campo magnético ("fios de espaguete") ancoradas no disco de acreção ao redor do buraco tendem a se torcer e se enrolar, criando um sistema em formato de tubo que "espreme" gás e partículas, assumindo a forma de jato em sua corrida para longe do buraco negro.

nesses objetos a fim de lhes dar novas propriedades. Ainda assim, existe mais um truque que pode ocorrer por efeito da incrível distorção do espaço-tempo à beira do horizonte de eventos.

Imagine que você leva consigo um objeto eletricamente carregado, como um elétron. Você sabe que há carga elétrica ali porque, se aproximar outro objeto eletricamente carregado do primeiro, poderá sentir uma força atuando entre os dois. Cargas iguais se repelem e cargas opostas se atraem. Essa força é transmitida através do espaço-tempo por fótons, que são parte integrante da radiação eletromagnética. Agora, digamos que eu tire esse elétron de você e leve até a beira do horizonte de eventos de um buraco negro, e depois lhe peça que se aproxime e tente detectar o campo elétrico. É provável que você fique confuso, porque o espaço-tempo extremamente curvo perto do horizonte de eventos pode dobrar o caminho dos fótons e das forças elétricas a ponto de contorná-lo por completo. Mesmo que o elétron seja colocado numa posição diametralmente oposta à sua em relação ao buraco, seu campo elétrico vai se dobrar até alcançar você do outro lado. Não importa que direção escolha para se aproximar do buraco negro, você vai sentir a força elétrica do elétron mesmo assim. É como se a carga elétrica tivesse se espalhado por todo o horizonte de eventos. O espaço-tempo enormemente distorcido está criando uma miragem elétrica, embora seja melhor que uma miragem. Isso equivale a dizer que o buraco negro adquiriu uma carga elétrica.

Mas é exatamente desse modo que um condutor elétrico se comporta – um pedaço de fio de cobre, digamos, ou um lingote de ouro. Uma carga elétrica nesses materiais só pode existir na superfície. A consequência – verdadeiramente notável – é que o buraco negro em rotação, cercado por campos magnéticos, produz uma diferença de potencial elétrico, ou voltagem, entre seus polos e as regiões próximas ao seu equador. Os físicos Roger Blandford e Roman Znajek foram os primeiros a demonstrar a ideia de que um buraco negro pode fazer isso, em 1977.[8] Um buraco negro em rotação torna-se, literalmente, uma pilha gigante. Mas, ao contrário das pequenas pilhas ou baterias que usamos numa lanterna ou numa câmera, nas quais existe uma diferença de um ou dois volts entre o "+" e o "–", o buraco negro supermassivo pode produzir uma diferença de potencial entre o polo e o equador de mil trilhões de volts. Cercada pelo gás quente eletricamente carregado do disco de acreção, essa diferença de potencial pode propelir correntes enormes. Partículas são aceleradas até alcançar velocidades relativísticas e são arremessadas para longe, através dos tubos magnéticos retorcidos acima e abaixo do buraco negro. Tudo isso é impulsionado pelas enormes reservas de energia rotacional do buraco negro.

Cálculos teóricos mostram que esse mecanismo pode produzir energia equivalente à radiação de mais de 100 bilhões de sóis. Pode ser que ainda haja mais de um mecanismo em jogo no Universo para produzir jatos acelerados de matéria, mas esse é um sério candidato a favor dos buracos negros. Isso também significa que, quando vemos um jato, na verdade estamos vendo uma placa sinalizando a posição de um buraco negro eletricamente carregado que gira a altas velocidades.

Os jatos de partículas são implacáveis. Eles avançam furiosamente para fora ao escalar o poço gravitacional do buraco negro. Não há nada nas galáxias que possa detê-los. Eles vão perfurando o gás e a poeira em seu caminho para o Universo exterior. No entanto, nem o espaço intergaláctico é completamente vazio. Ainda há átomos e moléculas no vazio, embora sejam extremamente esparsos. Depois de milhares de anos-luz, as partículas do jato colidem com esses infrequentes pedacinhos de matéria. O resultado é que a ponta do jato varre esse material diante de si como se alguém estivesse espanando poeira com uma mangueira de água na calçada. Mas o gás e a poeira intergaláctica não podem se mover tão depressa quanto as partículas ultrarrelativísticas esguichadas pelo buraco negro, e no fim acaba acontecendo um engavetamento de matéria de proporções cósmicas. Esse acidente de trânsito no espaço cria uma zona intensa onde as partículas do jato quicam, são refletidas e desviadas de sua trajetória reta. Isso não é muito diferente de direcionar o feixe da mangueira d'água para um lençol pendurado no varal: o lençol cede um bocado, mas a água acaba espirrando de volta em você.

As partículas defletidas do jato ainda são extraordinariamente "quentes", movendo-se quase à velocidade da luz. Agora elas começam a preencher o espaço e empurram outras partículas de matéria para os lados e para fora, criando uma estrutura em forma de casca ou casulo que circunda os jatos, a galáxia e o buraco negro. É precisamente isso que cria os enormes halteres emissores de ondas de rádio que se estendem por milhares de anos-luz ao redor de certas galáxias. As emissões de rádio vêm diretamente das próprias partículas do jato, enquanto se resfriam ao longo de dezenas de milhões de anos. Esse resfriamento funciona como parte de um mecanismo físico fundamental, descoberto pela primeira vez aqui mesmo na Terra, quase por acidente.

Desde o fim da década de 1920 os físicos vêm estudando nos aceleradores de partículas os blocos subatômicos básicos que constroem a matéria. A ideia por trás desses aparelhos é simples e remete aos primeiros experimentos feitos com eletricidade e magnetismo. Uma partícula como o elétron tem carga elétrica, então usamos campos elétricos e magnéticos para movê-la. Podemos assim propelir ou acelerar a partícula em velocidades extremamente altas. Conforme a partícula se aproxima cada vez mais da velocidade da luz, todos os efeitos maravilhosos da relatividade entram em cena. Os físicos aprenderam a explorar esse fato e a utilizar a fantástica energia portada pelas partículas aceleradas para esmagar e colidir com outras partículas, convertendo a energia em novas formas de matéria e fazendo do aparato um microscópio para observação do mundo subatômico.

As novas e exóticas partículas geradas nesses experimentos podem ser extremamente instáveis. Por exemplo, uma das partículas mais simples e mais prontamente produzidas se chama múon, às vezes descrita como um elétron pesado. O múon também é eletricamente carregado, mas não é estável e tem uma meia-vida de cerca de 2 microssegundos antes de decair em um elétron, um neutrino e um antineutrino. Se você quiser estudar o múon, é melhor ser rápido no gatilho. Mas se acelerar o múon até quase a velocidade da luz, você pode se dar todo o tempo que precisar. Vai parecer que o relógio do múon anda mais lento, e com isso sua breve existência se estende até durar vários segundos, minutos ou mais. Você só precisa mantê-lo em alta velocidade. Uma das maneiras de fazer isso é propelindo partículas ao redor de um caminho circular formado de ímãs e campos elétricos. O Grande Colisor de Hádrons e muitos outros grandes aceleradores de partículas ao redor do mundo seguem esse conceito básico. Ele é uma excelente solução para manter as peças subatômicas sob controle. O problema é que uma força constante precisa ser aplicada às partículas a fim de que elas permaneçam correndo em círculos. Quando a força é aplicada através de campos magnéticos, por exemplo, para que mudem de direção, as partículas precisam perder parte de sua energia. Essa energia sai em forma de fótons, e isso acontece mesmo quando as partículas não se movem tão depressa. Contudo, quando elas estão zunindo perto da velocidade da luz, um novo regime se descortina.

No final da década de 1940, um grupo de pesquisadores da General Electric em Schenectady, Nova York, fazia uma experiência num pequeno aparelho chamado síncrotron, um acelerador de partículas circular projetado de forma muito inteligente. (Para acelerar partículas a velocidades cada vez mais altas, o síncrotron regula seus campos elétricos e magnéticos a fim de "persegui-las" no circuito. Ele é como uma máquina de fazer ondas para surfistas subatômicos. Envia uma ondulação de força eletromagnética sobre a pista de corrida para propelir constantemente as partículas e mantê-las percorrendo um caminho circular. O aparelho se sincroniza com elas, daí o nome.) Os físicos da GE levavam seu síncrotron até o limite, para testar suas habilidades. O experimento usava um eletroímã de 8 toneladas que cercava um tubo circular de vidro com cerca de 1 metro de diâmetro. Aumentando a potência, os cientistas conseguiam acelerar elétrons até 98% da velocidade da luz, esperando assim sondar de maneira cada vez mais profunda os núcleos atômicos da matéria.

Certa tarde, um técnico relatou ter visto um intenso ponto de luz branco-azulada saindo de um dos lados do tubo de vácuo feito de vidro, no momento em que o aparelho atingiu a potência máxima. Surpresos, os pesquisadores acionaram o aparelho mais uma vez, e novamente, quando se atingiu a força máxima, o ponto de luz brilhante apareceu. Eles tinham inadvertidamente descoberto um tipo de radiação muito especial, prevista apenas um ano antes por dois físicos russos. Os animados cientistas da GE logo entenderam o que viam e, como até então o fenômeno era apenas uma previsão teórica sem um nome de consenso, batizaram-no com um rótulo prático, mas pouco imaginativo: "radiação síncrotron".[9]

Eles descobriram que quando partículas aceleradas até quase a velocidade da luz espiralam ao redor de campos magnéticos e são aceleradas para os lados, elas emitem radiação com propriedades muito especiais. Essa é uma versão distintamente "relativística" da perda de energia experimentada por qualquer partícula eletricamente carregada desviada por forças magnéticas. O mais notável é que desse experimento realizado nos anos 1940 vem a chave para entender como os feixes de matéria dos buracos negros podem se resfriar com o passar das eras cósmicas. Nesses jatos espalhados, a energia de movimento de partículas como elétrons e prótons solitários de núcleos de hidrogênio está sendo convertida em radiação síncrotron natural. A radiação cobre a gama do espectro, de frequências de rádio até a luz visível e energias cada vez maiores, como raios X. Ela também aparece com algumas características únicas. A altíssima velocidade de uma partícula emissora de radiação síncrotron faz com que a radiação seja emitida na forma de um feixe muito estreito, na direção do movimento da partícula, do mesmo jeito que o ponto brilhante de luz no experimento da GE. Se você estiver na lateral, não vê coisa alguma. Mas se ficar no caminho do feixe, será incinerado pela radiação intensa. Lá fora no Universo essa propriedade se manifesta muito claramente. Jatos de buracos negros supermassivos são muito difíceis de observar de lado – eles são finos e pouco luminosos. Mas assim que as partículas do jato se espalham pelo casulo crescente ao redor de uma galáxia, a radiação síncrotron ilumina todas as direções: é o brilho do hálito do dragão.

Agora chegamos a uma boa descrição de como nossos monstruosos buracos negros consomem matéria e regurgitam energia de volta para o cosmo. Gás, poeira e até estrelas e planetas varridos para dentro do disco de acreção do buraco negro podem ser partidos pelas marés gravitacionais e aquecidos pelo atrito até alcançar temperaturas muito altas. Só o calor já faz com que o disco brilhe com a força de muitas galáxias. Quasares são o exemplo mais poderoso disso, e eles representam uma "visão do topo" para o centro do disco ao redor de um buraco negro. Quasares são extraordinariamente eficientes, comendo apenas algumas massas solares por ano em material cósmico cru. O tornado de espaço-tempo de buracos

FIGURA 13. Imagem produzida pelo Telescópio Espacial Hubble de um jato oriundo do centro de uma galáxia chamada M87. Essa é uma gigantesca galáxia elíptica, distante 54 milhões de anos-luz de nós. Entre a névoa em formato de dente-de-leão de centenas de bilhões de estrelas, o jato estende-se para fora por mais de 5 mil anos-luz, brilhando nos tons azulados da luz visível, que é a marca da radiação síncrotron de elétrons que se movem quase à velocidade da luz. O buraco negro que produz esse jato é 7 bilhões de vezes mais massivo que o Sol e está devorando cerca de uma massa solar de matéria a cada ano.

negros em rotação intensifica esse fenômeno, como se alguém regulasse o dial de um amplificador no máximo, dando origem a outra fonte de energia: jatos ultrarrelativísticos de matéria que se espalham por milhares, às vezes milhões, de anos-luz. Achamos que buracos negros em rotação e eletricamente carregados são necessários para lançar esse borrifo através do cosmo; quando o borrifo atinge os gramados galácticos, suas partículas adernam e criam grandes casulos, que brilham com o calor da radiação síncrotron. Dessa forma, um buraco negro que normalmente caberia no interior da órbita de Netuno pode produzir estruturas potentes que se estendem por centenas de milhares de anos-luz. É como se uma bactéria microscópica cuspisse energia suficiente para inflar um balão com mais de 1 quilômetro de diâmetro. O monstro é minúsculo, mas seu hálito é enorme. O próximo desafio é começar a investigar que efeito essa exalação particularmente virulenta causa no Universo. Antes disso, porém, vale a pena parar para fazer uma breve recapitulação – e considerar de novo a natureza daquilo com o que estamos lidando.

Buracos negros são realmente algo saído de um conto de fadas. O grande físico americano Kip Thorne, que teve papel central no desenvolvimento da teoria dos buracos negros e na busca por encontrar esses objetos, declarou: "De todas as concepções da mente humana, de unicórnios a gárgulas e bombas de hidrogênio, a mais fantástica talvez seja o buraco negro."[10] Em minha breve versão, a história desses monstros gigantes começa com a natureza da luz – algo tão lugar-comum, tão aparentemente simples e que faz parte de nossa experiência cotidiana. Entretanto, a natureza da luz é na verdade bastante fantástica. Eis aí um fenômeno que pode ser descrito em termos de formas elétricas e magnéticas que se comportam tanto como ondas quanto como partículas, movendo-se pelo vácuo do Universo como uma corda serpenteante feita de areia. Não só isso, mas é o passo constante da luz que *define* o que queremos dizer com espaço e tempo. Além do mais, as propriedades da matéria que chamamos de massa e energia fazem algo extraordinário: influenciam a própria essência do espaço-tempo. Distorcem-no, curvam-no, dobram-no. A realidade é torcida e quebrada para criar trilhas que não podemos compreender com nossos sentidos biológicos, mas que somos literalmente compelidos a seguir quando nos movemos pelo espaço. Lá fora no Universo são essas trilhas que compõem a base das vastas formas neuronais da teia cósmica de matéria, que coalesce e se condensa em outras estruturas. Estas últimas se fragmentam e fluem em estruturas menores. Por fim, em decorrência do equilíbrio particular das forças e dos fenômenos neste Universo, a matéria pode se acumular e se concentrar a tal ponto que a concentração fica oculta do mundo exterior.

Criaturas primordiais nascem nesse processo. Buracos negros jovens e antigos são caixas mágicas que engolem os passantes desatentos. Seus horizontes de eventos são como furos no espaço-tempo, lugares que drenam toda a beleza colorida e complexa do cosmo para nunca mais. Num Universo diferente, com regras diferentes, isso poderia acontecer silenciosa e discretamente. Neste Universo, no nosso Universo, em geral é um processo doloroso e feroz. Agora sabemos que a matéria não desaparece de modo pacífico. E, como feras nascidas de outras feras, os buracos negros que encontramos nos centros das galáxias se tornaram monstros assentados em seus grandes castelos. Seu imenso tamanho permite que eles consumam matéria com tamanha violência que iluminam o cosmo como sinalizadores lançados à beira de uma estrada. Esses monstros estão muito distantes e existem desde quase sempre, um fascinante fato da vida, mas que à primeira vista poderíamos considerar desimportante para nós. Entretanto, nos contos de fadas e mitos antigos, os gigantes ajudaram a moldar o mundo em sua forma atual, providenciando as paisagens que apreciamos. Agora eles jazem dormindo, a não ser pelas raras ocasiões em que algo os desperta de seu sono. Talvez precisemos considerar se isso também não vale para os gigantes cósmicos da vida real.

Nossas investigações sobre essa questão da história e do ciclo de vida dos buracos negros é vibrante, e continua, enquanto os cientistas correm para tecer novas teorias e fazer outras observações. Muitos consideram tal investigação particularmente intrigante por causa das interconexões entre tantos ramos da pesquisa científica. Sob muitos aspectos, esta sempre foi a marca da ciência dos buracos negros. Tanto a relatividade quanto a mecânica quântica foram necessárias para explicar como eles existem de verdade, e observações astronômicas de várias partes do espectro eletromagnético foram necessárias para encontrar as placas de sinalização que indicam buracos negros reais lá fora no Universo. Embora hoje nem a física dos discos de acreção nem a dos jatos astrofísicos estejam completas, pode haver conexões profundas entre as escalas microscópicas que ajudam a determinar coisas como atrito em discos de acreção e as vastas escalas das estruturas cósmicas. Talvez ainda chegue o momento em que alguém vai gritar "Eureca!", quando finalmente compreendermos de forma precisa o que acontece nesses ambientes. Também pode ser que a física seja complexa demais e varie entre instâncias diferentes, e que uma única descrição clara e concisa esteja além de nosso alcance.

Esses desafios já nos dizem que os buracos negros podem ser comilões muito bagunceiros. Mas que comilões eles são! Ainda que não consigamos estabelecer precisamente quais são seus modos à mesa, podemos ver as consequências do que eles fazem ao Universo ao seu redor. A história dessas consequências irá revelar algumas das características mais profundas e intrigantes que nós já encontramos no cosmo.

## 5. Bolhas

Carl Sagan certa vez disse que, para fazer uma torta de maçã a partir do zero, primeiro temos de inventar o Universo.[1] Ele tinha razão. E ao inventar o Universo você vai precisar construir todos os objetos e estruturas que encontramos nele: planetas, estrelas, anãs brancas, estrelas de nêutrons, buracos negros, gás, poeira, galáxias, aglomerados galácticos e superaglomerados. Por fim, depois que essa mistura cósmica tiver cozinhado por bastante tempo, os arranjos moleculares vão emergir para produzir aquela torta de maçã. Mas como o Universo realmente constrói todas essas coisas? Essa é uma pergunta para os séculos. Sempre nos perguntamos como surgiram nossos arredores. Talvez tenhamos sentado em volta de nossas fogueiras e abrigos nos indagando sobre a silhueta sombria de uma grande montanha contra as estrelas cintilantes, ou sobre o disco brilhante da Lua. De onde *tudo isso* veio? Aliás, de onde e como nós surgimos entre todas essas formas monumentais?

A origem e a evolução dos objetos e estruturas no Universo é uma questão central e importante para os astrofísicos de hoje, e pode-se argumentar que é um dos maiores enigmas ainda por responder na ciência. Na verdade, uma razão para ela ainda não ter sido respondida é que este é um problema supercomplexo, que desafia tanto nossa física quanto nossa imaginação, até seus limites máximos. Talvez criemos regras claras e elegantes descrevendo como a física do Universo funciona, mas a forma como a natureza as aplica com frequência é muitíssimo desordenada. Claro, isso também faz parte da diversão. E também é a questão-chave para lidarmos com os efeitos que os buracos negros têm sobre o Universo. Realmente precisamos entender o laboratório cósmico onde essas regras são válidas.

Para tanto, podemos dividir um problema grande em partes menores, para entendê-lo melhor. Nesse caso, o crescimento de objetos cósmicos naturalmente se divide em dois grandes pedaços. Um diz respeito à construção; o outro trata de como isso pode ser evitado.

Primeiro, vamos lidar com a construção. A cola usada para construir estruturas cósmicas é a gravidade. A gravidade surge do arcabouço matemático de Einstein que descreve como a massa distorce nosso espaço-tempo rijo, porém flexível, para criar seus próprios caminhos futuros. O número e a variedade de objetos que vemos no Universo são determinados em parte pelo efeito da gravidade sobre os pequenos calombos e mossas de matéria com os quais começamos, há quase 14 bilhões de anos. Se o Universo recém-nascido fosse perfeitamente suave e uniforme, ele seria tedioso e aborrecido. Sem sementes de estrutura não pode haver crescimento. Mas exatamente quantas sementinhas causadoras de calombos e mossas havia no Universo muito jovem, e de onde elas vieram – essa é parte de outra história fascinante.[2] Por ora, basta dizer que achamos que fazemos uma ideia muito boa a respeito da aparência que elas tinham. Também nos sentimos muito confiantes em afirmar que a maior parte da matéria no Universo é escura. Essa sopa de partículas fantasmagóricas que, entretanto, possuem massa é de um tipo distinto do estofo que forma as estrelas, os planetas e os seres humanos. É a combinação de matéria escura e matéria normal, coalescendo e se movendo graças à cola da gravidade, que provê grande parte da planta baixa de nosso Universo.

Também sabemos que, no devido tempo, a contínua expansão do espaço-tempo que se segue desde o big bang vai pôr fim a qualquer construção. O imenso estiramento do espaço vai isolar o material em ilhas. Cada vez mais a matéria acaba se acumulando em objetos pequenos e densos, ou vai se dispersar de forma extremamente tênue, até que nada de novo possa se formar. Isso, entretanto, está muito longe, no futuro.

A segunda parte do problema a respeito da origem de todos os objetos e estruturas é um pouco mais complicada: trata-se da resistência à construção, ou mesmo da destruição. Ou seja, será que existe uma espécie de *yin* para o *yang* da evolução cósmica? De fato existe. De maneira bem perversa, a matéria no Universo também cria muitos obstáculos ao seu próprio ajuntamento. A barreira mais fundamental a ser vencida pela matéria vem do fenômeno básico de sua própria pressão, que por sua vez se relaciona à sua temperatura. Os átomos e moléculas componentes de um material como o gás estão zunindo alvoroçados, e medimos isso dizendo quão quente ou frio está o gás. Quanto mais quente, mais rápido é o movimento típico das partículas e maior é a energia térmica delas. Quanto mais frio, mais preguiçosas as partículas ficam. Por fim, próximo do zero absoluto, elas deveriam estar em repouso, não fosse pelas sacudidelas e agitações quânticas internas.

O que experimentamos aqui na Terra como pressão do gás é a combinação desse movimento térmico com o número de átomos e moléculas numa região específica. As partículas de gás de nossa atmosfera fazem um constante *pingue, pingue, pingue* ao quicar na nossa pele, em nosso pulmão e umas contra as outras. Quando sopra um balão, você o enche com trilhões de moléculas de ar que batem contra a película de borracha, fazendo com que ela se estire e se expanda. O movimento térmico do gás cria essa propriedade da matéria chamada pressão, que resiste aos esforços para contê-la. É exatamente assim que a pressão e a temperatura trabalham contra a gravidade. A matéria tenta cair, ou se derramar em poços gravitacionais profundos e distorções do espaço-tempo em forma de cuia causados pela presença de massa. Mas o incessante movimento da matéria é como ter uma infestação de pulgas nervosas que você tenta reter em caixas cada vez menores. As moléculas em movimento não querem ser confinadas. Isso é complicado, porque a matéria tende a se aquecer ainda mais quando é comprimida. A mesma coisa acontece quando você tenta bombear ar num pneu de bicicleta. As forças da pressão do gás resistem à compressão, e parte da energia de seus braços é convertida em calor, que aquece a bomba. Esse calor vem do movimento térmico das partículas aceleradas do gás. Quanto mais quente ficar o gás, maior a pressão. Esse é o principal obstáculo à construção de objetos no cosmo, mas evidentemente não representa um desafio insuperável – ou você e eu não estaríamos tendo esta conversa.

Os objetos também podem explodir. Estrelas massivas têm a aborrecida tendência de concluir milhões de anos de fusão nuclear em grandes cataclismos que chamamos de supernovas. De maneira similar, as anãs brancas podem se alimentar de muita matéria e exceder a massa de Chandrasekhar, o maior objeto que ainda pode ser suportado pela pressão quântica dos elétrons, como vimos. Elas implodem de maneira desastrosa. Radiação e partículas são espalhadas para dispersar todo aquele material cuidadosamente reunido, como uma criança impaciente que fica frustrada com um castelo de cartas. E também já vimos que buracos negros grandes e pequenos podem gerar grandes emissões de energia com incrível eficiência. Todos esses fenômenos agem contra a tendência da gravidade de juntar a matéria, mas, a despeito disto, nosso Universo claramente alcança um equilíbrio. Isso é necessário, pois de outra forma não haveria nada presente, exceto gás tênue e matéria escura – ou, então, toda a matéria estaria confinada em buracos negros. O sucesso da construção constante é temperado pelo sucesso da obstrução contínua; nós estamos cercados por um impasse mutável e dinâmico. Uma descoberta-chave, que vai nos ajudar a compreender esse impasse, esse ponto de equilíbrio, começa com uma família famosa e bastante intimidante.

Primeiro havia o velho vovô Erasmus Darwin, médico e filósofo natural dos anos 1700, supergabaritado e historicamente importante. Então, duas gerações mais tarde, veio Charles. Ele sai da Inglaterra aos vinte e poucos anos, numa viagem de cinco anos pelos exóticos oceanos do sul da Terra. Retorna e depois ajuda a revolucionar nossa visão sobre a natureza da vida. Um de seus filhos, George, dá profundas contribuições à física e à mecânica celestial. E depois, um dos filhos de George, que ciclicamente foi batizado de Charles, se torna um físico altamente respeitado, que ajuda a aplicar a mecânica quântica aos problemas da física atômica do começo do século XX. Tenho pena dos vizinhos dos Darwin – no lugar deles, eu me concentraria em fazer a grama do meu quintal ser a mais bonita.

Nessa família brilhante, é o filho de Charles, George Darwin, quem desempenha um papel pequeno, porém crucial, para o avanço de nosso entendimento de sobre como a matéria no Universo acaba se reunindo em planetas, estrelas e até em grandes aglomerados galácticos. Tudo começou com um comentário quase improvisado de George no fim do século XIX, e que, entretanto, revelou profundo discernimento. Na época, os cientistas estavam trabalhando para entender a origem dos sistemas estelares em nossa galáxia. Uma teoria popular era a "hipótese nebular", postulando que estrelas e planetas se formavam a partir de gás e poeira interestelares, de algum modo coalescendo e se condensando a partir desse material – por mais que não se soubesse como ou por que uma nebulosa interestelar faria isso. Embora os principais esforços científicos de George Darwin dissessem respeito ao complexo assunto das marés gravitacionais em planetas e luas, ele também estava ciente de que a hipótese nebular precisava de alguém que lidasse com a física por trás dela. Num artigo publicado em 1888, ele sucintamente descreveu o que faltava nas teorias da época: a descrição matemática de como uma nuvem girante de gás podia ceder às próprias forças gravitacionais para se condensar em estrelas e planetas. Esse era um desafio cuidadosamente estabelecido, que ficou à espera de alguém ousado o bastante para aceitá-lo.

Mais de uma década se passou, e em 1902, finalmente, um jovem físico empregado na Universidade de Cambridge, chamado James Jeans, levou a sério o comentário de George.[3] Consultando-se com o então já velho Darwin, ele respeitosamente produziu um tratado de 53 páginas intitulado "A estabilidade de uma nebulosa esférica". Nesse trabalho, Jeans providenciou a base física e matemática para a compreensão dos fundamentos daquilo que hoje chamamos de "colapso gravitacional". Embora simples em essência, a prática mostrou-se bastante complexa. Jeans estabeleceu que, numa estrutura como a nebulosa, há duas forças em oposição. Uma é a gravidade. A matéria na nebulosa tem massa, então ela tende a se juntar, encolhendo. A outra força é a pressão natural do gás. Essa é a força elástica que resiste à queda implosiva de material.

Uma bolha de nebulosa densa representa mais massa que uma bolha de nebulosa menos densa, então, quanto maior a densidade, maiores as forças gravitacionais em jogo. Contudo, a densidade também está relacionada a pressão de gás, temperatura e composição química. Jeans percebeu que temperatura alta e densidade baixa dificultariam a condensação da nebulosa para a construção de objetos como estrelas. De maneira inversa, temperaturas baixas e altas densidades tornariam mais fácil o trabalho de ajuntamento da gravidade. Ele também notou que se você medisse apenas a temperatura e a densidade numa nebulosa, poderia calcular imediatamente o tamanho da região que estaria bem no ponto de equilíbrio, à beira do colapso. Uma região menor teria gravidade insuficiente para sobrepujar a pressão do gás. Uma região maior teria pressão insuficiente para resistir ao abraço da gravidade. Esse ponto crítico ficou conhecido mais tarde como massa de Jeans.

Em outras palavras, se você encontrar uma nebulosa maior que sua massa de Jeans, então é quase inevitável que ela estará em processo de colapso, condensando-se para fazer estrelas. De modo similar, qualquer nuvem de gás que estiver ativamente se resfriando por emissão de radiação tem boas chances de esfriar o bastante para começar a colapsar sob sua própria gravidade – em especial se a massa for só um pouquinho menor que o valor de sua massa de Jeans.

Mas é possível *observar* se uma nebulosa está ou não colapsando, certo? Por que se dar ao trabalho de calcular isso? O problema tem a ver com a escala de tempo humana *versus* as escalas de tempo do cosmo. Teríamos de esperar por centenas de milhares de anos para realmente notar uma nebulosa colapsando para fazer estrelas. Somos muito pequenos e vivemos muito pouco. Em vez disso, precisamos buscar pistas como as sugeridas pela equação de Jeans. Ele encontrou a maneira para inferirmos as ações da matéria que ocorrem a passo de lesma, de nossa perspectiva terrena.

Hoje sabemos que existem complicações horrendas para esse panorama simples. Aí se incluem os efeitos quase elásticos de campos magnéticos interestelares, movimentos de fluxo dentro da nebulosa e a complexidade granular infinita do material espalhado ao redor de nossa galáxia.

Entretanto, o insight de Jeans continua tendo muita importância. De forma geral, ele se aplica em todo o Universo, das primeiras gerações de estrelas até aquelas que ainda estão se formando na espetacular nebulosa de Órion, em nosso céu noturno. A gravidade sempre deve vencer a pressão para construir objetos no cosmo. A ideia de Jeans também é a base para a próxima peça de nossa história, que trata de lugares que não se comportam como esperamos.

À PRIMEIRA VISTA, aglomerados galácticos podem não parecer os melhores candidatos para revelar os mistérios que cercam o ciclo de vida dos buracos negros. Embora o buraco negro supermassivo possa ocupar um volume similar àquele limitado pela circunferência da órbita de Netuno, um grande aglomerado de galáxias pode ocupar uma região com cerca de 30 milhões de anos-luz de diâmetro. O buraco negro tem apenas 0,00000000001 vez o tamanho do aglomerado. É o tamanho do ponto final desta frase comparado a um terço da distância da Terra à Lua. Mesmo assim, realmente existe uma relação entre essas estruturas vastamente diferentes, e a relação está conectada aos elementos construtivos e destrutivos do cosmo.

Eu já disse antes: aglomerados de galáxias são as catedrais do Universo. Esses vastos sistemas contêm centenas ou até milhares de galáxias. Dessa forma, aglomerados são os maiores "objetos" do cosmo, os grandes conglomerados de material nas interseções da teia cósmica de matéria. Como tal, eles também representam um ambiente quase fechado, uma biosfera astrofísica na qual fenômenos físicos são capturados e contidos. Eles são ligados gravitacionalmente à distorção do espaço-tempo equivalente a 1 quatrilião de massas solares, composta de matéria escura, gás e estrelas. Como resultado, o escape de material raramente acontece.

Nessas biosferas intergalácticas, a maior parte da matéria normal existe sob a forma de gás extremamente quente e tênue – gás tão quente que os elétrons são arrancados dos átomos, deixando-os na forma de íons, com os núcleos carregados positivamente e os elétrons carregados negativamente coexistindo na forma de plasma. Esse plasma tem mais massa que todas as estrelas no aglomerado galáctico. A maior parte dele é feito de hidrogênio e hélio primordiais, sugados para o interior do poço gravitacional do aglomerado pelas mesmas circunstâncias de desequilíbrio descobertas por James Jeans. O poço gravitacional profundo, por sua vez, é dominado pela matéria escura invisível, que tem dez vezes mais massa que toda a matéria normal dos gases e das galáxias. O gás capturado cai cada vez mais para o interior do poço gravitacional e, conforme se acelera, colide consigo mesmo e converte a energia desse movimento parecido com água de uma cachoeira em energia de agitação térmica de átomos individuais. É assim que o gás se aquece, e temperaturas de 50 milhões de graus não são incomuns no interior dos maiores aglomerados galácticos. Quanto mais massa o aglomerado tiver, maior será a temperatura.

Gás mais quente significa pressão maior, e isso pode impedir que a gravidade comprima ainda mais o gás. Em vez disso, ele apenas se assenta e ferve no interior do balde gravitacional do aglomerado. No entanto, com o passar do tempo, o gás também se resfria. Ele pode fazer isso rearranjando quaisquer elétrons que tenham se reunido aos íons, cuspindo fótons de luz e liberando essa energia. O plasma também pode esfriar conforme os elétrons são desacelerados pelos campos elétricos produzidos uns pelos outros e pelos íons de carga oposta no interior do gás.

Tudo isso é muito parecido com os estalos da borracha colidindo contra a borracha dos carrinhos de bate-bate dos parques de diversões. O ruído é energia dissipada quando os carros colidem com o que está ao seu redor. De maneira similar, elétrons colidindo num plasma emitem fótons de luz para perder energia, como o processo de emissão de radiação visto nos aceleradores de partículas, sobre o qual falamos no último capítulo. O nome científico desse fenômeno é uma maravilha de encher a boca: *bremsstrahlung* (pronuncia-se brems-stra-lung), que vem do alemão *bremsen* ("frear") e *Strahlung* ("radiação"), e literalmente significa "radiação de frenagem". Dentre suas muitas características fascinantes, a *bremsstrahlung* do resfriamento de gás dentro de aglomerados galácticos não é visível ao olho humano porque vem na forma de raios X. E, como os carrinhos de bate-bate, quanto mais apinhados estiverem os elétrons, mais energia pode ser liberada por eles – haverá mais estalos de borracha de fótons de raios X –, e mais depressa as coisas podem esfriar.

A primeira evidência que apontava para a existência desse gás superquente em aglomerados galácticos emergiu no final da década de 1960, na aurora da astronomia de raios X.[4] Ao contrário das emissões de raios X pronunciadas e pontuais das estrelas de nêutrons e dos buracos negros, os aglomerados galácticos são grandes e nebulosos. Quando você vê o gás de um aglomerado galáctico em raios X, você se torna uma testemunha direta da espetacular mossa produzida no espaço-tempo, preenchida com matéria da mesma forma que a água enche uma tigela. Ainda assim, esse gás é incrivelmente tênue. Um metro cúbico pode conter um total de apenas mil íons e elétrons. Nós só notamos o gás porque vemos a luz cumulativa de uma profundidade de milhões de anos-luz dentro dessa névoa fina. O gás também se acumula na direção do núcleo do aglomerado, por causa da forma típica da tigela de espaço-tempo. Ela parece um suflê não muito bem-feito. É leve e fofo, a não ser pela parte embaraçosamente grudenta e pesada no fundo. E isso cria uma charada intrigante: sabemos que a tigela de gás se resfria através da emissão de fótons de raios X. A maneira principal de isso acontecer (a *bremsstrahlung*) está diretamente relacionada à densidade do gás – quantos elétrons e outros íons existem em dada região. Se as partículas estiverem apinhadas, o resfriamento ocorre mais depressa. Então, o aglomerado deveria se resfriar mais rapidamente no centro, onde o gás é mais denso. Mas gás mais frio significa pressão menor, que leva ao esmagamento gravitacional da matéria, tornando o gás ainda mais denso e permitindo que se resfrie ainda mais depressa.

Isso pode levar a um processo de fuga, não muito diferente de um carro equilibrado no alto de um morro com o freio de mão solto. No alto do morro, a inclinação é tênue, e se eu inadvertidamente me apoiar no carro, no início ele se move só um bocadinho. Mas se eu não conseguir entrar no carro e puxar o freio de mão, ele vai ganhar cada vez mais velocidade, até que a única coisa que eu possa fazer é olhar com horror enquanto ele rola para baixo até cair de um precipício inconvenientemente localizado.

Em essência, isso é o que *deveria* acontecer num aglomerado galáctico. O gás mais denso no núcleo se resfria mais rapidamente ao emitir mais fótons de raios X. Enquanto esfria, sua pressão deveria cair e a gravidade forçaria um colapso. Se a temperatura do gás for reduzida por um fator de apenas três, ele vai encolher para dentro do poço gravitacional e ficará vinte vezes mais denso. Esse é o argumento de James Jeans para o colapso de uma nebulosa: quando a temperatura e a densidade caem abaixo de um nível mágico, a gravidade assume o comando. Dentro de um aglomerado galáctico, esse gás rapidamente resfriado vai começar a rolar morro abaixo em direção ao centro. Mas, ao contrário do meu pobre carro descendo a ladeira, o gás também aguenta o peso de todo o gás acima dele, o resto do suflê. Remova o apoio, e o material de cima também vai desabar para dentro. Assim, o gás externo desce pelas paredes da tigela gravitacional, aumentando em densidade e resfriando-se mais depressa. É como se eu tivesse amarrado meu carro na frente de uma série de outros carros, todos destinados ao mesmo precipício.

Nos reinos externos de um aglomerado galáctico, o gás se resfria a uma taxa muito lenta. No centro, entretanto, o processo de fuga pode resfriar centenas de vezes a massa do Sol a *cada ano*. Isso pode não parecer muito, mas um aglomerado típico existe há bilhões de anos, então, o efeito se acumula de modo a haver uma quantidade absurda de material que se transforma numa nebulosa fria e densa. E as nebulosas frias e densas, como James Jeans observou, apresentam uma tendência a colapsar ainda mais, condensando-se em estrelas.

Essa característica dos aglomerados galácticos começou a emergir nos debates científicos em meados da década de 1970.[5] Naquela época, as primeiras gerações de telescópios orbitais tinham encontrado sinais intrigantes de emissões de raios X vindas do gás denso no centro de alguns desses enormes sistemas. Um dos cientistas que tentavam entender essas medidas era Andrew Fabian. O inglês Fabian era de uma nova geração de astrônomos e tentava afiar suas garras de estudante de doutorado fazendo experimentos de detecção de raios X com foguetes. Lançados da Austrália e da Sardenha, os foguetes davam espiadas de 10 minutos de duração sobre a atmosfera da Terra e em direção ao cosmo. Ao dar prosseguimento à sua carreira no pós-doutorado na Universidade de Cambridge – que é seu lar científico ainda hoje –, Fabian e seu aluno Paul Nulsen juntaram-se a outros cientistas ao redor do mundo para estudar a física por trás das intrigantes novas imagens dos aglomerados galácticos. No centro de alguns desses aglomerados, a densidade do gás e as emissões correspondentes de raios X indicavam que o processo de resfriamento duraria por menos de 10 milhões de anos, um piscar de olhos cósmico. Os investigadores logo perceberam que essa podia ser precisamente a assinatura de um processo de fuga, e a grande cachoeira cósmica de gás logo ganhou o nome de "fluxo de resfriamento".[6]

A maioria dos aglomerados galácticos mais graúdos tem também uma galáxia grande assentada bem no centro. Esses objetos centrais em geral pertencem à classe de galáxias elípticas, cada qual uma nuvem em formato de dente-de-leão com centenas de bilhões de estrelas. Todo aquele gás resfriado no aglomerado deveria cair nos objetos centrais. Esse pode até ser o processo responsável pela construção dessas galáxias, as quais deveriam ser verdadeiros berçários de novas estrelas. Mas aí está a pegadinha: está faltando algo. A natureza não está seguindo as regras. O gás se resfria nos aglomerados, claro, mas a maior parte dele simplesmente nunca gera estrelas novas – o que é um enorme problema para o que os cientistas achavam ser um processo óbvio.

No começo da década de 1990, observações de raios X se tornaram sofisticadas o bastante para permitir estimativas mais precisas a respeito do que acontecia no centro dos aglomerados. Na maioria desses sistemas, a concentração central de luz de raios X parecia combinar com as previsões teóricas dos "fluxos de resfriamento". Em alguns casos, os dados oriundos dos raios X eram bons o bastante para que os astrônomos estimassem a própria temperatura do gás, que de fato parecia estar caindo nos núcleos dos aglomerados. Muitos cientistas defenderam com paixão que os fluxos de resfriamento eram partes vitais dos aglomerados galácticos. Eles tinham boas razões para isso. Tudo parecia se encaixar – ou quase tudo.

A maior pedra no sapato era a imensa quantidade de material que se pensava estar esfriando até não emitir mais raios X. Se todo esse material estivesse se transformando em nebulosas frias, essas nuvens, por sua vez, deveriam se condensar em estrelas novas, várias delas. Mas não havia muitas evidências em apoio a essa ideia. As galáxias gigantes no centro dos aglomerados simplesmente não tinham um excesso de estrelas jovens. Onde se *podia ver* gás mais frio simplesmente não havia jovens estrelas o bastante para cumprir as expectativas. Em 1994, Fabian tentou criar várias explicações para o que acontecia. Era concebível que o que quer que o gás frio estivesse produzindo fosse escuro e invisível. Poderia ser poeira, ou estrelas pequenas e tépidas. Parte do gás poderia se tornar praticamente invisível na forma de moléculas frias de compostos simples, como monóxido de carbono. Também seria possível que uma física mais complexa controlasse o gás e o escondesse. Campos magnéticos talvez canalizassem e restringissem o gás, ou talvez gás quente e gás frio coexistissem em estruturas complexas que enganavam nossos telescópios.

Assim como em tantos outros enigmas da ciência, novas observações e novos dados fariam toda a diferença. Em 1999, com o intervalo de cinco meses entre eles, dois imensos telescópios foram lançados na órbita da Terra e mudaram totalmente nossa visão do Universo.[7] Um deles era o Observatório de Raios X Chandra, da Nasa, e o outro era o Observatório Newton da Missão de Espelhos Múltiplos de Raios X, da Agência Espacial Europeia (ou XMM-Newton, na sigla em inglês, X-ray Multi-Mirror Mission). Ambos foram projetados para coletar mais luz de raios X oriunda de objetos astrofísicos que qualquer outro instrumento anterior, e para obter as mais detalhadas imagens e espectros daquela luz. Com essa nova precisão, os cientistas poderiam passar a monitorar os raios X de aglomerados galácticos para seguir de perto o comportamento do gás em resfriamento, explorando outra de suas características únicas.

Entre o hidrogênio e o hélio desse gás há os mesmos tipos de elementos poluentes que encontramos no resto do Universo. Produzidos por gerações e gerações de estrelas, bafejados, soprados e espalhados para fora de galáxias e protogaláxias individuais, esses elementos mais pesados permeiam as regiões mais densas da teia cósmica. Alguns deles são particularmente visíveis no espectro de raios X do gás quente. O ferro, por exemplo, tem uma complexa hierarquia energética para os elétrons ao redor de seu núcleo atômico. O oxigênio, que entre os elementos mais pesados que o hélio é o mais abundante no Universo, tem propriedades similares. Nesses casos, mesmo a temperaturas de milhões de graus, os elétrons podem se manter ligados a seus átomos individuais e fótons energéticos de raios X são absorvidos e liberados em comprimentos de onda, ou "cores", muito específicos. Os instrumentos altamente avançados a bordo do Chandra e do XMM-Newton podiam farejar os fótons de raios X desses elementos pesados. Essa luz forneceria uma impressão digital única, diretamente relacionada à temperatura do gás. É como se tivéssemos um termômetro dentro de um aglomerado galáctico, e os astrônomos não tardaram a colocar essas ferramentas em ação, usando os grandes observatórios para reunir luz dos sistemas mais brilhantes de nosso Universo próximo.

Lá estava o gás, resfriando-se. Cada vez mais frio. E depois disso... Nada. Você pode imaginar a consternação dos cientistas. Suspeitando de um erro, eles logo reanalisaram os dados. Mas não havia erro algum. Em aglomerado após aglomerado, o gás resfriava-se, como o esperado, e então, assim que atingia uma temperatura de pouco mais de 10 milhões de graus, parava de esfriar.[8] Ele não apenas ficava parado, mas nem sequer se acumulava naquela temperatura mínima – não havia nenhuma "nevasca" que acumulasse material. Você pode imaginar que essa massa tão grande de gás estaria crescendo cada vez mais até se derramar por sobre o fluxo de resfriamento externo, mas ela não estava fazendo isso. Para todos os propósitos aparentes, o gás simplesmente desaparecia, só uma pequena fração caía a temperaturas cada vez menores. É como se a série de carros rolando morro abaixo se afastasse até certa distância e depois simplesmente sumisse. Seria semelhante a observar um grande navio turístico levantar âncora, rumar até o horizonte e se transformar numa canoa, antes de desaparecer de vista.

Algo estava acontecendo com todo aquele gás. Talvez um mecanismo desconhecido o aquecesse de alguma maneira específica, cozinhando a parte fria e fazendo-a retornar à mistura geral antes que os astrônomos reparassem. Ou talvez, com o arranjo correto de campos magnéticos, a energia térmica fosse canalizada para o gás frio, a fim de aquecê-lo – como um grande sistema de aquecimento subterrâneo. O termômetro de raios X que os astrônomos usavam dependia da mistura precisa de elementos mais pesados, como ferro e oxigênio, com o gás não poluído. Menor quantidade desses elementos mais ricos poderia alterar as medidas de temperaturas mais baixas. Talvez o gás recém-resfriado estivesse se misturando com gás muito mais quente, ou muito mais frio, ou quem sabe estivesse obscurecido por um cobertor de material frio, desconhecido até o momento, que simplesmente bloqueasse os raios X, impedindo-os de chegar até nós.

Havia outra possibilidade. Talvez a energia de um buraco negro supermassivo central detivesse o resfriamento. Mas como? A habilidade de emitir jatos de partículas, que então poderiam se esparramar em grandes lóbulos de elétrons e prótons relativísticos ferventes, tornava os buracos negros objetos fascinantes. Sabíamos que as grandes galáxias centrais dos aglomerados muitas vezes abrigavam essas estruturas. Esses eram os locais onde nossos mapas de rádio traçavam nuvens colossais e arcos de partículas. Os astrônomos decerto consideraram o impacto que os buracos negros vorazes teriam sobre as galáxias jovens e sobre o gás resfriado que podíamos ver no Universo distante. Mas algo se fazia necessário em nossos aglomerados galácticos vizinhos: uma placa de sinalização clara, algo que nos apontasse para onde olhar, exatamente. No final, havia várias dessas placas, mas uma delas era tão grande que, em retrospecto, é quase vergonhoso que não tenhamos ligado os pontinhos antes.

A RESPOSTA COMEÇA com Perseu, não o matador de monstros da mitologia grega, mas o enorme aglomerado de centenas de galáxias que recebeu esse nome por causa de sua posição no céu, em meio à constelação do herói, mas que na verdade se localiza cerca de 250 milhões de anos-luz de nosso sistema solar. O aglomerado de Perseu é uma das maiores estruturas de seu tipo em nossa vizinhança cósmica, e é também o objeto mais brilhante dessa classe no espectro de raios X que podemos ver. Se fosse possível observá-lo com nossos próprios olhos, ele cobriria um trecho do céu quatro vezes maior que a Lua quando cheia. Somando todas as estrelas, gás e matéria escura nessa grande aglomeração, chegamos ao número acachapante de 700 trilhões de massas solares – mil vezes a massa da Via Láctea. A enorme coleção está espalhada numa região tridimensional que cobre cerca de 12 milhões de anos-luz. E, em como todo vasto poço gravitacional, a maior parte da matéria normal de Perseu consiste em gás a extraordinárias temperaturas. Aquecido a dezenas de milhões de graus, ele brilha com fótons de raios X. Assim como em todos os outros grandes aglomerados, o gás está tentando se resfriar. E assim como em tantos outros aglomerados, bem no centro encontra-se a assinatura inconfundível de partículas que foram cuspidas para fora dos arredores de um buraco negro supermassivo, brilhando em emissões de rádio.

Um enigma sobre Perseu emergiu no começo da década de 1980, juntamente com suas primeiras imagens detalhadas em raios X. Perseu era lindo de se ver – grande e luminoso, seu gás brilhante podia ser visto espalhando-se por centenas de milhares de anos-luz, mais luminoso em direção ao centro e apagando-se progressivamente em direção às beiradas. Mas havia uma estranha zona escura num canto da enorme estrutura, uma área parecida com uma impressão digital suja nas imagens, manchando talvez 100 mil anos-luz de brilho de raios X. Uma década mais tarde, novos telescópios e instrumentos revelaram a mesma coisa. Perseu tinha uma lacuna em seu interior. Em 1993, o astrônomo alemão Hans Boehringer usou os dados mais recentes para começar a revelar o mistério.[9] Dentro da região do núcleo de Perseu havia duas outras vastas lacunas em forma de buraco no gás quente e brilhante. Quando Boehringer e seus colegas puseram um mapa de emissões de rádio sobre a nova imagem de raios X, os dois lóbulos proeminentes de luz de rádio se alinharam quase perfeitamente com os dois vazios no gás.

Já há alguns anos, suspeitava-se fortemente que partículas de alta velocidade introduzidas num aglomerado pelo jato de um buraco negro central teriam de empurrar o gás do aglomerado. Não apenas isso, elas constituiriam um material com densidade muito menor que até o tênue plasma do aglomerado. Tudo isso sugeria que os lóbulos inflados de partículas emissoras de rádio deviam boiar. Se assim fosse, eles literalmente flutuariam no aglomerado. Mas ainda não estava claro como isso acontecia de verdade. Talvez as bolhas mais leves simplesmente se dissipassem e desaparecessem. Juntamente com o enorme enigma do fluxo de resfriamento, essa era outra pergunta colossal a ser respondida. Tornou-se evidente que teríamos de dar uma olhada muito, muito cautelosa nas profundezas de um desses sistemas.

Fabian e seus colegas resolveram estudar o aglomerado de Perseu num nível de detalhe sem precedentes, usando o Observatório Chandra. Depois de obter resultados iniciais intrigantes, eles resolveram partir para o tudo ou nada. Precisavam ter a melhor imagem possível de Perseu. Apenas isso permitiria que eles garimpassem os dados até chegar às pepitas de ouro escondidas lá dentro. Ao longo de dois anos, eles acumularam os dados necessários, até coletarem quase 280 horas de fótons – praticamente 1 milhão de segundos de exposição[10] –, e com isso finalmente geraram uma nova imagem de Perseu.

E que imagem foi aquela. Com uma incrível e nova fidelidade visual, Perseu assumiu texturas e sabores completamente novos. Parecia um lago depois que um seixo gigante fosse nele arremessado, interrompendo sua superfície lisa. Havia lacunas em formato de bolha claramente definidas e havia *ondulações – ondas* reais através do espaço intergaláctico. E tudo isso marchava para fora, a partir de um buraco negro supermassivo no núcleo.

A equipe de Fabian vasculhou os dados de todas as maneiras possíveis, como se manejasse um diamante multifacetado para ver todas as cores iridescentes e projeções em seu interior. As misteriosas lacunas nas partes mais externas do aglomerado de fato eram bolhas flutuantes que subiam. Quaisquer partículas altamente energizadas que o buraco negro cuspira milhões de anos atrás para inflar essas formas resfriaram-se desde então, tornando-se invisíveis até para os radiotelescópios mais sensíveis. Contudo, as partículas sobreviveram, mantendo o gás do aglomerado a distância. Estas são as cavidades fantasmagóricas no corpo de Perseu, es-

FIGURA 14. Imagem de raios X do gás quente nas regiões interiores do aglomerado galáctico de Perseu, mostrando as bolhas escuras que foram sopradas pelo buraco negro no centro e as grandes reverberações das ondas sonoras em movimento por toda a estrutura. Bem no centro há sinais de gás mais escuro e frio que parece fiapos sujos de matéria coagulada.

truturas flutuantes num mar que se espalha por centenas de milhares de anos-luz. Descendo em direção ao núcleo estão as novas bolhas, aquelas ainda repletas de elétrons quentes, que emitem fótons de ondas de rádio. As ondas entre essas bolhas flutuantes são estruturas sutis e tênues. São ondas sonoras, na verdade, o tonitruante canto de um leviatã. O tempo necessário para que a luz viaje de uma crista de onda a outra equivale a toda a duração da história humana conhecida.

FABIAN É UM ÁVIDO praticante do remo. Se você estiver dando uma caminhada matinal às margens do rio Cam, que passa por Cambridge, com frequência verá o barco de Fabian singrando a gentil correnteza, o esteio em forma de "V" estendendo-se para o exterior, marulhando suavemente contra as margens do rio. Observe-o remando contra a corrente, e você verá o mesmo processo que ocorre em Perseu. Quando o barco empurra e desloca o fluido ao seu redor, parte daquela energia se dissipa pela água, para longe de seu ponto de origem. O marulhar e o esparramar das ondas das margens vêm da energia gerada dentro das fibras musculares de braços humanos transferida pela superfície do rio. O buraco negro supermassivo no núcleo de um aglomerado faz exatamente a mesma coisa.

As estruturas em Perseu nos ajudaram a entender como o buraco negro supermassivo central mantém a matéria resfriada a distância. As bolhas flutuantes que se erguem podem levantar o gás e empurrá-lo para os lados, evitando que ele caia até o interior do núcleo. E, como um vasto órgão de tubos, as bolhas põem em movimento ondas sonoras que podem dispersar energia por todo o corpo de Perseu, mantendo-o em fervura perfeita. Ainda não sabemos se essas ondas de pressão, parecidas com os trovões de uma tempestade distante, são inteiramente responsáveis por deter o fluxo de gás resfriado para o interior do núcleo de Perseu. Contudo, se mensurarmos com cuidado essas ondas e calcularmos quanta energia elas podem transportar através do aglomerado, isso parece o bastante para equilibrar a energia que o gás resfriado perde sob a forma de raios X.

Um simples experimento de física ilustra o princípio: pegue um alto-falante de um sistema de som e coloque-o de costas, de modo que o alto-falante forme uma concha rasa. Salpique um punhado de grãos de areia ou de arroz sobre o alto-falante. Eles vão rolar e deslizar para o meio. Então toque uma música, para que o som saia pelo alto-falante, talvez uma composição de Bach, ou um pouco de *heavy metal*, e aumente o volume. As notas mais graves (cujas ondas sonoras são maiores) fazem vibrar o alto-falante e empurram os grãos. Se você encontrar a altura e o volume corretos, eles vão se espalhar pelos lados da concha, quicando agitadamente, incapazes de voltar para o centro, assim como o gás em Perseu.

A cada intervalo de alguns milhões de anos, um buraco negro supermassivo em Perseu se alimenta de matéria. Quando isso acontece, um estouro de energia de seus jatos, e a correspondente radiação, enche as bolhas com partículas velozes e de alta pressão que colidem com o gás comparativamente mais frio e denso no aglomerado. Quando as bolhas inflam, elas agem como a coluna de ar vibrante de um gigantesco órgão de tubos, propelindo uma onda de pressão que se espalha por todo o sistema. Por onde passa, a onda libera energia para o gás, ajudando a evitar seu resfriamento e sua queda em direção ao núcleo. O buraco negro aciona o *subwoofer* definitivo, a fantasia de um audiófilo. Que nota está sendo tocada? Cinquenta e sete oitavas abaixo do si bemol que fica acima do dó natural, caso você esteja curioso. Isso é aproximadamente 300 mil trilhões de vezes mais grave que a frequência da voz humana. E a potência total é de $10^{37}$ watts, o bastante para desintegrar planetas. Buracos negros supermassivos podem ser sistemas de som muito, muito legais.

Agora sabemos que Perseu não é o único lugar onde isso acontece: há evidências de bolhas em 70% de todos os aglomerados galácticos.[11] Também vemos as profundas e tonitruantes notas naqueles sistemas, e suas subcorrentes ondulantes ajudam a moderar e regular o resfriamento e o influxo de gás. Vemos ali, e em galáxias isoladas, as evidências de um equilíbrio dinâmico na luta entre a matéria que tenta construir estruturas e as forças de destruição. Na engenharia isso se chama "retroalimentação". Um exemplo simples é o dispositivo usado há séculos para regular a velocidade de motores, desde aqueles movidos por moinhos de vento até os motores a vapor. A centrífuga, ou "governador centrífugo", consiste num par de bolas de metal em oposição, penduradas em pêndulos gêmeos e montadas em fios rígidos saindo de uma vareta vertical.[12] A vareta é conectada ao eixo de rotação de um motor. Quanto mais rapidamente o motor funcionar, mais rápido a vareta vertical irá girar e mais alto subirão as duas bolas de metal, empurradas pela força centrífuga. Mas, quando elas sobem, os fios onde estão montadas podem transmitir o movimento para uma válvula, ou afogador, que desacelera o motor e impede que ele gire rápido demais.

Achamos que processo similar ocorre na alimentação dos buracos negros. Em essência, quanto mais matéria cair em direção ao buraco, maior será a emissão de energia e maior a dificuldade da matéria para alcançar o buraco. Esse é o efeito das bolhas produtoras de ondas num aglomerado galáctico. Embora sirva para desacelerar a máquina de gravidade dos buracos negros, é um mecanismo bastante esporádico e cheio de solavancos. Ao contrário de um governador centrífugo, que funciona de modo lindamente suave, uma bela peça de engenharia da Revolução Industrial, a natureza fluida e inconstante do gás e da astrofísica resulta em algo único a cada vez. Vez por outra, uma porção particularmente densa de gás ou de estrelas consegue se resfriar o bastante para cair no núcleo galáctico e descer até a garganta do buraco negro. O buraco fulgura brilhante e esguicha um jato soprador de bolhas por 1 milhão de anos antes de ficar sem combustível. Em outras ocasiões, o gás é suficiente apenas para detonar uma pequena fagulha.

Nos aglomerados onde um bocadinho de gás consegue se resfriar até o fundo antes de ser reaquecido e rearranjado, existem impressões digitais etéreas. Imagens astronômicas no espectro visível, do ultravioleta e da luz infravermelha, revelam fiapos nevoentos e filamentos de material denso e quente, estruturas luminosas em forma de teia de aranha ao redor das zonas centrais desses aglomerados, que não emitem mais raios X. O aglomerado de Perseu contém essas formas no interior de sua galáxia elíptica central. Alcançando dezenas de milhares de anos-luz, eles parecem filamentos de leite coalhado num grande tacho de matéria. A enormes distâncias dos aglomerados galácticos é impossível discernir estrelas individuais. Todas se confundem em manchas nevoentas. Mesmo assim, ao examinar as impressões digitais espectrais desses filamentos leitosos, podemos ver que ali existem jovens estrelas azuis. A única explicação viável é que elas estão se formando aqui, no ponto final da jornada do gás intergaláctico, que percorreu todo o caminho até o centro do aglomerado. Agora, escapando dos petulantes protestos irados do buraco negro supermassivo, o gás assume a forma de uma nebulosa quente, que então se resfria para produzir novos sistemas estelares. Talvez o sistema se torne alimento para o próximo ciclo de atividade do buraco negro, mas não vai ser agora.

Nos lugares onde isso acontece, o equivalente em gás a cerca de algumas vezes a massa do nosso Sol é convertido em estrelas a cada ano. Essa taxa corresponde bem à proporção de estrelas e gás que observamos nas galáxias centrais dos aglomerados. Isso nos diz que o *motivo* de vermos o número de estrelas que vemos nessas galáxias é que os buracos negros controlam a linha de montagem. O equilíbrio definido pela natureza nesses grandes sistemas de retroalimentação está literalmente escrito nas estrelas. E esse ponto de impasse tem origem na natureza fundamental da física dos buracos negros, do eletromagnetismo ao espaço-tempo curvo em rotação.

É aqui, então, nos ambientes especiais dos aglomerados galácticos, que encontramos pistas para uma das principais maneiras pelas quais o Universo constrói novas estrelas e galáxias. Essa é uma surpreendente demonstração de como um buraco negro supermassivo funciona como um regulador cósmico, garantindo que o mingau de matéria intergaláctica não fique quente nem frio demais. Mas ainda há muito a aprender sobre essa mecânica. Há indícios de que os buracos negros supermassivos nos núcleos de aglomerados como Perseu também podem ser os que rodopiam mais depressa. Buracos que giram mais rápido produzem energia de forma mais eficiente. Faz sentido: os buracos ligados a aglomerados são os destinatários finais de um vasto reservatório de matéria intergaláctica. Se não fossem tão grandes e tão eficientes em empurrar parte dela de volta, veríamos mais gás resfriado convertido em estrelas. Se fosse assim, o Universo seria muito diferente.[13]

Buracos negros massivos também se fazem claramente presentes nos núcleos de outras galáxias, incluindo aquelas que não são parte dos aglomerados maiores. Os jatos mais poderosos desses sistemas quase não têm um meio material ao seu redor no qual possam soprar as bolhas, e a maior parte daquela energia é esguichada para o espaço intergaláctico. Mas o terrível brilho de radiação e partículas do material no disco de acreção ao redor dos buracos deve impactar o ambiente vizinho de alguma forma. O próximo passo para nós será grande. Se quisermos completar a história dos buracos negros e da luta cósmica entre construção e destruição, precisamos viajar ainda para mais longe. A fim de terminar a receita de torta de maçã, precisamos visitar os cantos mais remotos do Universo.

# 6. Um farol distante

Quando John Lennon cantou que imagens de luzes partidas, dançando, o chamavam do outro lado do Universo ele estava pensando metaforicamente.[1] Mas, para astrônomos e cosmólogos, as partes mais distantes do Universo representam um verdadeiro tesouro de insights sobre as leis da natureza. A velocidade finita da luz, nesse caso, é um presente inestimável, pois descortina bilhões de anos de história para nós. Enquanto passeiam pelo cosmo, os fótons carregam consigo as impressões do momento em que foram emitidos ou de quando foram refletidos pela última vez. Cada um deles é um mensageiro que podemos interrogar.

Se o céu estiver aberto hoje à noite, saia e olhe para cima. Talvez a Lua esteja visível. Mas o que você vê não é *a* Lua, e sim a Lua do passado. É a Lua, tal como ela era há 1,3 segundo. Ali em cima há outro objeto pequeno, mas muito brilhante. É o planeta Júpiter. Ou melhor, é Júpiter de quarenta minutos atrás. Procure um pouco mais e encontre as estrelas mais brilhantes. Se você puder ver o céu do sul, uma das estrelas mais brilhantes é Alfa de Centauro A, que se mostra tal como era há quatro anos. Outras estrelas brilhantes cintilam da forma que eram décadas atrás. Se o céu estiver escuro o suficiente, você pode discernir a mancha enevoada que é o plano da Via Láctea, a luz projetada dos braços espirais mais próximos. A maior parte da luz que você vê viajou até você por milhares de anos.

Em decorrência da velocidade limitada dos fótons, estamos aprisionados eternamente pelo tempo, encobertos e protegidos do que quer que esteja acontecendo no cosmo *exatamente agora*. Mas a verdade é que nossa cabeça tem um problema. Precisamos abandonar o conceito de que realmente experimentamos qualquer coisa "no momento em que ela acontece". Quando deixo uma moeda cair, eu a vejo atingir o chão alguns nanossegundos depois que a moeda "acha" que o atingiu. Se eu observar uma gaivota pegando um peixe no oceano distante, o lapso de tempo entre a bocada faminta e o meu testemunhar do ato pode ser de algumas dezenas de nanossegundos. Esse é o tempo que leva para a luz refletida desses objetos me alcançar. O fato simples é que esse *quando*, o tempo de esses eventos acontecerem, é totalmente relativo, algo que, claro, está profundamente entranhado nas descrições de Einstein sobre o Universo físico. Por sorte, essa característica da natureza também nos dá os meios para praticar paleontologia cósmica.

Em 1962, quando o astrônomo Maarten Schmidt descobriu como interpretar a luz vinda de um quasar distante, ele percebeu que aqueles fótons viajaram por 2 bilhões de anos. Depois dessa extraordinária medição, os astrônomos começaram a se esforçar para recuar cada vez mais no tempo cósmico. Nós procuramos supernovas, quasares, galáxias emissoras de ondas de rádio, galáxias comuns e aglomerados galácticos cada vez mais distantes. Às vezes a busca é bem competitiva. Os cientistas enfatizam a distância cósmica de uma nova descoberta no título de seus artigos, exercendo o direito de se vangloriar. Na semana seguinte, outra equipe de pesquisadores vai tentar superar aquela descoberta por talvez outros 100 milhões de anos de tempo intergaláctico. Os astrônomos se orgulham de sua habilidade para detectar novos objetos que são mais difíceis de se ver e de se caracterizar que qualquer outra coisa antes. Isso é da natureza desse campo de estudo e uma parte indelével de sua história e de sua prática.

O resultado de todos esses esforços é uma linha do tempo cósmica. Assim como os caçadores de fósseis cuidadosamente espanam os grãos poeirentos de rocha que aprisionam um espécime, os astrônomos descascam camada após camada de estratos de espaço-tempo. Ao fazê-lo, nós podemos rastrear de que maneira as populações de estrelas e galáxias evoluíram à medida que o Universo envelhecia. É assim que sabemos que os quasares, os mais massivos e ativamente vorazes buracos negros conhecidos, costumavam ser bem mais frequentes. Também assim sabemos que a população de estrelas e galáxias de tempos recentes mudou desde seus dias de juventude. Mas por que razão toda essa evolução galáctica acontece, essa é uma grande pergunta. Os astrofísicos teóricos usam sofisticadas simulações de computador para entender os passos aí envolvidos. Esses mundos virtuais incorporam os efeitos da gravidade e da pressão do gás, e até tentam modelar a natureza da formação de estrelas e o complexo jogo de energia e matéria em ambientes diversos. Entretanto, vez após vez, muitas dessas simulações produziram galáxias crescidas demais, sistemas que nunca foram vistos em parte alguma do Universo.[2] Essas galáxias simuladas contêm muitas estrelas, bem além do que realmente existe. Esse é um problema enorme, que nos diz que algo está faltando, que alguma informação astrofísica ainda não foi inserida apropriadamente em nossas teorias. Mas estamos fazendo progressos, e isso é parte da história aqui contada. As bolhas criadas por buracos negros supermassivos são um componente importante da resposta, mas há em jogo muitas outras coisas que ainda não compreendemos.

É no Universo "de hoje" que podemos ver claramente as relações dramáticas entre a emissão de energia de buracos negros supermassivos e a natureza das galáxias e dos aglomerados galácticos. Mas precisamos de toda a linha do tempo cósmica desse fenômeno para entender completamente como o Universo chegou a ser do jeito que é. Seguir os fósseis do passado profundo vai nos ajudar a obter respostas. Então, agora vamos dar uma olhada na história de um lugar específico, um lugar muito distante, muito estranho e muito revelador no jovem Universo.

MINHA ESTREIA NA CIÊNCIA dos buracos negros supermassivos se deu porque eu estava interessado em algo que, segundo pensava, não tinha nada a ver com esses objetos. Por muitos anos catei aglomerados galácticos por todo o Universo, junto com alguns colegas ao redor do mundo. Não literalmente, claro. Por infortúnio, não somos super-heróis. Nós os perseguimos como os astrônomos perseguem quaisquer objetos cósmicos: observando o céu com novas ferramentas e renovada persistência. Mais especificamente, éramos catadores de praia vasculhando as areias de uma grande base de dados de imagens do espectro de raios X. Tudo ali vinha do telescópio orbital de raios X chamado Satélite Roentgen, ou Rosat, na sigla em inglês, uma missão conjunta da Europa e dos Estados Unidos.[3] O nome da missão é uma homenagem a Wilhelm Roentgen, cientista alemão que se destacou por ter sido a primeira pessoa a ganhar o Prêmio Nobel de física no ano inaugural de 1901.[4] Ele foi o descobridor dos misteriosos "raios X", ou raios Roentgen, hoje familiares, instalados em consultórios odontológicos e hospitais. A produção de raios X foi um efeito colateral de seus experimentos de laboratório com raios catódicos – feixes de elétrons acelerados por campos elétricos. Ele reparou que, apesar de colocar um anteparo fino de alumínio e uma folha de papelão na extremidade-alvo de seu experimento, alguma coisa ainda passava e produzia luminescência em materiais próximos. Ele batizou o fenômeno desconhecido de "raios X". Roentgen era um cientista talentoso, mas não podia imaginar na época que papel aquela radiação desempenhava em nosso Universo.

No começo da década de 1990, o Rosat havia produzido imagens digitais de longa exposição de raios X que emanavam de todos os tipos de objeto astrofísico – de milhares de objetos, de fato. E, como de praxe em qualquer grande telescópio ou instrumento astronômico, os astrônomos encaminhavam pedidos às organizações que administravam o Rosat para o aparelho ser dirigido às suas coisas favoritas no céu, algumas conhecidas, outras meramente exploratórias. O telescópio acabaria por fazer observações para os poucos sortudos cujos argumentos científicos eram considerados vencedores no processo de revisão por pares. Mais tarde, todos esses dados foram colocados num grande repositório eletrônico, arquivados para quem quisesse vê-los. Catadores de lixo como nós podiam revirar a matéria-prima, procurando joias entre as pedras brutas.

Éramos um grupo heterogêneo. Três de nós, eu mesmo, o astrônomo inglês Laurence Jones e o astrônomo americano Eric Perlman, acabaríamos passando alguns anos no Centro Espacial Goddard, da Nasa, nos subúrbios de Maryland, no limite externo de Washington, D.C. Jones e Perlman foram os primeiros a farejar as pilhas de dados do Rosat, juntamente com Gary Wegner, astrônomo de Dartmouth. Acabei me juntando a eles por causa de meu trabalho sobre as grandes estruturas no Universo que mais tarde receberiam o nome de teia cósmica. E, apesar de estar a milhares de quilômetros de distância, no Havaí, também se juntou a nós Harald Ebeling, astrônomo nascido na Alemanha que tinha um grande talento para escrever algoritmos de computador muito inteligentes, peneirando os dados do telescópio de raios X à procura de objetos interessantes. Equipados de computadores e de teorias físicas, em vez de capacetes e lanternas, nós nos tornamos mineradores cósmicos.

Nossa meta era tentar encontrar aglomerados galácticos novos e cada vez mais distantes. Nossas pistas vinham do gás tênue e quente abrigado nos poços gravitacionais dessas enormes estruturas. Como se veria mais tarde, esse era o mesmo gás que continha os buracos negros criadores de bolhas nas vizinhanças do Universo. Nós então procurávamos as manchas amplas e indistintas de fótons de raios X desse material quente que foram captadas por acaso nos arquivos de dados do Rosat. Depois de achar essas marcas características, inspecionávamos a localização delas usando telescópios terrestres para detectar e contar as galáxias que poderiam estar por ali. Aglomerados são o que o nome diz: galáxias agrupadas reunindo-se numa porção de céu. Muitas manchas de raios X resultaram apenas em estrelas ou galáxias superpostas por acaso, mas outras se revelaram outra coisa: vastas coleções de galáxias e matéria escura num grande equilíbrio gravitacional.

Com o passar do tempo, investigamos cada vez mais longe no cosmo, encontrando aquelas comunidades galácticas estreitamente unidas a distâncias cada vez maiores. O grande prêmio que buscávamos era conseguir usar esses objetos como uma espécie de balança para pesar todo o Universo: nós literalmente queríamos medir a massa do cosmo. Essa era uma ambição que muitos astrônomos perseguiam havia tempo. A ideia é essencialmente simples: quanto mais massa o Universo contiver, mais depressa os aglomerados galácticos deviam crescer. A maior parte desse crescimento também deveria ter acontecido recentemente, nos últimos bilhões de anos, caso o Universo estivesse repleto de matéria. Isso significa que, num Universo pesado, esperamos encontrar poucos aglomerados, se é que encontraríamos algum, a grandes distâncias cosmológicas. Por outro lado, num Universo que contenha menos massa, nossas medidas de distância e tempo cósmicos seriam diferentes, e o crescimento de aglomerados seria um assunto mais fraco e prolongado. Ao encontrar vários e vários aglomerados, esperávamos refinar as estatísticas e restringir as estimativas sobre o conteúdo total de massa normal e matéria escura no Universo. Dessa forma, queríamos fazer uma comparação entre os modelos cosmológicos mais fundamentais da ciência e a própria natureza.

Aquilo tornou-se uma obsessão para todos nós. Ebeling, Jones, Perlman e eu raramente passávamos um dia sem lidar com alguma peça do quebra-cabeça. Depois de um tempo, juntou-se a nós Donald Horner, esforçado estudante de pós-graduação da Universidade de Maryland. Juntos vasculhávamos os resultados produzidos pelos algoritmos de computador que farejara a montanha de imagens de raios X. Debateríamos o que parecia e o que não parecia real, trocando impressões de imagens obtidas com luz visível do que pareciam aglomerados galácticos. E então, periodicamente, usaríamos grandes telescópios para finalmente localizar nossos melhores candidatos, atravessando, com os olhos turvos de cansaço, longas noites nas montanhas de Chile, Arizona e Havaí. Não foi um processo que se encerraria depressa, especialmente porque o fator decisivo era enxergar, com nossas observações, cada vez mais longe.[5] Ver quão rapidamente os aglomerados se formaram no Universo jovem nos daria uma enorme vantagem para distinguir entre diferentes modelos cosmológicos. Encontrar mesmo um só aglomerado em épocas cósmicas cada vez mais anteriores reforçaria ou eliminaria certos cenários teóricos. Seria mais ou menos como encontrar o fóssil de um dinossauro emplumado datado de milhões de anos antes do que se esperava. Casos raros e únicos assim podem mudar nossas ideias sobre a evolução.

Contudo, aglomerados galácticos têm características enganadoras. Embora eu possa descrevê-los como "objetos" no espaço, a verdade é que eles não são como os planetas ou as estrelas. Estes corpos são bastante autocontidos e têm um momento muito bem definido para sua formação. Uma estrela se torna uma estrela quando seus motores de fusão nuclear são plenamente ativados. Um planeta se torna um planeta quando deixa de acumular uma quantidade apreciável de material. Mas um aglomerado galáctico é uma grande ameba de gás e estrelas vivendo nas interseções de uma estrutura em forma de teia muito maior, que se estende por centenas de milhões de anos-luz. Matéria se acumula quase continuamente, vinda do Universo exterior, aquecendo enquanto cai cada vez mais depressa para dentro. Sendo otimistas, podemos considerar que um aglomerado se completa quando seus constituintes alcançam um estado de equilíbrio físico. Gás quente permanece silenciosamente nas regiões mais profundas de seu poço gravitacional, uma vez que as forças de pressão e de gravidade se equilibram, e as galáxias continuam dentro do sistema tão logo suas órbitas se estabeleçam. Contudo, sabemos que a natureza pode ser terrivelmente bagunçada. O gás se resfria; buracos negros emitem energia; matéria nova que chega se acumula no sistema. O momento exato em que um aglomerado "se torna" aglomerado, portanto, é algo aberto a interpretações. Em astronomia, área que depende tanto da observação, nada melhor que sair e olhar. Assim, para responder às perguntas sobre os primeiros passos de aglomerados galácticos, a melhor coisa a fazer seria captar imagens dessas crianças em suas fases de crescimento. E foi aí que o acaso interveio.

No final do verão de 1999, eu fiz uma longa jornada saindo dos Estados Unidos para uma conferência de astronomia na vulcanicamente dotada ilha grega de Santorini. Seria enfadonho entrar em detalhes sobre como aquele era um lugar fabuloso para um bando de cientistas que sofre de privação de luz solar se encontrar, mas foi realmente especial estar em arredores tão belos para discutir os últimos achados científicos. Também estava presente ali um velho colega, o astrônomo inglês Ian Smail, da Universidade de Durham, no norte da Inglaterra. Smail construiu sua fama caçando alguns dos objetos mais distantes e, portanto, mais jovens do Universo. Em seus últimos avanços, ele e seus colaboradores usavam uma câmera astronômica nova e muito intrigante. Diferentemente dos dispositivos típicos empregados para fotografar o céu, essa câmera operava nas regiões mais baixas do espectro eletromagnético. Entre os comprimentos de onda do infravermelho e o princípio da zona das micro-ondas existe uma região conhecida como submilimétrica, com um regime reconhecidamente complicado. Com energias só um pouco maiores e comprimentos de onda mais curtos, podemos tratar a luz como fótons saltadores, aprisionando-os e focalizando-os com nossos telescópios espelhados. Sob energias só um pouco mais baixas e comprimentos de onda mais longos, temos de tratar a luz como onda, e precisamos de antenas para detectá-la. E bem no meio está o reino submilimétrico. Ele é um animal escorregadio. (Radiação eletromagnética nessa região pode penetrar na roupa de uma pessoa antes de ser refletida pelas camadas superiores da pele. Por causa disso, ela é um componente importante de algumas máquinas usadas para escanear seu corpo à procura de itens ocultos quando você passa por um posto de segurança no aeroporto. Os furtivos fótons submilimétricos possibilitam que se faça uma revista eletromagnética bem discreta.)

Para a astronomia, esse também é o regime onde a úmida atmosfera da Terra se mostra repleta de ruído potencialmente confuso, por causa da energia de movimento das moléculas de água. A radiação submilimétrica de fontes cósmicas é em sua maior parte absorvida e abafada por essa barreira em forma de cortina. Há poucas "janelas" espectrais desobstruídas o bastante para permitir a observação, e menos de meia dúzia de lugares na Terra onde o ambiente é seco e escuro o suficiente para que tenhamos uma chance de espiar o Universo submilimétrico.

Mesmo assim, novas tecnologias produziram uma câmera que podia fazer imagens astronômicas dessa complexa região espectral.[6] O dispositivo em questão, que foi usado por Smail e seus colegas, estava em Mauna Kea, no Havaí, no alto de um pico de 4 mil metros de altitude, fixado ao Telescópio James Clerk Maxwell (um nome bastante apropriado). Já se sabia que lá fora, no Universo próximo, o gás frio e rico era uma excelente fonte de radiação submilimétrica. Os ambientes pesadamente encobertos e misteriosos das nebulosas formadoras de planetas e estrelas, ou as galáxias próximas ricas em poeira, eram alvos perfeitos. Mas Smail e seu grupo estavam interessados em locais muito, muito mais distantes que esses.

Ele e seu grupo queriam chegar à história profunda do Universo, e o espectro submilimétrico oferecia um ponto de vista único. Quando a luz atravessa o cosmos, seu comprimento de onda é esticado. Nosso Universo está se expandindo e o espaço-tempo está inexoravelmente inchando. Galáxias afastadas o bastante a ponto de ter interações gravitacionais mínimas estão se distanciando cada vez mais umas das outras, como passas num mar infinito de massa de bolo no forno. O próprio tecido do Universo pelo qual a luz deve viajar se alarga. O fóton que um dia estava no comprimento de onda do ultravioleta pode chegar do outro lado do cosmo como luz visível. O fóton que começou sua jornada há 10 bilhões de anos como um piscar de energia infravermelha chega como uma ondinha de radiação submilimétrica. Por incrível que pareça, os colaboradores de Smail estavam encontrando pequenos montinhos dessa radiação fria no céu, consistindo em fótons cosmicamente esticados de luz infravermelha vindos da mistura rica, poeirenta e gasosa dos locais de nascimento de galáxias e estrelas. Eles eram objetos, talvez estruturas protogalácticas, cuja luz levara mais de 10 bilhões de anos para nos alcançar. Enquanto nos sentávamos à luz dos fótons de oito minutos de idade do brilhante sol grego, conversamos animadamente sobre os achados mais extraordinários.

Os pesquisadores tinham obtido imagens de locais já conhecidos por serem potentes fontes de emissão de rádio no Universo jovem – precisamente os tipos de objeto associados aos buracos negros supermassivos em nossa vizinhança cósmica mais madura. Nesses locais, eles estavam descobrindo grandes regiões emissoras de radiação submilimétrica com dezenas de milhares de anos-luz de extensão. Essas eram as marcas de nuvens de poeira que tinham dezenas de milhões de vezes a massa do Sol. As nuvens eram aquecidas pela intensa radiação de estrelas recém-formadas e de talvez alguma outra coisa oculta em seu interior. Alguns desses locais poeirentos estavam também agrupados, reunindo-se em aglomerações. A estatística usada para chegar a tal conclusão não era das melhores, mas era sólida o bastante para se apostar nos resultados. As nuvens davam a impressão de serem os bebês que, quando crescidos, se tornariam os aglomerados galácticos gigantescos e abrutalhados que encontramos em nosso Universo moderno.

Smail e seus colegas estavam muito interessados em determinar se existiam ou não buracos negros supermassivos à espreita perto das regiões de material quente que eles avistaram. Esses gigantes também ajudariam a aquecer as massas de poeira que estavam produzindo a luz submilimétrica e seriam ingredientes importantes a se compreender. Eu estava muito interessado em descobrir se aquelas eram mesmo as localizações de jovens aglomerados galácticos, as fundações dessas grandes catedrais de estrelas, gás e matéria escura. Se realmente fossem, então talvez nós pudéssemos aprender algo sobre as pedras fundamentais dessas estruturas.

Uma maneira óbvia de correr atrás de todas essas metas seria usar um telescópio de raios X. Apenas os fótons de raios X mais energéticos e penetrantes tinham chance de perfurar a capa poeirenta que cercaria um buraco negro massivo em tal lugar. E as emissões de raios X em forma de névoa do gás quente aprisionado dentro da tigela gravitacional de um aglomerado em crescimento também era a melhor maneira de medir a curva no espaço-tempo. Nós claramente precisávamos procurar os raios X de um desses mistérios submilimétricos, e por sorte aquela era a época adequada. O Chandra, telescópio de alta performance de 2 bilhões de dólares da Nasa, tinha sido lançado poucos meses antes de eu me encontrar com Smail em Santorini. Ele era o instrumento ideal para eu caçar aqueles objetos distantes. Só precisávamos escolher o melhor alvo, e não era uma escolha difícil: devia ser a mais brilhante das bolhas distantes e poeirentas, que levava o nome pouco inspirador de 4C41.17.[7] Essa forma misteriosa estava a acachapantes 12 bilhões de anos-luz de distância.

Detectar qualquer coisa seria um enorme golpe de sorte, mas o plano era empolgante. Se tivéssemos sucesso, seria a detecção mais distante jamais feita desse tipo de estrutura, e parecia mesmo estar ao nosso alcance. Finalmente tivemos nossa chance quando nos deram luz verde depois de dois anos de nervosa espera. No final de setembro de 2002, o Chandra se posicionou para apontar nosso alvo incompreensivelmente distante. Por um total de 150 mil segundos, ou cerca de quarenta horas, ele captou e contou fótons de raios X que jorravam pelo Universo. A maior parte desses fótons era o equivalente ao ruído numa estação de rádio, ou aos "fantasmas" de imagem de uma TV mal sintonizada. Fótons de raios X, como qualquer outra radiação eletromagnética, podem cruzar o Universo. Eles vêm de toda parte: estrelas, estrelas de nêutrons, buracos negros, grandes ondas de choque de explosões de supernovas e gás quente de aglomerados galácticos. Essa é uma floresta cósmica cheia de sons do farfalhar de folhas. Porém, entre a barragem de sons aleatórios estava um capão de mato onde cresciam árvores mais nobres. Um total de cerca de 150 desses fótons atravessou 12 bilhões de anos de tempo cósmico em voo direto desde o nosso misterioso 4C41.17.

E AQUI ESTÁ NOVAMENTE a cena inicial, os pixels numa tela. No caso, num monitor no meio de minha mesa coberta de papéis espalhados e manchados de café, no meu escritório em Nova York, esses pixels em particular formaram uma imagem. Eles indicavam que o Chandra, lá no alto, na órbita da Terra, tinha obtido nossa preciosa carga de dados. Nos dois dias anteriores, ele observara o céu enquanto silenciosamente circum-navegava a Terra. Os melhores espelhos e instrumentos que os seres humanos jamais produziram apontavam em direção a um pequeno trecho do cosmo, perto da constelação do Cocheiro. Nessa direção, a vista gloriosa além dos arcos de nossa Via Láctea nos conduziu por todo o caminho até 4C41.17, no profundo passado cósmico.

Estávamos no meio da manhã na ilha de Manhattan, e o som do tráfego ecoava através dos desfiladeiros de rocha e aço. Fiquei olhando para a imagem em minha tela e tentei compreender o ruído dos pixels espalhados. Era uma imagem preliminar, os dados ainda deviam ser apropriadamente processados e manipulados para remover características espúrias. Partículas rápidas como elétrons e prótons atravessaram a carcaça do Chandra em órbita, espalhando energia em sua sensível câmera digital. Isso não era nada estranho, apenas um risco ocupacional da astronomia baseada no espaço. Mas havia uma forma em meio àquela bagunça de pixels, e eu podia vê-la claramente: um ponto de luz de raios X, junto com alguma outra coisa. Enviei a imagem para uma impressora no final do corredor e corri para pegar o papel quente assim que saiu da máquina. Amortecida pela tinta fundida no calor, as características com ruído na imagem se dissiparam. Sobressaindo ali estava a luz extraordinária de algo desconhecido, um grosso feixe brilhante saindo de cada lado de um ponto central de intensidade. Pareciam asas de libélula num corpinho compacto, a figura entomológica de uma era esquecida.

Meu deleite ao encontrar algo louco e interessante nos dados logo deu lugar à confusão. No centro da imagem havia um ponto brilhante de luz de raios X, e isso era fácil de explicar. Seu espectro tinha as impressões digitais de uma intensa emissão de raios X dos arredores do disco de acreção de um buraco negro supermassivo, enterrado em algum lugar no interior da densa poeira que sabíamos existir nesse sistema. Aquele problema estava resolvido – não restava a menor dúvida agora quanto à presença de um monstro no meio de tudo. Mas havia essa outra coisa misteriosa: as asas de luz esparsamente disseminadas. A conversão de seu comprimento na imagem para distâncias reais revelou que elas cobriam mais de 300 mil anos-luz de ponta a ponta. Se isso era a luz de raios X de gás quente, aquecido enquanto caía no interior do poço gravitacional de um aglomerado galáctico bebê, então a luz também devia possuir um sabor muito particular – o de radiação de *bremsstrahlung* de elétrons quentes que encontramos antes. O espectro de fótons de raios X obedeceria a um padrão particular, e deveria haver vários fótons de baixa energia e somente alguns de energia mais alta. De fato, depois de lutar com os dados, encontrei uma distribuição de energia muito mais igualitária. Estava tudo errado: aquilo significava que a radiação não estava vindo apenas do gás quente. Mas não era a única coisa confusa. Se eu calculasse a potência total dessa radiação, o resultado seria cem vezes maior que a emissão de raios X de um aglomerado galáctico normal. Isso também parecia diferente da radiação originária do gás quente num sistema-bebê. Entretanto, lá estava uma vasta nuvem de *alguma coisa* alegremente emitindo fótons de raios X. Enviei uma mensagem preocupada a Smail: as coisas estavam esquisitas, fora de esquadro, e eu não as entendia.

Eu sabia muito sobre gás quente em aglomerados galácticos, mas não o bastante sobre estruturas estranhas emanando do que tinha de ser um buraco negro massivo do outro lado do Universo conhecido. Comecei a vasculhar artigos em revistas de astrofísica e fui cautelosamente falando sobre os dados com outros colegas. Algumas ideias apareceram. Então eu notei dois artigos que lançaram luz sobre o problema, literalmente. Um deles era recente e fora escrito por Dan Schwartz, astrônomo de Harvard.[8] O outro fora escrito em 1966 por Jim Felten e Philip Morrison, dois físicos que então estavam em Cornell.[9] Felten desempenhara papel crucial ao reconhecer logo no início que um aglomerado galáctico podia emitir radiação de raios X pelo gás quente em seu interior, e Schwartz era especialista em jatos de buracos negros e astronomia de raios X. Apesar do longo tempo que separava esses dois artigos, eles tinham algo em comum, de importância crucial: ambos falavam sobre as manifestações astrofísicas de um fenômeno de que eu mal conseguia me lembrar, ainda das aulas de física da graduação, e que recebia o nome desinteressante de "espalhamento Compton inverso". Logo percebi como esse fenômeno era importante para explicar nosso misterioso objeto no Universo distante.

Em 1922, o físico americano Arthur Compton descobriu que raios X podiam quicar em elétrons que flutuavam livremente e mudar sua energia, ou seu comprimento de onda, nesse processo.[10] Esse é um fenômeno simples. Partículas como os elétrons podem interagir com os fótons. Se um elétron estiver sentado quietinho e um fóton passar zunindo e bater nele, como uma pedrinha quicando numa rocha, parte da energia do fóton será transferida para o elétron, movendo-o de leve. O fóton vai portar um pouco menos de energia depois disso, mudando para uma frequência menor, e o elétron vai ganhar um pouco de movimento. Mas se o elétron já tem muita energia, então o resultado é diferente, e o fóton sai ganhando.

Lá fora no cosmo há fenômenos que podem acelerar partículas como elétrons até altíssimas velocidades, até frações significativas da velocidade da luz. Os jatos de matéria esguichando de buracos negros são um excelente exemplo. Essas partículas carregam uma quantidade excepcional de energia de movimento, ou energia cinética. A relatividade também nos diz que a massa aparente dessas partículas vai aumentar com a velocidade, o que contribui para acrescer a energia que representam – como uma esponja que fica mais pesada quando absorve água. Nesse caso, quando um fóton bate ou se espalha num desses elétrons velozes, o efeito *inverso* pode ocorrer. O elétron rápido e quente dá parte de sua energia ao fóton, num processo chamado "espalhamento Compton inverso", e o fóton emerge como um animal novo e mais energético.

O cosmo está repleto de fótons. Vimos isso em nosso mapa da eternidade. Muitos deles são fótons de micro-ondas da radiação cósmica de fundo que restaram do Universo jovem, e eles são parte da grande sopa eletromagnética do cosmo. Isso significa que, se elétrons velozes forem gerados por um fenômeno como um jato de buraco negro, há uma boa chance de que, quando estiverem zunindo por aí, irão encontrar os fótons da sopa cósmica e lhes dar uma carga extra de energia. Por incrível que pareça, se os elétrons estiverem rápidos o bastante, pode ser que eles forcem fótons do domínio das micro-ondas diretamente para os domínios dos raios X e raios gama. Isso é como pegar uma xícara de café e aquecê-la o bastante para mover as turbinas de vapor de uma usina de força.

E aí estava uma maneira de gerar fótons de raios X com a exata assinatura espectral que eu estava vendo. Tudo o que eu precisava era de elétrons velozes e vários fótons de baixa energia. Já parecia que um buraco negro supermassivo morava naquele sistema. Ele podia cuspir elétrons na forma de jatos rápidos. De fato, 4C41.17 era uma fonte emissora de rádio muito potente, que vinha a ser o efeito esperado de elétrons relativísticos em movimento espiral se espalhando pelo Universo ao redor. Eu sabia que Smail tinha um mapa das emissões de rádio. Havia um ponto central brilhante nele, e existiam duas zonas possivelmente em forma de haltere, quase na mesma linha que as asas de luz de raios X. Uma aposta segura era que os elétrons velozes preenchiam essas regiões.

Mas de onde vinham esses fótons de baixa energia? No Universo atual há cerca de 410 fótons de radiação cósmica de fundo em cada centímetro cúbico de espaço, em cada momento. Já os vimos antes, vazando para fora de nosso saco-Universo hipotético. O problema que eu enfrentava é que só isso não bastava para explicar o enorme jorro de energia que nós estávamos vendo. Simplesmente não havia fótons o bastante para serem reforçados até virar a quantidade correta de raios X. Eu cocei a cabeça e fiquei olhando pela janela, tentando me imaginar naquele lugar distante, até que as peças começaram a se encaixar.

Nós já sabíamos que a região que estávamos observando tinha uma grande taxa de emissão de fótons infravermelhos de baixa energia por causa da poeira morna. Certamente isso poderia contribuir para o reservatório de fótons reforçados até energias mais altas. Mas havia algo mais que eu havia desprezado, algo que era um fator de enorme importância – de fato, ele fazia toda a diferença. Tinha a ver com o fato de que o Universo era muito diferente 12 bilhões de anos atrás. Ainda não haviam se passado 2 bilhões de anos desde o big bang naquela época, e o cosmo era um lugar muito menor. O espaço-tempo era literalmente mais compacto; havia menos espaço entre tudo. As distâncias entre as formas-bebês das galáxias cresciam, decerto, mas eram menos de um quarto das distâncias atuais. Isso também significava que os fótons da radiação cósmica de fundo ainda não estavam tão esticados quanto nos 10 bilhões de anos seguintes. Naquele estágio de desenvolvimento do Universo, eles eram quase cinco vezes mais energéticos que hoje, seus pequenos comprimentos de onda eram muito menores. Se eu combinasse todos esses fatores, descobriria que esses fótons cósmicos criaram um oceano eletromagnético ao redor de 4C41.17 mais de quinhentas vezes mais rico que agora. Logo se tornou óbvio que essa podia ser a resposta! Os fótons daquele denso mar teriam quicado e seriam espalhados pelos elétrons que jorravam ao redor do buraco negro, e então teriam sua energia reforçada e iluminariam a região com raios X. Seria como iluminar uma região de neblina com um holofote – o volume do facho de luz brilharia com a luz espalhada. A única diferença é que este seria um farol que poderíamos ver do outro lado do Universo conhecido e que se tornaria cada vez mais eficiente quanto mais recuássemos no tempo.

Isso também significava outra coisa, algo maravilhoso. Se o que víamos era de fato o local de nascimento de um aglomerado galáctico, então estávamos testemunhando um buraco negro central criando bolhas, do mesmo modo que seus descendentes no Universo atual. Contudo, as bolhas não eram vazios escuros, pois estavam iluminadas com os fótons reforçados até a banda de raios X. Percebi que, se você voltar atrás o bastante no relógio cósmico, poderá inverter o esquema de cores das bolhas numa estrutura, e um negativo se torna um positivo. Essa era uma manifestação bela e elegante de física básica e fundamental. Liguei para Smail no Reino Unido, estourando de animação. Podíamos não ter visto diretamente o gás quente de um aglomerado galáctico-bebê, mas encontráramos o que havia dentro daquele gás. Acháramos as bolhas brilhantes criadas pelo enorme coração de um buraco negro.

Restavam ainda algumas grandes perguntas a responder. Queríamos entender direito o que estava acontecendo naquele ambiente extraordinário. Nossas medidas nos diziam que havia muita poeira morna. Em todo o conjunto, a poeira representava 100 milhões de vezes a massa do Sol e era formada por grãos muito pequenos, microscópicos. Ela espalhava-se por 100 mil anos-luz. Alguma coisa a aquecia, talvez dezenas de jovens estrelas brilhantes, talvez o buraco negro supermassivo, enquanto engolia mais matéria. O buraco esguichava partículas relativísticas e inflava bolhas dentro de um meio invisível de gás, e esse gás era capturado pelo crescente poço gravitacional do sistema. Mas o gás também devia ficar denso e frio o bastante para produzir todas as estrelas grandes e de vida curta, que, por sua vez, estavam produzindo toda a poeira. Ainda por cima, o gás devia estar alimentando o buraco negro. Faltava uma peça crucial, algo que amarrasse todas as pontas soltas, algo que nos mostrasse exatamente onde estava o resto da matéria naquele sistema.

Algumas semanas se passaram, e o acaso se mostrou novamente. Dessa vez ele tomou a forma de um encontro casual com o astrônomo holandês Wil van Breugel, do Laboratório Nacional Lawrence Livermore e da Universidade da Califórnia.[11] A especialidade e a paixão de Van Breugel eram rastrear as galáxias mais distantes e mais massivas. Ocorre que ele tinha acesso aos dois grandes telescópios Keck instalados no topo do monte Mauna Kea, no Havaí. Localizados a uma altitude de 4 mil metros, os enormes pedaços de aço e vidro eram capazes de engolir fótons de todo o Universo. Eram ferramentas perfeitas para captar luz visível de estruturas antigas. Quando mencionamos nossa investigação, provocamos uma resposta muito positiva de Van Breugel, que disse ter uma coisa que precisávamos ver.

Wil van Breugel e seus colegas tinham usado filtros de luz construídos sob medida para farejar fótons oriundos de mudanças muito específicas na hierarquia energética de elétrons de átomos de hidrogênio. Como qualquer outro elemento, o hidrogênio tem vários odores eletromagnéticos, e este era um dos principais. Se você pudesse segurar esses átomos nas mãos, eles brilhariam em tons distintos de luz ultravioleta. Coloque-os do outro lado do Universo, porém, e a expansão do espaço-tempo vai esticar aquela luz até que ela alcance os comprimentos de onda visíveis. A fim de explorar essa propriedade, os filtros especiais de Wil van Breugel foram ajustados para captar precisamente os fótons de vários objetos cósmicos cuja distância até nós já era conhecida. O que ele nos mostrou nos deixou sem fôlego.

Ele e seus colegas tinham captado nosso objeto, o 4C41.17. Um dos telescópios Keck, com seu espelho de mais de 9 metros de diâmetro, levou um tempo de exposição total de mais de sete horas para produzir uma imagem. Só isso já seria uma tremenda realização, mas foi a visão que nos estonteou. Ali estava a nuvem de hidrogênio gasoso recuperando-se de um esbofetear até o momento desconhecido, resfriando-se através da emissão de fótons de luz ultravioleta. Era uma estrutura colossal, e no centro podíamos ver pontos e manchas luminosas, cada uma com milhares de anos-luz de extensão. Estavam no interior de uma cobertura ainda maior, que se abria pelo mesmo espaço de onde vinha a nossa luz de raios X. Essa cobertura exibia formas e contornos amplos, protuberâncias e pontas de luz. Algo semelhante a uma enorme faixa de poeira aparentava obscurecer parte do hidrogênio gasoso, como se um cinto apertasse uma imensa barriga nua. A coisa toda tinha o aspecto de uma ampulheta, com centenas de milhares de anos-luz de extensão. Dava a impressão de que a matéria ia e vinha, fluindo para dentro, mas também propelida para fora. Esse era o retrato de uma tempestade de 12 bilhões de anos. Smail e eu soubemos que tínhamos a outra peça do quebra-cabeça. Precisávamos apenas encaixá-la.

*Um farol distante*

FIGURA 15. A incrível estrutura de hidrogênio gasoso morno vista ao redor de 4C41.17. De ponta a ponta, ela se estende por mais de 300 mil anos-luz. Próximo do centro, grandes faixas de material mais escuro e rico em poeira podem ser observadas, como se fossem um cinturão. O gás coincide com a distribuição de luz de raios X vista pelo Observatório Chandra. Fonte de emissões de rádio e de intensa luz infravermelha (detectada como radiação submilimétrica), esse lugar remoto é também um gigantesco e agitado local de construção de uma galáxia e seus bilhões de estrelas.

Precisávamos formar uma imagem mental correta desse ambiente primordial e distante. Depois de alguns telefonemas para a cidade de Leiden, na Holanda, um dos colaboradores de Van Breugel, Michiel Reuland, se viu com a tarefa de construir uma representação visual de todos os nossos dados combinados. Era como fazer uma pintura em camadas translúcidas, cada qual representando uma parte diferente do espectro eletromagnético e cada qual sobreposta às demais. Experimentando várias vezes com paletas de cores diferentes e refazendo os mapas para que ficassem com formas mais suaves e simplificadas, Reuland chegou a um retrato final.

O resultado não era bonito. De fato, com suas cores artificiais de neon e formas sobrepostas, parecia uma bagunça colossal. Eu apelidei o retrato de "atropelamento cósmico". No entanto, apesar de suas questões estéticas, ele era maravilhosamente informativo. Tudo o que sabíamos sobre aquele objeto remoto estava ali, numa só imagem. No núcleo havia um denso manto obscuro de poeira com dezenas de milhões de vezes a massa do Sol. Isso indicava a intensa formação de novas estrelas e de novos elementos que ocorria às ocultas, em seu interior. A vasta distribuição de luz ultravioleta do hidrogênio gasoso parecia um acidental derramamento de leite coalhado, espalhado por 300 mil anos-luz. Numa escala similar, havia o temível brilho de raios X provocado pelos elétrons em resfriamento, mas ainda em regime relativístico, que reforçavam os fótons da radiação cósmica de fundo e os fótons infravermelhos da poeira morna. A luz de raios X parecia estar conectada ao brilho ultravioleta do gás. Numa linha seguindo o eixo principal, o grande propósito de toda aquela radiação e matéria eram as nuvens em forma de haltere que emitiam ondas de rádio. Ali os elétrons de maior energia fluíam numa espiral para o espaço exterior, emitindo o brilho de radiação síncrotron que vemos nos sistemas galácticos atuais. As nuvens eram jovens ainda, com apenas poucos milhões de anos. Só poderiam ser oriundas de um buraco negro supermassivo jovem localizado bem no núcleo desse espaço caótico. E ali, invisível, porém sugerido pelas extremidades daquelas estruturas, devia estar um casulo externo de gás resfriando e fluindo para o interior do sistema a partir da teia cósmica.

O que me intrigava mais era a transferência de energia das partículas impulsionadas pelo jato do buraco negro para os fótons cósmicos, a fim de que se produzissem as formas brilhantes de raios X. Parte dessa energia do espalhamento Compton inverso tinha de ser absorvida pelo mesmo hidrogênio gasoso que víamos espalhado por toda aquela estrutura nas imagens de Van Breugel. Essa energia podia ajudar a aquecer e a arrancar os elétrons do gás, ionizando o hidrogênio e retardando seu resfriamento. Isso frearia a condensação de matéria-prima e a produção de novas estrelas. Quando os átomos recuperam suas partículas, eles emitem radiação ultravioleta, enquanto os elétrons capturados se reajustam em seus níveis energéticos. Esse era um novo mecanismo, que permitia ao buraco negro alcançar e regular a estrutura cósmica. Ele só poderia ocorrer no Universo jovem, quando o espaço-tempo ainda era compacto o suficiente para que a sopa de fótons semeasse de modo eficiente essa transferência de energia. Se tudo isso estivesse correto, então teríamos descoberto uma nova maneira pela qual os buracos negros esculpiriam e moldariam o mundo ao seu redor, interferindo na formação de novas estrelas e estruturas.

Essa evidência, assim como os incríveis efeitos mecânicos das bolhas infladas por buracos negros, indicava que eles desempenham um papel crucial na evolução das estruturas cósmicas ao longo do tempo. Eles regulam a produção de novas estrelas nas galáxias gigantes do Universo atual, e provavelmente fizeram o mesmo através do tempo cósmico. No passado muito distante, os buracos negros limitavam o tamanho máximo que essas galáxias podiam alcançar, agindo como fazendeiros frustrados tentando manter as ervas daninhas sob controle. O que vimos em 4C41.17 foi a juventude turbulenta de uma galáxia gigante no princípio de um grande aglomerado. Apesar de todas as estrelas jovens emitindo radiação, e do extraordinário manto de poeira estelar originário de suas vidas breves, no núcleo do sistema havia um ponto de densidade infinita e força implacável. Por sua causa, a galáxia jamais poderia crescer além de certo tamanho. Quanto mais matéria caísse no núcleo, mais comida haveria para o buraco negro e mais ele emitiria energia destrutiva. O brilho de raios X dos fótons cósmicos reforçados por essa energia era tão luminoso quanto 1 trilhão de sóis, o que poderia facilmente podar o crescimento da galáxia. Isso explicava a diferença entre o número de estrelas que achamos que o Universo deveria produzir em locais assim e o número que ele de fato produz.

DEPOIS DA CORRIDA para analisar e publicar nossos achados, houve uma pausa longa o bastante para meditarmos sobre o que tínhamos descoberto.[12] Embora nossa interpretação fosse razoável, havia espaço para investigações futuras. Apesar de tudo, o aspecto mais notável, para mim, era a mudança de opinião a respeito de como deveria ser uma galáxia massiva no Universo jovem. A imagem mental que eu tinha até aquela altura era bastante estática. Parecia óbvio que uma galáxia se formaria serena e majestosamente a partir da calma condensação de material oriundo de um mar perfeito de hidrogênio, hélio e matéria escura, não? Claro, nós sabíamos que havia quasares por aí. Eles devoravam matéria furiosamente e cuspiam energia o bastante para mudar o equilíbrio de átomos, íons e moléculas no Universo jovem. Mas quasares são raros demais, e meio século depois de observados foi que começamos a compreender a natureza física desses objetos. Continuaram a parecer um pouco separados das galáxias que os abrigavam e os alimentavam. Sim, também sabíamos que havia gerações e gerações de novas estrelas naquelas eras primitivas. Uma vigorosa quantidade de nascimentos, vidas e mortes de estrelas preenchia o cosmo de elementos crus. Esses novos componentes se condensavam em forma de enormes nuvens de poeira que encobriam grandes quantidades da luz estelar primitiva, ocultando-a de nós. Apesar de tudo isso, as grandes galáxias pareciam castelos vastos, nobres, estáveis e seguros.

Contrastando fortemente com essa imagem, sob o nome aborrecido de 4C41.17, encontramos um redemoinho. Em 1 ou 2 bilhões de anos, o sistema se tornaria de fato uma galáxia gigante, quase certamente um confuso enxame elíptico de centenas de bilhões de estrelas. Mas nós testemunhávamos um estágio no qual o sistema era um poço de radiação e partículas em ebulição fervido pelas forças devastadoras de um buraco negro supermassivo em crescimento. Por mais que a gravidade tentasse construir uma galáxia, esse fluxo de energia resistia a ele. Claramente, essa resistência era fútil, em última instância, pois de outra forma o cosmo local de hoje seria um lugar muito diferente. Isso é parte do mesmo problema que enfrentam nossas teorias e simulações de crescimento e evolução de estruturas cósmicas. As mais simples delas preveem uma quantidade muito maior de estrelas do que a que vemos no Universo. O que observamos em 4C41.17 é uma pista direta que aponta para a maneira como a natureza limita e restringe o crescimento das galáxias mais massivas. A energia gerada pelos – comparativamente – microscópicos buracos negros em seus núcleos contribui para tolher esse crescimento.

Havia mais uma coisa que esse extraordinário colosso do outro lado do Universo ainda iria nos revelar e que tinha a ver com o ambiente que ele ocupava. Quando Smail e seus colegas obtiveram as imagens profundas originais na furtiva região submilimétrica do espectro eletromagnético, eles encontraram algo. Ao redor de galáxias distantes emissoras de rádio, como a nossa 4C41.17, muitas vezes havia outros montículos brilhantes visíveis nas fotos. Seguindo o grande padrão de uma teia cósmica de matéria no Universo, essas jovens aglomerações de massa tendiam a se reunir em grandes grupos. Se você conseguisse ver uma delas, provavelmente encontraria outra por perto, e outra perto desta, e assim por diante.

Isso significava que, se você conseguisse obter uma imagem de raios X de um desses locais distantes e poeirentos, provavelmente conseguiria encontrar outros por perto. E se eles abrigassem buracos negros supermassivos, então estes também apareceriam como pontos brilhantes de raios X, iluminados por todos aqueles fótons energéticos que conseguiram perfurar seu caminho através dos mantos densos de poeira. Novamente Smail e eu vasculhamos os dados que tínhamos de 4C41.17 e examinamos as imagens de duas outras estruturas – dois retratos de sistemas jovens, com apenas 2 bilhões de anos. Para nossa surpresa, não apenas encontramos pontos de intensa emissão de raios X aparentemente no interior dos mantos poeirentos das galáxias jovens, mas também os encontramos aos pares: pontinhos gêmeos de luz próximos um do outro. Em um deles, bem no limite difuso da incerteza em meio ao ruído nos dados, havia evidências mesmo de um arranjo triplo – três pontos de raios X espiando para fora. Eram pequeninos aglomerados de fótons na tela, à beira da credibilidade estatística. Mas o que talvez gerasse uma dúvida enfastiada em outros cientistas podia fazer um astrônomo passar noites em claro. Sorte e palpites desempenham papel de destaque na exploração do Universo.

Percebemos que estávamos vendo buracos negros supermassivos que originalmente talvez pertencessem a estruturas galácticas jovens distintas, adolescentes cósmicos à deriva no Universo jovem. Essas criaturas errantes agora se uniam e coalesciam, enviando ondas frenéticas de formação de estrelas e ejetando poeira. Nossas imagens de raios X penetravam tudo isso e iam até o interior de seus corações e núcleos. Sabemos que pares de buracos negros supermassivos não são algo que vemos com frequência no Universo atual. Julga-se que apenas 4% das galáxias abrigam múltiplos buracos negros gigantes.[13] Isso significa que aqueles que encontramos 12 bilhões de anos atrás provavelmente estavam em rota de colisão, e eventualmente esconderam sua origem dentro de um só horizonte de eventos. Arranjos assim foram propostos algumas vezes como maneira de suavizar e reorganizar as órbitas das estrelas em núcleos galácticos, para corresponder melhor ao que os astrônomos viam no Universo próximo. Dois buracos negros em órbita mútua são um liquidificador dinâmico reformando os caminhos das estrelas ao seu redor.

Depois de mais algum tempo, talvez alguns milhões de anos, esses gigantes longínquos se encontraram, com seus puxões gravitacionais. Rodopiando num par orbital cada vez mais veloz, eles acabaram por se combinar num *crescendo* de radiação gravitacional, enviando ondas no espaço-tempo que vibraram pelo Universo. Parecia que essa era uma evidência clara o bastante de uma das maneiras pelas quais os buracos negros supermassivos são produzidos no Universo: eles simplesmente se comem mutuamente. Ao fazer isso, deixam suas impressões digitais nas galáxias que os abrigam, perturbando e rearranjando o movimento das estrelas ao seu redor e deixando um conjunto extremamente importante de migalhas reveladoras perto do proverbial pote de biscoitos.

Nosso colosso distante e seus irmãos representam o fim extremo da flora e da fauna galácticas. Eles são as árvores gigantescas nas partes mais ricas da floresta tropical cósmica. Nesses ambientes, restam agora poucas dúvidas de que os buracos negros supermassivos desempenharam um grande papel, talvez de protagonista, ao esculpir as formas que vemos hoje. Doze bilhões de anos atrás, talvez até antes, eles serviram como reguladores e mantenedores da lei, lutando contra a inundação de estrelas novas, enquanto a matéria se resfriava e se condensava. Desde então, eles continuam a manter a matéria a distância. As grandes bolhas no interior dos aglomerados misturam elementos e estabilizam a transformação de gás quente e cru em novas estrelas e planetas. Mas isso acontece em sincronia com o influxo de matéria, numa espantosa sinfonia de retroalimentação e equilíbrio. Esses grandes sistemas inspiram e expiram.

Em outro lugar, em outras galáxias, buracos negros supermassivos também anunciam sua presença. Mas nessas outras clareiras e hortos de moitas e árvores galácticas, a relação entre construção e destruição é mais complexa. Por acaso vivemos numa galáxia espiral muito grande, a Via Láctea. Ela é um terreno interessante, nem um retiro interiorano, nem uma das grandes catedrais do Universo – essas são as galáxias elípticas gigantes dentro dos aglomerados. É natural imaginar que influência os buracos negros tiveram num lugar como este e que papel podem ainda desempenhar. Isso nos leva à parte final de nossa história, a busca da origem e da natureza de nosso próprio ambiente galáctico – e talvez da própria vida.

# 7. Origens: parte I

SABEMOS QUE OS buracos negros são o estado final da matéria, mas nem todos eles se escondem de nós. O próprio espaço-tempo se curva em níveis extremamente absurdos para criar a armadilha definitiva nesses locais. Mesmo assim, quando gás cósmico, poeira e estrelas se aproximam do horizonte de eventos para serem consumidos, geram-se vastas quantidades de energia, que jorra de volta para o Universo. Os buracos negros são as máquinas de conversão de matéria em energia mais eficientes em toda a natureza. Essa energia tem um papel vital ao longo do tempo cósmico: ela ajuda a controlar a produção de estrelas, limita o tamanho das maiores galáxias e transforma rios de material em resfriamento em meras canaletas.[1]

Buracos negros supermassivos também estão relacionados ao tamanho das antigas nuvens de gás que os circundam. Isso é verdade, quer a singularidade contenha 1 milhão, quer 10 milhões de vezes a massa do Sol. É como julgar o tamanho de um pote de mel em uma mesa do jardim pelo tamanho do enxame de abelhas ao seu redor. Essa relação existe onde quer que se encontrem nuvens de estrelas antigas zumbindo ao redor dos centros das galáxias. Isso vale para as elípticas e as majestosas espirais, nas quais nuvens ou bojos de estrelas antigas se arranjam no centro de grandes rodas em forma de disco de matéria em lenta rotação. Mas algumas galáxias não exibem essa inchada nuvem central de estrelas velhas.[2] A Via Láctea é uma delas. Em situações assim, ainda há buracos negros centrais, e eles podem ter 1 milhão ou até 100 milhões de vezes a massa do Sol, mas por alguma razão os processos em jogo nas outras galáxias não surgiram da mesma forma para ligá-los aos enxames estelares centrais.

Em todos os casos, porém, existe um relacionamento íntimo entre os buracos negros gigantes e suas galáxias anfitriãs; eles "coevoluíram". Isso é extraordinário porque se trata de estruturas muito díspares: uma tem dezenas de milhares de anos-luz de extensão, a outra é 1 bilhão de vezes menor. De lugar para lugar, de galáxia para galáxia, essa coevolução também é bastante variada, sugerindo que os detalhes da história e as circunstâncias devem desempenhar funções vitais. Podemos ver e farejar os sinais dos mecanismos básicos em jogo, mas ainda não ligamos todos os pontinhos.

Como declarei na Introdução deste livro, a presença e o comportamento dos buracos negros no Universo podem muito bem estar conectados à origem da vida. É uma proposição bastante ousada dizer que o comportamento extremo e aparentemente distante dos buracos negros tem qualquer coisa a ver com a capacidade de o Universo gerar vida. Para que eu cumpra minha promessa de ilustrar a conexão, precisaremos dar uma olhada cuidadosa na cadeia de fenômenos que, segundo julgamos, dão origem às estrelas, aos planetas e às coisas vivas, antes de voltar e completar nossa história sobre os buracos negros. Isso inevitavelmente nos leva a questionar nossas próprias circunstâncias cósmicas, e eu acho que as respostas a isso são muito surpreendentes.

UMA ARANHA ATERRORIZADA foge pela parede enquanto uma flor abre suas pétalas no vaso. Lá fora na rua, um cão late para confrontar algo real ou imaginário e no fundo do oceano um cardume de peixes se lança em direção a uma nuvem de krills freneticamente agitados. Alguma coisa gosmenta cresce debaixo de uma pedra lamacenta enquanto nós e os 100 trilhões de bactérias em nossos intestinos sentamos em nossas cadeiras e deixamos os impulsos elétricos zunirem pelos nossos cérebros. Isso é vida.

Aqui na Terra, a vida é ao mesmo tempo uma coleção de fenômenos extraordinariamente simples e complexos, envolvendo estruturas moleculares e máquinas microscópicas que organizam e reorganizam matéria numa rede de processos autossustentáveis. A escala de tempo em que esses processos operam se estende de nanossegundos até bilhões de anos. Entretanto, com toda essa complexidade, as ações fundamentais são importantes. Energia e matéria são trocadas com o ambiente, e a organização das configurações e formas, desde as menores escalas, é compensada por um aumento da desordem ambiental. Um organismo microscópico unicelular mantém suas membranas celulares e estruturas internas à custa das trocas de material com os arredores, colhendo e expelindo substâncias variadas. Quatriliões dessas minúsculas formas de vida podem mudar o planeta.[3] Elas alteram a atmosfera e modificam a química da superfície. Na verdade, realizam geoengenharia e transformam o planeta em algo novo, enquanto constroem suas células ordenadas. Com o passar do tempo, podem até produzir uma atarefada galinha multicelular que deixa atrás de si uma bela trilha de desordem enquanto procura comida e energia.

No momento, só temos um exemplo de vida para estudar: aquela que existe num pequeno planeta rochoso orbitando uma estrela modesta no 14º bilhão dos anos deste Universo. No entanto, nada há a respeito da natureza da vida na Terra sugerindo que ela seja algo além de uma boa amostra dos mecanismos que podem surgir em qualquer outro lugar. Por exemplo, a vida terrestre consiste em carbono, hidrogênio, oxigênio e nitrogênio, mais alguns outros elementos. As características das ligações químicas entre esses compostos são tais que um extraordinário conjunto de estruturas moleculares complexas e energeticamente eficientes podem se formar – de aminoácidos a DNA. Não há nenhum exemplo óbvio de outro conjunto químico no cosmo que possa fazer isso.

Não sabemos realmente quando, como ou por que a vida surgiu, mas é evidente que há alguns pré-requisitos fundamentais. O primeiro é a mistura de elementos necessários para produzir moléculas biologicamente importantes. O segundo é o local, ou a sequência de locais, onde toda essa química é incubada e o que ela pode ocupar. Um terceiro requisito aparece quando as rodas da vida se põem em movimento. Ele é o suprimento de energia, seja na forma de materiais atômicos ou moleculares crus, seja na de energia térmica ou de radiação eletromagnética que proporcione reações químicas. Em resumo, a receita para a vida exige ingredientes, panelas e frigideiras, além de um forno sempre aquecido.

É nessa lista de compras que as conexões entre a vida e seu ambiente cósmico mais amplo entram em foco. Lá atrás eu descrevi como as estrelas constroem os elementos mais pesados do Universo. Elas são panelas de pressão nucleares comprimindo prótons e nêutrons até que eles não consigam se apertar mais. Embora os elementos primordiais, hidrogênio e hélio, sejam os mais abundantes cosmicamente, os próximos da fila são oxigênio e carbono. Em geral eles são fabricados nas profundezas dos núcleos de estrelas massivas, embora alguns também sejam produzidos, por curtos períodos de tempo, nas camadas mais externas de estrelas velhas. Os mais pesados de todos os elementos são produzidos dentro das maiores estrelas, aquelas com mais de oito vezes a massa do Sol, e durante as mortes explosivamente violentas de estrelas como as supernovas. Elementos muito pesados também são produzidos quando objetos como as anãs brancas recebem mais material vindo do espaço. Quando atravessam o limite mágico de Chandrasekhar de resistência à pressão quântica, esses densos restos estelares brevemente comprimem e forjam elementos adicionais, antes de cuspi-los de volta para o Universo numa explosão de supernova.

Com o passar de muito, muito tempo, esses elementos mais pesados poluem os gases interestelares e intergalácticos como se fossem grandes "contaminações" de núcleos atômicos, difundindo-se cada vez mais nas profundezas do espaço. Novas estrelas surgem da condensação desses gases nos locais em que a gravidade consegue vencer a resistência da pressão e da energia, recomeçando o ciclo de formação de estrelas. Como vimos, isso pode ser uma batalha e tanto em alguns locais, e os buracos negros têm a grande responsabilidade de regular e limitar esse processo através do cosmo.

Os detalhes exatos de como essa matéria se condensa para formar novas estrelas e novos planetas são temas de pesquisas científicas de ponta, até porque ainda buscamos outros mundos que possam abrigar vida. Agora temos os meios tecnológicos para detectar e estudar planetas que orbitam outras estrelas, bem como os ambientes de sistemas protoestelares e protoplanetários jovens. A chamada "ciência exoplanetária" é uma revolução.

Desde os filósofos epicuristas da Grécia Antiga, e provavelmente bem antes, nós nos perguntamos se o nosso é apenas um de muitos mundos no cosmo. Finalmente, depois de séculos de tentativas, começamos a descobrir outros sistemas solares.

Estrelas se formam no centro dos densos discos de gás e poeira que coalescem a partir de nebulosas, os quais não são muito diferentes dos discos que se formam ao redor de alguns buracos negros. Esses gordos pratos de material conhecidos como discos protoplanetários podem ter raio mil vezes maior que a distância entre a Terra e o Sol. Planetas se condensam e surgem a partir desses discos de várias maneiras possíveis, complicadas pelos efeitos da dinâmica gravitacional. Depois de alguns milhões de anos, o que antes era uma roda de matéria elegantemente suave e perfeita fica cheia de buracos e calombos por causa desses mundos em coagulação. Ao mesmo tempo que os planetas se formam, o disco de material também vai evaporando. Inundado pela radiação da nova e quente estrela central e das estrelas vizinhas, o disco simplesmente ferve e se esvai. Os astrônomos podem ver isso acontecer, e é algo que impõe um limite fundamental à formação dos planetas. É muito parecido com a mudança de estações na Terra, da fértil primavera para o verão de crescimento preguiçoso, até o inverno. As estrelas e os planetas que sobram de certa maneira são meros fósseis desse episódio de intensa atividade. E como é intensa! Os grandes planetas de um sistema solar como o nosso se formam em cerca de 30 milhões de anos, tempo extremamente curto no grande esquema das coisas – meros 0,3% do tempo de vida da estrela-mãe. Ainda não entendemos muitos detalhes desse processo, mas nossas observações de sistemas alienígenas estão revelando pistas vitais que também têm algo a dizer sobre a possibilidade de vida nesses locais.

Uma dessas placas de sinalização é a riqueza de elementos num disco protoplanetário. Em sistemas exoplanetários totalmente formados, podemos ver isso em vívidos detalhes. O conteúdo de elementos pesados numa estrela é um bom indicador da mistura elementar no material formador de planetas, e os astrônomos podem medir essa quantidade pelo espectro da luz de uma estrela. Esse é um bom indicador da probabilidade de se encontrarem planetas. Quanto mais elementos pesados detectarmos, maior a chance de haver planetas ao redor daquela estrela e maior será a massa típica dos planetas. Isso faz muito sentido. Onde há maiores quantidades de substâncias como carbono e silício existe mais matéria-prima para formar de maneira eficiente embriões de corpos planetários.

A água também desempenha papel importante em sistemas planetários nascentes. A abundância relativamente alta de oxigênio no Universo, em conjunto com as grandes quantidades de hidrogênio disponíveis, significa que moléculas de água aparecem em toda parte. No disco de material ao redor de estrelas jovens a água tem uma função química básica dentro dos gases e dos jovens pedacinhos de material em condensação. Quando a água congela, cria uma boa fonte de material sólido que ajuda a conduzir a aglomeração gravitacional de protoplanetas. Assim como o ambiente em nosso sistema solar aquece quando nos aproximamos do Sol, o disco de material ao redor de uma estrela-bebê também esquenta. De outra forma, a distâncias maiores dessas zonas internas mais quentes, a água congela e realmente ajuda a acelerar o crescimento de grandes pedaços de caroços planetários. Uma fração significativa do interior sólido de planetas como Urano e Netuno é composta de gelo de água exatamente por esse motivo.

A natureza da formação de planetas também é influenciada pelo tamanho da própria estrela. Pesquisas atuais sugerem que estrelas maiores se formam com discos maiores ao seu redor, aumentando a possível eficiência do surgimento de planetas. Os astrônomos também estão descobrindo indícios de que a química que ocorre dentro de um disco protoplanetário também está sob o domínio da estrela-mãe.[4] Esses ambientes em disco são grandes caldeirões para todos os tipos de química atômica e molecular. Moléculas complexas de carbono se formam, se quebram e são transportadas por todo o disco. Nossas observações astronômicas de sistemas estelares jovens revelam muitos quebra-quebras químicos, mas em meio a tudo isso se encontram pistas claras de que os sistemas que produzem estrelas menores exibem uma química diferente daquela dos sistemas onde crescem estrelas massivas. A responsável pode ser a radiação eletromagnética emitida pela própria estrela ainda em formação. Uma grande estrela-bebê produz mais ruído eletromagnético que uma estrela menor. Os fótons podem ao mesmo tempo destruir moléculas frágeis e criar novos caminhos para que outras moléculas se formem. Assim, a composição química dos planetas pode muito bem estar relacionada ao tamanho de sua estrela-mãe, entre outras coisas.

Por acaso, a Terra se localiza numa órbita ao redor de sua estrela-mãe que permite uma temperatura de superfície temperada. A água líquida flui livremente. Bebidas podem ser consumidas na praia. Não entendemos muito bem quão importante é tudo isso, mas parece que a presença de água líquida num planeta é um elemento importante para a vida. A água é ao mesmo tempo um solvente bioquímico essencial e um fator de contribuição planetário para a geofísica e para o clima. Também aqui o tamanho e a idade de uma estrela são fatores importantes para a determinação dos regimes orbitais que podem abrigar esse planeta.

Tudo isso significa que achar um planeta que tenha a riqueza química e a energia correta para produzir e sustentar organismos depende de muitos fatores. Isso não prova que mundos assim sejam necessariamente muito raros ou improváveis, só que eles dependem de toda uma cadeia de passos interligados, alguns dos quais já foram examinados aqui. Nossa próxima etapa é encontrar a conexão entre esses fenômenos mais locais e aqueles que ocorrem numa escala verdadeiramente cósmica.

O primeiro lugar onde devemos procurar é lá em cima, bem alto, em outras galáxias. Cada uma dessas grandes reuniões de estrelas no Universo atuais é o resultado de bilhões e bilhões de anos de evolução. Matéria escura, gás, poeira e estrelas coalescem, orbitam, colidem, explodem, esvoaçam e circulam nesses sistemas. Mas, como vimos, nem todas as galáxias são iguais, e suas propriedades globais podem afetar os detalhes de maneira significativa. Por exemplo, a mistura geral de elementos disponível hoje numa galáxia pode ter um efeito dominó sobre a produção de estrelas e planetas no futuro. Menos riqueza de elementos pode significar resfriamento menos eficiente de gás de nebulosas, o que, por sua vez, significa que menos estrelas se formarão na galáxia. A lista de ingredientes elementares também influencia o número relativo de estrelas grandes e pequenas. Menos elementos pesados forjados nessas estrelas representam menos planetas formados ao redor de estrelas de gerações posteriores. E então, para piorar tudo, uma estiagem desses elementos pesados tem impacto direto na química básica que acontece ao redor de planetas em formação. Essa química espacial forma muitas moléculas orgânicas baseadas em carbono. Ainda não compreendemos totalmente quão complexas as moléculas podem ser nesse estágio, ou quantas delas podem acabar na superfície dos planetas – especialmente em planetas pequenos e rochosos, parecidos com a Terra. Porém, supomos que eles representem uma mistura "pré-biótica" para a vida. Em vez de ter de esperar milhões de anos para que um mundo jovem construa sozinho moléculas complexas em alguma poça, tais mundos poderiam receber uma rica mistura pré-pronta do espaço. Isso é apenas uma especulação não de todo impossível.[5]

Você pode escolher qualquer um desses passos como obstáculo potencialmente crucial para que uma galáxia consiga gerar o tipo de ambiente de onde nós evoluímos. Podemos adicionar vários outros fatores na mistura. Um ambiente sujeito a rajadas intensas de radiação cósmica, seja de fótons ou de partículas, talvez não seja o melhor para o crescimento de uma química rica em moléculas complexas. Por exemplo, eu apostaria que nenhum planeta parecido com a Terra existe dentro dos jatos produzidos pela alimentação de buracos negros supermassivos. Esse seria um lugar horroroso para uma bioquímica delicada. Mesmo as cercanias de um fenômeno tão intensamente destruidor como esse podem ser prejudiciais a mundos que estivessem capacitados para abrigar a vida. De modo mais geral, descobrimos também como buracos negros podem moldar o Universo ao redor deles. A pergunta-chave agora é descobrir como isso afeta a cadeia de eventos que leva à formação de estrelas e planetas que têm o potencial de gerar, incubar e sustentar a vida. Para enfrentar essa questão, temos de voltar no tempo até a origem dos buracos negros supermassivos.

Os QUASARES MAIS distantes existem num Universo muito jovem, que mal completou 1 bilhão de anos. Como vimos, quasares são produtos do apetite dos maiores e mais bem abastecidos buracos negros. Cercados por matéria em acreção, eles emitem uma prodigiosa quantidade de energia. Esses buracos negros supermassivos devem ter se formado quase ao mesmo tempo que as primeiras gerações de estrelas no Universo. Isso é um grande enigma, porque achamos que eles se formam no Universo de hoje a partir do colapso catastrófico de enormes restos estelares. Assim que a massa de um núcleo estelar sem combustível, ou de um objeto tal como uma estrela de nêutrons, excede certo limite, só há um caminho a seguir: para baixo e para dentro. Não há força de pressão conhecida que resista ao colapso de um objeto assim para dentro de seu horizonte de eventos. Mas isso produz um buraco negro bebê com apenas algumas poucas massas solares. Mesmo que ele devore matéria no ritmo necessário para produzir algo com a potência de um quasar, isso só equivaleria a umas poucas massas solares por ano. Ainda que com suprimento contínuo de comida, levaria centenas de milhões de anos para ele alcançar a escala dos buracos negros supermassivos. Então de onde vieram esses primeiros abismos gigantes?

Mais uma vez, o diabo mora nos detalhes. Uma teoria diz que as primeiras gerações de estrelas no Universo foram responsáveis pela produção de buracos gigantes. Comparados aos objetos estelares de hoje, algumas dessas primogênitas poderiam ser incomumente grandes, com centenas de vezes o tamanho do Sol. Os gases puros de hidrogênio e hélio do Universo jovem se resfriam com menos eficiência que o gás interestelar poluído atual, então, uma nebulosa consegue manter sua pressão e não ceder enquanto a gravidade acumula cada vez mais massa. Isso pode resultar na formação de gigantes estelares.[6] Assim que a fusão nuclear se inicia, essas estrelas queimam rapidamente e produzem buracos negros. Se dois deles se juntarem e engolirem o gás circundante, podem logo alcançar tamanhos supermassivos. Mas não sabemos com certeza se é assim. Talvez não haja alimento bastante ao redor desses buracos para que cresçam tão depressa.

Talvez, também, sob as condições corretas, a massa crescente de uma galáxia jovem consiga produzir um buraco negro gigante diretamente em seu centro. Essa é uma possibilidade que muitos cientistas estudaram detalhadamente. Matéria se derrama dentro do poço gravitacional de uma galáxia-bebê. Uma bolha de gás enorme pode se formar e colapsar sob seu próprio peso, e então simplesmente ultrapassar todas as etapas que levariam à criação de bilhões de estrelas individuais.[7] O resultado final é um buraco negro supermassivo formado diretamente, fresquinho da fábrica. Mas isso é incrivelmente difícil – é preciso que o hidrogênio e o hélio sejam absolutamente puros e as condições sejam perfeitas para que todo esse gás muitíssimo denso se condense num único ponto.

Uma terceira via que, pode-se argumentar, é a mais plausível tem a ver com o caos natural durante a formação de estruturas no Universo. Estamos praticamente certos de que as maiores galáxias do cosmo começaram como agrupamentos próximos compostos por galáxias-bebês menores. Elas caíram juntas para dentro de seu poço gravitacional mútuo, colidindo e se fundindo para emergir como uma galáxia gigante. O colosso a 12 bilhões de anos-luz do começo deste livro representa uma etapa não muito posterior a esse tipo de aglomeração.

Simulações desses ambientes primordiais em supercomputador indicam que o processo de colisão e fusão das galáxias-bebês pode gerar enormes redemoinhos turbulentos.[8] Não é diferente de quando você rema. Por trás da pá do remo, a água corre borbulhante para preencher o "vale" produzido pelo seu esforço. Essas regiões turbulentas atraem material das galáxias em colisão, reunindo-o num disco gigantesco e instável. No interior desse disco, ondas espirais direcionam o gás até o centro. Ali o gás se concentra num nível que ultrapassa o limite da instabilidade, o ponto de equilíbrio crítico descoberto pela primeira vez por James Jeans. A gravidade assume o controle, e uma estranha estrela se forma, mais de 10 mil vezes mais pesada que o Sol. Numa piscadela cósmica, o núcleo desse objeto cede, e a matéria desaba para dentro do horizonte de eventos a fim de formar a gigantesca semente de um buraco negro supermassivo. Tudo ocorre tão velozmente que o resto do gás galáctico não tem tempo de se dispersar nem de se condensar em estrelas saltitantes. Isso dá ao buraco negro a oportunidade de devorar o gás e crescer depressa.

Ainda não sabemos com certeza se algum desses três cenários ocorreu no Universo jovem. Galáxias novas definitivamente colidem e coalescem. Talvez isso contribua para trazer mais e mais matéria fresca até as goelas famintas dos buracos negros bebês que ali estão aninhados, permitindo que eles cresçam. Pode ser também que os vastos vórtices turbulentos de pedaços galácticos em colisão sejam capazes de gerar pesadas nuvens de gás que logo colapsam em buracos massivos. Assim como o bico glutão de um filhote de cuco sorrateiramente plantado em outro ninho, os buracos podem engolir toda a comida. É certo que alguma coisa está produzindo buracos negros supermassivos nesses primeiros bilhões de anos de existência do Universo. Uma vez que é nessa época que também surgem as primeiras gerações de estrelas, deve haver muitas oportunidades para que as propriedades dos buracos negros se correlacionem às das estrelas. Em alguns casos, talvez vários buracos negros vizinhos cósmicos capturem uns aos outros em sua mútua atração gravitacional e se fundam. Certamente já vimos mais de um buraco negro gigante em sistemas como o longínquo redemoinho em 4C41.17, que meus colegas e eu tivemos a oportunidade de conhecer tão bem. Esses abraços apertados ao mesmo tempo impulsionariam o crescimento dos buracos negros mais massivos e deixariam um cartão de visita no enxame estelar ao seu redor.

Se um buraco negro central e a nuvem ou bojo de estrelas num centro galáctico se formarem ao mesmo tempo, eles podem transmitir suas propriedades um para o outro. Uma grande nuvem de gás em condensação, talvez mexida até formar um vórtice, pode produzir ao mesmo tempo um enorme buraco negro e uma enorme coleção de novas estrelas. Quantidade menor de material poderia produzir um buraco negro menor e menos estrelas. Já que uma concentração de matéria colapsa para o interior de seu horizonte de eventos, a região inteira logo cessa suas operações. O fluxo de energia criado pelo buraco negro age para varrer qualquer gás que tenha sobrado e evita que outras coisas cresçam por perto. Isso efetivamente põe uma etiqueta com data sobre todo o processo e se reflete na relação matemática que vemos hoje entre a massa dos buracos negros e as estrelas dos núcleos galácticos. Processo similar também pode ocorrer em fases posteriores do crescimento dos buracos negros: quando material do espaço intergaláctico cai dentro de uma galáxia, ele pode disparar a formação de novas estrelas; ao mesmo tempo que aciona a máquina de gravidade central. Desse modo, o crescimento de um buraco negro e a formação de estrelas podem ocorrer juntos.

Se voltarmos ainda mais no tempo cósmico, encontraremos algo mais, um efeito que envolve os buracos negros menores na história conjunta de estrelas e galáxias. Como eu já disse, cerca de 380 mil anos depois do big bang, o Universo se resfriou o bastante para se tornar transparente. Até então ele era opaco, pois núcleos quentes de hidrogênio, hélio e elétrons soltos zuniam por toda parte, e os fótons, formando uma grossa sopa, eram absorvidos e reabsorvidos pelas partículas. Nessa época primitiva, a matéria escura estava espalhada e difusa, um componente sombrio aguardando a gravidade assumir o controle. Mas quando o cosmo se resfriou a uns poucos milhares de graus a energia típica dos fótons caiu abaixo de um limite importante. Já não era tão provável que fossem absorvidos e reemitidos na nuvem dos elétrons e núcleos que tentavam se acoplar uns aos outros. Os átomos poderiam se formar sem interferência, e os fótons voavam livremente pelo Universo, transformando-se na radiação cósmica de fundo, os restos desse estágio quente. Esse foi um momento crítico na história do Universo.

Para um observador hipotético, porém, isso marcou o começo daquele que talvez tenha sido o episódio mais chato vivido pelo cosmo. Durante os cerca de 100 milhões de anos seguintes, o Universo ficou escuro e cada vez mais frio. Era como um inverno particularmente rigoroso no norte da Europa. Os astrônomos se referem a esse período como "idade das trevas" do cosmo – e por uma boa razão, já que não havia nada interessante, não havia estrelas, não havia galáxias, não havia nada para iluminar o cosmo.[9] Claro, a matéria já estava ocupada, lentamente se reunia no fundo dos vales e concavidades escavados por ela mesma no espaço-tempo. No mais, tudo estava quieto.

Por fim a gravidade levou a melhor. As primeiras estrelas se formaram e sua radiação preencheu o vazio. Depois de centenas de milhões de anos de solidão, o gás primordial do Universo foi soprado por fótons energéticos mais uma vez. Luz ultravioleta arrancou elétrons de seus átomos, e então o cosmo se tornou um grande queijo suíço de gás frio e escuro cheio de buracos aquecidos e ionizados, cercado por estrelas quentes e fulgurantes. Isso alterou de forma imediata e irrevogável o ambiente para a formação das gerações seguintes de estrelas. Para os astrônomos, esta tem sido e ainda é uma linha de pesquisa vital, porque o que aconteceu a seguir foi de tremenda importância para estabelecer toda a história de estrelas e galáxias que nos levou até onde estamos.

E é aqui, possivelmente, que o fenômeno dos buracos negros aparece para subverter e alterar de forma drástica as próprias pedras fundamentais do jovem Universo recém-desperto. Em 2011, um intrigante estudo foi produzido por um grupo de astrofísicos liderado pelo astrônomo uruguaio Felix Mirabel.[10] A ideia deles é enganadoramente simples. Quando os cientistas tentam imitar as condições físicas do cosmo adolescente com sofisticadas simulações de computador, cada vez mais aparecem pistas indicando que as primeiras estrelas podem não ter se formado individualmente, mas sim com irmãos e irmãs. No Universo atual, a maior parte das estrelas é parte de um par ou de um grupo maior. Parece que, quando as condições são férteis para a formação de estrelas, a natureza acha mais fácil produzi-las em conjunto, geralmente em órbita mútua. É uma boa aposta dizer que as condições de 13 bilhões de anos atrás teriam produzido muitos pares de estrelas, as binárias.

Entretanto, nenhuma estrela é igual a outra, e é provável que, se duas estrelas massivas nascem como binárias, uma delas vai morrer antes da outra. Assim que consumir seu combustível nuclear, a estrela grande só pode fazer uma coisa: implodir e formar um buraco negro com algumas vezes a massa do Sol. Na configuração correta, o buraco negro então começa a consumir sua companheira. Matéria estelar será arrancada e varrida para um disco de acreção ao redor e para dentro do buraco negro. Nesse processo familiar, o aquecimento do disco por atrito libera energia na forma de fótons que alcançam o regime dos raios X. É precisamente o cenário que ocorre em nosso próprio protótipo local de sistema de buraco negro, em Cygnus X-1, detectado em 1964 por telescópios rudimentares de raios X. Em Cygnus X-1, uma estrela supergigante azul fornece matéria ao disco ao redor de um buraco negro com cerca de dez massas solares.

Mirabel e seus colegas perceberam que, se esses pares de estrelas e buracos de fato ocorreram no fim da idade das trevas universal, o ambiente cósmico pode ter sido radicalmente alterado. Raios X têm poder de penetração muito maior que fótons de luz ultravioleta e chegam muito mais longe no Universo antes de serem aprisionados e absorvidos. Mas eles têm efeitos similares nos átomos, arrancando elétrons e criando uma carnificina eletrostática. Nesse cenário, a energia de buracos negros bebês que comem suas estrelas companheiras chega a vastas distâncias. Ela altera fundamentalmente a forma e a configuração da estrutura no Universo jovem. Em vez de uma topologia de queijo suíço de átomos e moléculas frios cheios de buracos ionizados quentes, o cosmo pareceria cozinhar de maneira mais uniforme. Isso ajuda e atrapalha a formação de novas estrelas. O aquecimento extra do gás através desses fótons de raios X desaceleraria a produção da próxima fornada de objetos estelares. De maneira nada intuitiva, entretanto, raios X que penetrem profundamente nos núcleos mais densos de galáxias-bebês podem até mesmo encorajar a química rudimentar do gás hidrogênio, abrindo uma nova rota para a condensação de objetos.

Isso acontece porque hidrogênio atômico puro tem mais dificuldade de se resfriar. Seus átomos se batem e se espalham uns contra os outros, mas há poucas maneiras de transformar energia de movimento em radiação eletromagnética que possa escapar. Isso é diferente no caso das moléculas de hidrogênio, cujos dois átomos desse elemento estão unidos por uma ligação química. A molécula pode girar como um bastão de baliza. Ela balança e vibra como uma mola com pesos nas duas pontas. Assim, quando *moléculas* de hidrogênio batem e colidem umas contra as outras, parte daquela energia de movimento é transferida para a rotação e vibração. Daí a energia escapa na forma de fótons infravermelhos de baixa energia. Isso é uma rota nova e única para que o gás se resfrie. A energia de movimento, a energia térmica do gás, se transfere para as moléculas em vibração, e então é cuspida na forma de fótons, que levam a energia embora. Por essa razão, o hidrogênio molecular se resfria muito mais rápido que os átomos simples e solitários de hidrogênio.[11]

Mas fazer moléculas de hidrogênio *in situ* é um processo terrivelmente ineficiente. Por incrível que pareça, a influência destruidora dos fótons de raios X é muito benéfica a essa química simples. Raios X podem arrancar elétrons de átomos e, ao fazer tal coisa, fornecer um atalho para que os núcleos atômicos se unam, como um fluido de isqueiro eletrostático. As moléculas de hidrogênio que se resfriam depressa facilitam o trabalho da gravidade, de reunir material, uma vez que a pressão do gás é reduzida. Embora fótons menos energéticos não possam penetrar nas densas nuvens de gás, os raios X são capazes de fazê-lo. Ao fabricar moléculas de hidrogênio nessas regiões densas, eles colocam o gás no caminho mais rápido para produzir novas estrelas. Esse cenário teórico decerto é plausível. Nesse caso, não apenas os buracos negros supermassivos desempenham um papel único e básico na formação das estruturas do Universo, mas os buracos negros pequenos também podem ter sido de importância fundamental na aurora da astrofísica estelar.

Nossa conclusão é que os primeiros buracos negros – os grandes e os pequenos – podem deixar uma impressão digital em todas as gerações estelares e ambientes galácticos subsequentes. A produção de novos elementos e as oportunidades para os sistemas planetários dependem desses efeitos primordiais, assim como do comportamento de longo prazo das galáxias e dos buracos negros que elas contêm. Mas nem todos os lugares são criados de forma idêntica, e a maioria das estrelas que estão nos núcleos de lugares como aglomerados galácticos agora é muito velha. Qualquer elemento que suas irmãs moribundas tenham cuspido no vazio é dispersado no gás quente intergaláctico desses vastos cadinhos gravitacionais. Uma parte muito pequena dos elementos é reciclada numa forma que pode se transformar em novas estrelas ou planetas. Os buracos negros são os grandes responsáveis por essa situação. Dez bilhões de anos atrás, eles restringiram e limitaram o que seria um crescimento explosivo de estrelas e elementos. Desde então, continuaram a manter a matéria a distância. A quantidade de buracos negros que encontramos nas grandes montanhas poeirentas de material emissor de radiação submilimétrica de 10 bilhões de anos atrás corresponde à sua formação anterior dentro dos respingos fundidos de galáxias-bebês. Também corresponde a um panorama no qual buracos negros massivos frequentemente se fundem uns com os outros, deixando para trás sinais claros da maneira como as estrelas se espalham por centros galácticos. Numa escala muito menor, vemos aspectos do mesmo comportamento em galáxias individuais. Aquelas que têm grandes enxames de estrelas centrais velhas abrigam os buracos negros mais massivos. Essas galáxias também são limitadas quanto ao número de novas estrelas capazes de produzir nos últimos bilhões de anos, e quanto ao lugar que puderam produzi-las.

Alguns desses lugares devem representar um terreno muito menos fértil, pelo que conhecemos dos requisitos cósmicos para a vida. Eles podem ser mais pobres em elementos em condensação, e provavelmente são mais pobres em estrelas novas com novos e imaculados mundos. Mas será que isso é verdade? Esses locais são mesmo pouco favoráveis à vida? O desafio que enfrentamos é que só temos um exemplo de vida para servir de contexto: por enquanto, só conhecemos um planeta como a Terra. Mas eu diria que essa informação ainda nos permite aprender algo fundamental. Existimos num local específico e numa época cósmica específica, numa fatia particular de uma galáxia particular, num tipo particular de região no Universo. Uma vez que esse ambiente integra a evolução conjunta dos buracos negros e das galáxias que os abrigam, nós podemos nos perguntar que coisas especiais nos ligam diretamente a essa história.

# 8. Origens: parte II

Nossa existência neste lugar, neste cantinho microscópico do cosmo, é transitória. Sem a menor consideração por nossos anseios e nossas necessidades, a natureza encena seus grandes espetáculos em escalas de espaço e de tempo quase impossíveis de compreender. Talvez o único consolo que nos reste seja nossa infinita capacidade de fazer perguntas e buscar respostas sobre o lugar em que nos encontramos. Isso não é tão ruim. A ignorância é muito mais assustadora que o conhecimento. Uma das perguntas que nos fazemos agora é quão profundamente nossas circunstâncias específicas estão conectadas ao majestoso esquema universal de estrelas, galáxias e, claro, buracos negros. De vez que agora percebemos como a origem dos buracos negros e das galáxias estão intimamente ligados, e como a subsequente evolução de ambos se entrelaça, é razoável questionar o que devemos a esses "furos de alfinete" no espaço-tempo. Felizmente vivemos numa era na qual podemos começar a responder a essa questão.

Nosso Universo gloriosamente vasto contém pelo menos 100 bilhões de galáxias. Gerações de observações cuidadosas, mapeamentos e extrapolações possibilitaram essa estimativa. Todos esses grandes sistemas estelares (exceto apenas alguns deles) são invisíveis a olho nu. De fato, os menores e mais obscuros sistemas constituem a maioria. Galáxias anãs, versões em miniatura dos confusos enxames estelares que chamamos de galáxias elípticas, são os sistemas mais numerosos do cosmo. É muito difícil localizá-las, contudo, porque consistem apenas em uns poucos milhões de estrelas e não têm mais que algumas centenas de anos-luz de diâmetro. São tão pálidas que somente os observadores mais persistentes e mais bem equipados são capazes de avistá-las. As galáxias maiores e mais facilmente visíveis se dividem em categorias amplas. Os grandes discos das espirais quase sempre são enormes. Eles podem se espalhar por centenas de milhares de anos-luz e contêm 1 trilhão de estrelas. Longe dos ambientes intensos dos aglomerados galácticos, eles representam mais de 70% de todos os sistemas maiores. Galáxias elípticas também podem ser gigantescas, mas não representam mais que 15% de todas as galáxias grandes.

Fazemos parte desse grande ecossistema galáctico, e antes de finalizar meu argumento a respeito da relação entre buracos negros e a vida no cosmo terei de escavar mais fundo o nosso pequeno bioma.

A própria Via Láctea é um grande sistema até para os padrões das galáxias espirais. Seus 200 bilhões de estrelas equivalem aproximadamente a uma massa 100 bilhões de vezes maior que a do Sol, e seu disco se espalha por um diâmetro de 100 mil anos-luz. Nossa estrela-mãe e nosso planeta natal se localizam perto da borda mais externa desse vasto prato, mas isso não chega nem perto da borda de matéria nele contida. As estrelas visíveis representam apenas um aspecto dessa roda de gás, poeira e matéria escura em lenta rotação orbital em torno do centro. A cada 210 milhões de anos nós completamos outra circum-navegação em torno da Via Láctea. Desde que o Sol se formou, mais de 4,5 bilhões de anos atrás, num berçário de novas estrelas há muito dissipado, percorremos esse circuito galáctico pouco mais de vinte vezes.

Nossa vizinha mais graúda é a galáxia de Andrômeda, separada da Via Láctea por um abismo vazio de 2,5 milhões de anos-luz de espaço intergaláctico.[1] Nossos olhos só conseguem enxergar os contornos mais discretos de uma mancha embaçada em sua localização. Na verdade, sua luz se espalha pelo céu numa faixa seis vezes maior que a Lua quando está cheia. É uma galáxia espiral gigante, mas bem diferente da Via Láctea. Enquanto nossa galáxia ainda produz ativamente algumas estrelas novas todos os anos, Andrômeda atingiu o final de sua meia-idade. Ela ainda não deixou de ter estrelas-bebês, mas que se formam na taxa de um terço ou um quinto da observada na Via Láctea. Além disso, a nuvem central

FIGURA 16. Galáxia espiral conhecida como NGC 6744, considerada uma estrutura bem parecida com a da nossa galáxia, a Via Láctea. Ela está a 30 milhões de anos-luz de distância de nós.

de estrelas antigas de Andrômeda é bem mais proeminente que a da Via Láctea. Encastelado dentro dessa colmeia estelar central de Andrômeda há um buraco negro com massa 100 milhões de vezes maior que a do Sol. Como na maioria das outras galáxias, esse buraco tem 1 milésimo da massa das estrelas antigas que o cercam.

Daqui a 4 ou 5 bilhões de anos, o espaço-tempo curvo que contém as massas de Andrômeda e da Via Láctea vai fazer com que as duas se fundam. De fato, elas já estão caindo uma em direção à outra. Embora esse encontro vá ocorrer a mais de 150 quilômetros por segundo, não será uma colisão no sentido tradicional do termo. Há tanto espaço entre os pequenos pontinhos de matéria condensada na forma de estrelas que as galáxias vão passar e fluir uma pela outra com pouca violência. Qual será o grau de intimidade desse vasto abraço? Isso ainda não está muito claro, e ele vai durar centenas de milhões de anos. Por fim, o conteúdo combinado desses dois grandes sistemas irá se assentar em algo parecido com uma galáxia elíptica, e Andrômeda e a Via Láctea deixarão de existir.[2]

Independentemente do resultado final, quando a lenta colisão começar, o Sol terá consumido todo o hidrogênio que lhe serve de combustível no núcleo, para então entrar em colapso, quando a gravidade agir contra a pressão enfraquecida do centro. O interior em implosão vai ficar cada vez mais quente e inundará as camadas superiores da atmosfera solar de radiação, inflando-as. O Sol vai crescer e se tornar uma estrela gigante vermelha, grande e inchada, engolfando o que tiver restado dos planetas internos, incluindo a Terra. Ainda que nossos descendentes distantes não estejam por perto para testemunhar esses eventos, eles sem dúvida marcarão o fim de nosso local de nascimento. Este pequeno torrão de rocha e água que produziu vida, desde organismos unicelulares microscópicos até seres como nós, em apenas alguns bilhões de anos será totalmente apagado. Mas até lá teremos uma chance de entender os mecanismos da Via Láctea e como compará-los com os de todas as outras galáxias.

Vivemos numa época de exploração cósmica sem precedentes. As ferramentas da astronomia moderna não se parecem em nada com o que veio antes em toda a história de nossa espécie. Temos a capacidade tecnológica de construir instrumentos refinados como o Observatório de Raios X Chandra e o Telescópio Espacial Hubble. Também podemos cooptar os poderes da automação e das comunicações globais para examinar volumes previamente inimagináveis do Universo. De fato, grande parte da astronomia do futuro vai envolver um grau muito rico de mapeamento e de coleta de informações em níveis nunca antes imaginados. Novos telescópios gigantes varrerão o céu e a cada semana produzirão um catálogo de centenas de milhões de objetos cósmicos, entre estrelas e galáxias. E vão repetir isso por diversas e diversas vezes. Farão ao Universo o que uma coisa tão comum quanto uma câmera de segurança faz numa rua da cidade: monitorar constantemente e ampliar nossa biblioteca de dados, produzindo um mapa do cosmo com detalhes cada vez mais minuciosos, tanto no espaço quanto no tempo.

Nossos primeiros passos em direção a esse novo tipo de astronomia já foram dados. Um desses esforços é o projeto conhecido como Levantamento Digital do Céu da Fundação Sloan (Sloan Digital Sky Survey).[3] Esse extraordinário empreendimento já pesquisou mais de 35% do céu noturno da Terra desde o ano 2000, detectando 500 milhões de objetos astrofísicos. O modesto telescópio do Sloan tem apenas pouco mais de 2,4 metros de diâmetro, mas pode varrer região após região do céu sobre o Novo México, com sua câmera digital registrando incontáveis fótons cósmicos. Mais de 1 milhão dos objetos que o Sloan captou são galáxias, amostra significativa do Universo local que penetra 2 bilhões de anos nas camadas do tempo cósmico. Mas como é possível filtrar tamanha riqueza de dados?

Em 2007, um consórcio de astrônomos lançou um projeto chamado Galaxy Zoo.[4] A ideia era simples, mas sua realização representava um desafio. As galáxias descobertas pelo Sloan deviam ser classificadas – precisávamos dar um jeito de colocar os rótulos físicos corretos em todos os objetos detectados para extrair fatos estatísticos robustos sobre eles. As caracterizações são familiares: espirais, elípticas e subdivisões internas a esses reinos. Esse é o tipo de classificação que pode parecer simples – certamente um computador poderia ser usado para "reconhecer" galáxias. Entretanto, a natureza é complicada, e erros de apenas alguns pontos percentuais podem bagunçar tudo. Há uma enorme gama de variação natural nas estruturas, assim como peculiaridades confusas – para não falar dos soluços nos dados. Até algoritmos muito espertos podem se enganar, em especial quando há milhões de sistemas para trabalhar.

Desde o advento da astronomia com telescópios, quatrocentos anos atrás, o olho e o cérebro humanos provaram que são excelentes analisadores de imagens. Com apenas um pouco de treinamento e alguma prática, um ser humano consegue distinguir tipos galácticos com incrível eficiência. É como olhar para flores secas ou insetos esmagados: depois de um tempo você pode identificar as amostras quase sem hesitação. Uma margarida, um lírio, uma rosa, outra margarida. Um besouro, uma mosca, outra mosca, um mosquito – a mente humana é uma brilhante máquina de identificar padrões. O problema real que o projeto Galaxy Zoo enfrentou foi a tremenda escala de sua meta. Os cientistas queriam classificar *um milhão* de galáxias; eles também queriam pelo menos vinte identificações em duplicata para cada galáxia possível, a fim de eliminar os erros. Nem mesmo um grupo de cientistas dedicados teria tempo ou perseverança para completar a tarefa.

A solução foi canalizar o poder da colmeia humana para um "projeto coletivo" de astronomia jamais visto. Assim que foi lançado, o Galaxy Zoo solicitou a ajuda de voluntários pela internet. Um mês depois de seu apelo por olhos humanos, 80 mil pessoas arranjaram tempo para olhar dezenas de vezes aquele milhão de galáxias. Eram cientistas, estudantes, motoristas de ônibus, aposentados, astrônomos amadores, crianças, atletas, escritores, artistas, médicos – indivíduos de todos os tipos. Esse foi um exemplo fantástico do espírito alegre e satisfatório da cooperação. Apenas um ano depois, a incrível quantidade de 150 mil pessoas tinha feito mais de 50 milhões de classificações. O projeto continua até hoje, ampliando o nível de detalhamento das galáxias e dos novos dados dos enormes arquivos acumulados pelo Telescópio Espacial Hubble em duas décadas de trabalho.

Enormes conjuntos de dados do tipo que foi reunido pelo Galaxy Zoo permitiram aos astrônomos enfrentar questões que um dia foram desafios quase impossíveis. É como ter dados do censo de um continente inteiro, e não algumas poucas vizinhanças obscuras e peculiares. A maneira exata de interpretarmos esses resultados ainda vai ser definida nas próximas décadas, mas por ora já podemos ruminar algumas descobertas mais interessantes. Uma das principais para nós é o elo entre as propriedades de uma galáxia e as de um buraco negro supermassivo por ela abrigado. Finalmente temos uma maneira de evitar as peculiaridades confusas de galáxias individuais e, em vez disso, fazer uma comparação com milhões de sistemas parecidos.

Descobrimos que há diferenças significativas entre os buracos negros supermassivos dentro de galáxias elípticas e aqueles no interior de galáxias espirais. Nas galáxias elípticas de menor massa atuais, os buracos negros de menor massa também são os mais ativos – eles ainda estão se alimentando e produzindo energia. O oposto é verdade em galáxias espirais: em sistemas assim, são os buracos negros *mais* massivos que produzem mais energia. Isso parece uma incrível mudança de comportamento, até percebermos que os buracos negros de maior massa em galáxias espirais têm mais ou menos o mesmo tamanho que os buracos negros de *menor* massa em galáxias elípticas.

Podemos interpretar isso da seguinte forma: no Universo atual, os buracos negros de maior massa estão praticamente aposentados. Não importa onde eles estejam, a maioria terminou sua refeição, e é quase certo que não vão se acender como quasares novamente. Eles passam fome. Qualquer atividade que exibirem será modesta – o bastante, por exemplo, para regular o fluxo e o resfriamento de matéria nas profundezas de um aglomerado galáctico. Os buracos negros de menor massa, que têm apenas alguns milhões ou algumas dezenas de milhões de massas solares, são os atores principais do Universo ao nosso redor. Eles ainda estão crescendo, embora de maneira gentil e esporádica. Assim, os quasares e as grandes galáxias elípticas acabaram se cansando depois de largarem na frente, enquanto as espirais e seus buracos negros mais modestos preferiram aguardar. Esse é o exemplo definitivo de corrida entre lebres e tartarugas. De fato, algumas observações sugerem que o nível de crescimento de buracos negros que vemos hoje nas tartarugas é maior que alguns bilhões de anos atrás. Só agora, depois de quase 14 bilhões de anos, eles finalmente entraram no ritmo.

Mas então em que lugar a Via Láctea figura entre essas grandes tartarugas? A resposta revela algo muito profundo, mas primeiro temos de entender como chegar lá. Quando os astrônomos falam de buracos negros supermassivos que se alimentam de matéria, eles mencionam "ciclos de trabalho", parecidos com a agitação episódica das roupas dentro de uma máquina de lavar. A velocidade do ciclo de trabalho de um buraco negro descreve quão rapidamente ele pode alternar entre se alimentar de matéria e ficar em silêncio. A distribuição periódica das grandes bolhas que flutuam em aglomerados galácticos é o excelente exemplo de um ciclo de trabalho visível. Detectar a presença de buracos negros é bem mais fácil quando eles estão "ligados". Quanto mais rápido for esse comportamento cíclico, mais buracos negros você poderá detectar num dado instante numa região do cosmo. É como estar numa sala completamente escura repleta de camundongos muito famintos. Se você espalhar alguns pedaços de queijo, os corredores mais ligeiros vão pegar migalha por migalha, e você pode contar muitos deles se ficar ouvindo. Os mais lentos vão fazer pausas maiores entre um petisco e outro, e você vai contar menos deles em dado momento qualquer.

O resultado de levantamentos como o Sloan e o Galaxy Zoo indica que esse ciclo de trabalho está relacionado ao conteúdo estelar geral de uma galáxia.[5] Tais conteúdos são uma pista de importância fundamental para a natureza do sistema galáctico. As estrelas numa galáxia podem ser avermelhadas, amareladas ou azuladas; estrelas azuis são as de maior massa e, portanto, as que vivem menos tempo, consumindo seu combustível nuclear em poucos milhões de anos. Isso significa que, se você detectar estrelas azuis no céu noturno, estará vendo sistemas estelares jovens, indicativos de processos ativos de nascimento e morte de estrelas. Os astrônomos descobriram que, se você somar toda a luz que vem de uma galáxia, a cor geral tende a cair numa categoria mais avermelhada ou mais azulada. Galáxias vermelhas tendem a ser elípticas e galáxias azuis tendem a ser espirais. Entre esses dois grupos de cor está o que se considera um lugar de transição, onde os sistemas aparentam se tornar mais vermelhos, quando suas estrelas azuis morrem e não são mais substituídas. Sem qualquer senso de ironia ou de lógica de mistura de cores, os astrônomos chamam essa zona intermediária de "vale verde".

Surpreendentemente, foram as maiores galáxias espirais dentro do vale verde que, nos últimos bilhões de anos, exibiram os maiores ciclos de trabalho de buracos negros. Elas são o lar dos buracos negros gigantes que crescem e gritam com maior regularidade no Universo moderno. Essas galáxias contêm o equivalente a 100 bilhões de vezes a massa do Sol em estrelas. Se você olhar para uma delas, a chance de ver os sinais do almoço de um buraco negro é maior que em qualquer outra variedade de galáxia espiral. Uma em cada dez dessas galáxias contém um buraco negro consumindo matéria – em termos cósmicos, elas estão ligando e desligando constantemente.

A conexão física entre uma galáxia que está no vale verde e as ações de seu buraco negro central é um enigma. Essa é uma zona de transição, e a maior parte das galáxias do Universo é mais vermelha ou mais azul. Um sistema no vale está em processo de mudança, talvez até não esteja mais formando estrelas novas. Sabemos que buracos negros supermassivos podem ter esse efeito em outros ambientes, tais como aglomerados galácticos e grandes galáxias jovens. Essas ações podem estar "esverdeando" as galáxias, ou as circunstâncias que causam a transformação de uma galáxia facilitam a alimentação do buraco negro.

À medida que estudamos outras galáxias espirais no Universo próximo, encontramos evidências de que os buracos negros bombeadores de mais energia influenciam os sistemas que os abrigam por vários milhares de anos-luz. Em alguns casos, a feroz radiação ultravioleta e de raios X oriunda de matéria que cai nos buracos negros pode impulsionar regiões de "ventos" de gás aquecido para o exterior. Esses ventos sopram pelas regiões de formação de estrelas de uma galáxia como as massas de ar quente se espalham sobre o território de um país. Não está muito claro que impacto isso causa sobre a produção de estrelas e de elementos químicos, mas é uma força poderosa. Da mesma maneira, o gatilho para que o buraco central produza uma emissão de energia tão violenta pode influenciar a distribuição mais geral desses sistemas. Por exemplo, a queda de uma galáxia anã capturada pelo poço gravitacional de uma galáxia maior agitaria material de forma que este cairia em direção ao buraco negro. É mais ou menos como abanar as brasas de uma fogueira quase apagada para reacendê-la. Os efeitos gravitacionais e de pressão da galáxia anã em queda também podem amortecer ou encorajar a formação de estrelas em outra parte do sistema maior. Alguns (ou todos) desses fenômenos contribuiriam para ligar um buraco negro supermassivo à idade (e, portanto, à cor) das estrelas ao redor dele.

É interessante notar que recentemente os astrônomos perceberam que a própria Via Láctea é uma dessas galáxias muito grandes dentro do vale verde.[6] Isso significa que nosso buraco negro supermassivo devia estar num ciclo de trabalho rápido, o que é bem surpreendente. Já falei sobre o buraco negro que espreita no centro de nossa galáxia. Ele não parece tão ativo assim – de fato, demonstra sua existência de maneira mais convincente através das órbitas das estrelas do núcleo galáctico. Por essas medidas, ele tem apenas 4 milhões de massas solares, é praticamente um nanico. E, de acordo com nosso esboço do Universo, ele também deveria ser um dos mais ativos.

Parafraseando Humphrey Bogart, entre todos os lugares, de todas as galáxias, todo o Universo, nós tínhamos de nos encontrar aqui mesmo. É tentador ser cético, claro: não vemos nossa galáxia como anfitriã de um buraco negro supermassivo e superfaminto. Mas talvez seja apenas uma questão de *timing*, de nossas vidas curtas comparadas com a vida do cosmo. Precisamos descobrir o que está acontecendo. Será que vivemos numa vizinhança galáctica pacata ou barulhenta? Curiosamente, certas evidências dramáticas sugerem agora que nossa sabedoria acumulada precisa ser revista. Essas evidências vêm da observação da Via Láctea com lentes muito especiais.

A FORMA DE RADIAÇÃO eletromagnética de maior energia são os fótons de raios gama. Eles têm comprimentos de onda menores que o tamanho de um átomo, são altamente penetrantes, muito mais que os raios X, e podem atravessar qualquer coisa, a não ser grossas paredes de rocha ou metal. Na Terra, eles surgem de processos que ocorrem dentro de núcleos atômicos instáveis, como parte da radioatividade natural. Por exemplo, raios gama produzidos pelo isótopo cobalto-60 são usados pela indústria de alimentos para irradiar e esterilizar produtos como carnes e legumes. Lá fora no Universo, eles vêm dos eventos mais violentos e mais ricos em energia que existem: implosões estelares, ondas de choque supersônicas e dos efeitos de partículas ultrarrelativísticas que riscam o espaço.

Durante décadas um conjunto particularmente misterioso e persistente de fótons de raios gama insistia em aparecer nos detectores astrofísicos. Embora o sinal fosse difícil de localizar, era claro que esses raios gama onipresentes vinham de uma direção muito particular: das regiões internas de nossa galáxia. Esse era um sinal agourento dos processos ferozes que ocorriam nas profundezas da Via Láctea.

Por fim, telescópios de raios X como o Satélite Roentgen, que já conhecemos, começaram a detectar sinais de imensas estruturas projetando-se a partir de nosso núcleo galáctico. Essas zonas de luz de raios X são difíceis de enxergar porque são extremamente fracas, mas os astrônomos foram capazes de perceber que elas parecem funis, abrindo-se na direção do espaço intergaláctico e cobrindo milhares de anos-luz.[7] A presença deles sugere que uma liberação de energia, algum tipo de fluxo ou de um vasto vento cósmico soprando da parte interna galáctica, estava propelindo gás quente e tênue para o exterior.

No começo do século XXI, os astrônomos estavam traçando mapas da tapeçaria em mosaico da radiação cósmica de fundo com seus receptores de micro-ondas. Os fótons esticados que se originaram na aurora do Universo continham algo pouco usual, outra indicação fascinante de uma enorme estrutura. Quando os cientistas analisaram os grandes mapas celestes de micro-ondas, eles observaram vestígios de uma nuance sutil, uma mancha que cobria a mesma zona interna de nossa galáxia. Isso sugeria que os fótons cósmicos passavam por algum tipo de estrutura composta de partículas que se movimentavam muito depressa. Os fótons eram alterados antes de chegar até nós; a energia deles era alterada por alguma coisa que espreitava aquela região.

Em 2010, uma pequena equipe da Universidade Harvard liderada pelo astrônomo Doug Finkbeiner anunciou uma descoberta notável.[8] Dois anos antes, a Nasa tinha lançado um novo observatório orbital. Chamado Fermi, em homenagem ao famoso físico italiano Enrico Fermi, o instrumento representava um enorme avanço na maneira como estudamos raios gama oriundos do espaço. O Fermi podia produzir imagens de raios gama de alta-fidelidade, abrindo novos panoramas cósmicos para os astrônomos.

Enquanto orbitava a Terra, o Fermi construiu um mapa do céu inteiro captando fótons de raios gama de todos os cantos do Universo. Finkbeiner e sua equipe analisaram o mapa nos mínimos detalhes. Eles o dissecaram cuidadosamente, removendo os objetos brilhantes e cheios de ruído que obstruíam nossa linha de visada cósmica. Era como tentar mapear as formas subjacentes de uma cidade grande à luz do luar. Seria preciso remover o brilho ofuscante de janelas dos escritórios, faróis de carro e postes de luz antes de conseguir enxergar o contorno dos prédios.

Eles removeram gradualmente camada após camada do mapa... E bem ali, debaixo de tudo, encontraram algo extraordinário. Havia uma fugaz estrutura na luz de raios gama que vinha do interior da galáxia. Aquilo se espalhava pelo céu e parecia exatamente um par de bolhas. Elas emergiam de cada lado da galáxia, para o "norte" e para o "sul", um vasto par de asas parecidas com globos que se estendiam por 25 mil anos-luz para o espaço intergaláctico. Brilhando com fótons de raios gama, as bolhas estavam com suas bases ancoradas no ponto mais central do núcleo da Via Láctea.

Achamos que os fótons de raios gama dessas estruturas vêm de fótons de menor energia reforçados por partículas que se movem a altas velocidades, como os elétrons, por exemplo. É exatamente o mesmo mecanismo que já vimos nas estruturas maiores ao redor de galáxias que abrigam buracos negros supermassivos emissores de jatos. Esse é o processo que descobrimos ser responsável pela iluminação das bolhas colossais sopradas por buracos negros no Universo jovem. Ele tem origem nas partículas que se movem perto da velocidade da luz, aceleradas nas regiões próximas de um horizonte de eventos.

Também é possível que essas bolhas galácticas sejam o resultado de um enorme surto de nascimentos e mortes de estrelas que ocorreu no núcleo galáctico milhões de anos atrás. É concebível que essa "explosão demográfica" de milhares de estrelas produza grandes fluxos de radiação e matéria, que por sua vez criariam estruturas similares. Mas há evidências adicionais indicando que as bolhas de raios gama de fato sinalizam um episódio de crescimento e atividade de buracos negros que ocorreu nos últimos 100 mil anos.

Quando empreendemos nossa jornada até o centro da galáxia, encontramos várias estruturas grandes e intrigantes, de anéis gigantes de gás denso até outros agrupamentos e nuvens de material. Sabemos que são formas frias, compostas de moléculas gélidas que se situam no frio do espaço interestelar ou em nuvens tépidas de gás. Entretanto, os astrônomos descobriram que algumas dessas estruturas, que seriam escuras, estão brilhando com luz de raios X. Esse brilho se mostra num matiz bastante especial. Ele vem de átomos frios de ferro agitados até o ponto de emitir fótons de raios X. A melhor explicação para isso é que a agitação na verdade é uma forma de reflexão. Luz de raios X ilumina a nebulosa fria, onde é absorvida e reemitida em nossa direção. Nesse caso, o gás age como se fosse um gigantesco espelho embaçado, e os cientistas concluíram que a única fonte plausível para a radiação refletida é um ambiente intensamente rico em energia bem no centro da galáxia. Contudo, uma vez que os raios X que vemos são ecos ressoando em nuvens que estão a 300 anos-luz de distância do núcleo galáctico, isso significa que estamos assistindo a uma transmissão com um ligeiro atraso, não um evento ao vivo.[9] De nosso ponto de vista aqui na Terra, alguma coisa grande e poderosa bem no núcleo da galáxia emitia 1 milhão de vezes mais luz de raios X há trezentos anos do que está emitindo agora.

Todas essas pistas se acumulam para formar um panorama instigante de nosso ambiente natal. Se a Via Láctea obedece às mesmas leis que vemos nas dezenas de milhares de outras galáxias, então ela deve conter um buraco negro que se alimenta regularmente. Das bolhas de raios gama e dos anéis moleculares destroçados das regiões interiores da galáxia até os ecos fantasmagóricos de raios X produzidos há trezentos anos, há várias razões para acreditar que nós abrigamos um buraco negro bastante ativo. O buraco pode não ser o maior ou o mais prolífico em termos de produção de energia quando se alimenta, mas é um objeto bastante ativo, um abismo tempestuoso em nosso ambiente. Séculos atrás, ele brilhou com força para criar as reflexões etéreas do núcleo galáctico. Talvez 25 mil anos atrás ele tenha entrado em erupção numa escala maior ainda para criar as vastas bolhas que iluminam o céu com raios gama. Devemos esperar a nova ignição dessa máquina gravitacional a qualquer momento. Quem dera John Michell ou Pierre-Simon Laplace tivessem telescópios orbitais à disposição quando olharam para as estrelas em suas buscas científicas – o céu do século XVIII devia ser espetacular!

CLARAMENTE, NOSSA Via Láctea e o buraco negro central dentro dela pertencem a um clube exclusivo. Eles têm um status diferenciado no Universo atual que aponta para uma possível conexão entre o ambiente cósmico e o fenômeno da vida aqui na Terra. Cientistas e filósofos às vezes discutem o que se costuma chamar de "princípios antrópicos". A palavra *antrópico* vem do grego antigo e tem algo a ver com os seres humanos ou com o período da existência humana. Princípios antrópicos em geral significam a seguinte pergunta constrangedora: afinal, o nosso Universo tem ou não as características exatas para a produção da vida? Diz o argumento que, se algumas leis físicas fundamentais ou se algumas constantes físicas fundamentais fossem só um pouquinho diferentes não haveria vida em parte alguma. Mas não temos agora uma boa explicação para o porquê dos parâmetros físicos do Universo serem do jeito que são. Assim, a pergunta permanece: por que nosso Universo se tornou tão convidativo à vida? Isso não parece incrivelmente improvável?

Como muitos cientistas, eu me sinto desconfortável quando encaro essas perguntas. Estamos dispostos a superar toda e qualquer noção de que somos "especiais". Assim como Copérnico, ao propor que a Terra não está no centro do sistema solar, dizemos que não estamos no centro do Universo. De fato, o Universo descrito pela equação de campo de Einstein *não tem* um centro definido. No entanto, alguns dos outros argumentos antrópicos são mais difíceis de rebater. Uma solução possível para o desconforto de conceder a nós mesmos uma posição especial depende de um panorama conceitual e físico da natureza que permita realidades múltiplas, ou Universos múltiplos. Por exemplo, se nosso Universo for apenas um entre os muitos que existem numa versão do espaço-tempo com mais dimensões, então não seria surpresa alguma nós existirmos.

Simplesmente existimos num Universo que oferece as condições para o fenômeno da vida. Não há nada de especial nisso. Trata-se apenas de uma ilha que tem o clima correto.

Tudo isso é muito interessante, mas também nos faz pensar um pouco mais sobre qual é exatamente a lista de condições necessárias para a existência da vida no Universo. Surpreende que a Via Láctea, onde nos situamos, tenha pousado bem no meio do ponto ideal de atividade de buracos negros supermassivos. Isso pode ser mais que simples coincidência, e a primeira pergunta que se faz é se o nosso sistema solar experimenta consequências físicas diretas da atividade de um buraco negro de 4 milhões de massas solares a 25 mil anos-luz de distância. Será que isso pode afetar a capacidade de nosso subúrbio galáctico de ter planetas que produzam vida? Quando nosso buraco negro central está ligado, alimentando-se e emitindo energia, não há indícios de que ele seja tão brilhante assim quando visto aqui da Terra. As enormes bolhas brilhantes de raios gama que se estendem para fora do disco galáctico definitivamente indicam uma produção de energia bastante grande, mas que não aponta em nossa direção. Se eventos maiores ocorreram, eles devem estar no passado distante, talvez até antes da formação de nosso sistema solar, 4,5 bilhões de anos atrás. Desde então, nosso monstro central provavelmente teve um impacto físico apenas modesto em subúrbios galácticos distantes como o nosso sistema solar.

Do ponto de vista da vida, isso pode ser uma boa coisa. Um planeta como a Terra seria atingido por um grande aumento na radiação interestelar ambiental na forma de fótons de alta energia e partículas velozes. A radiação pode ter um efeito prejudicial sobre as moléculas no interior dos organismos, chegando até a afetar a estrutura e a química de nossa atmosfera e dos oceanos. Talvez estejamos relativamente bem protegidos, a 25 mil anos-luz do centro da galáxia, porém, se vivêssemos mais perto do núcleo, a história seria diferente. Ou seja, o fato de *não* vivermos num planeta mais próximo do núcleo talvez não seja coincidência. Da mesma forma, quem sabe não devêssemos ficar surpresos de estar aqui agora, e não há bilhões de anos no passado ou no futuro.

Nossa galáxia, assim como muitas outras, coevoluiu com seu próprio buraco negro supermassivo central. De fato, as pistas que buscamos podem dizer menos a respeito de como o buraco negro central pode influenciar diretamente a vida na Terra e mais sobre que papel ele desempenha como indicador do estado geral de nossa galáxia hoje. A conexão entre buracos negros supermassivos e suas galáxias nos fornece uma boa ferramenta para avaliar a história galáctica. Os ferozes quasares do Universo jovem são ligados às maiores de todas as galáxias elípticas, a maioria das quais se encontra nos núcleos de aglomerados galácticos. Essas galáxias se formaram de maneira muito rápida, como lebres animadas prontas para uma corrida. Atualmente, quase todas as suas estrelas devem estar velhas e quase todo o seu gás cru deve estar muito aquecido para formar novas estrelas ou novos planetas. Outras galáxias elípticas, aqueles enormes dentes-de-leão de estrelas, parecem ter se formado mais tarde, com a fusão de galáxias. Alguma coisa aconteceu para "amortecer" a formação de estrelas. Achamos que emissões menos violentas de energia, mas ainda assim incrivelmente poderosas, de buracos negros supermassivos são excelentes candidatas para esse processo regulatório. As galáxias espirais com bojos de estrelas centrais projetando-se acima e abaixo dos discos galácticos também mostram sinais de uma história íntima com os respectivos buracos negros. Elas seguem alguns dos mesmos padrões das elípticas. Em ambas, a massa do buraco negro central é igual a 1 milésimo da massa das estrelas que o circundam. Nossa vizinha Andrômeda é um desses sistemas. Seu generoso bojo estelar cobre um buraco negro cuja massa é mais de vinte vezes maior que a do nosso.

Logo abaixo na hierarquia vêm as galáxias sem bojo, como muitas espirais. Embora a Via Láctea seja uma galáxia enorme, uma das maiores no Universo conhecido, ela abriga um buraco negro relativamente nanico. A ausência do bojo estelar é um mistério: ou a galáxia teve menos matéria-prima para se formar, ou o buraco negro regulatório nunca foi realmente ligado, ou poucas galáxias pequenas e aglomerados de matéria caíram no sistema com o passar do tempo. As incrivelmente numerosas galáxias anãs tampouco apresentam buracos negros. As verdadeiras anãs do zoológico galáctico são coisinhas minúsculas, em geral com apenas algumas dezenas de milhões de estrelas e quase nenhum sinal de gás e poeira que possam fabricar estrelas novas. As ricas de sopa interestelar são quase sempre escuras, com tão poucas estrelas, que é como se alguém tivesse se esquecido de acender seu pavio.

Nossa galáxia ainda fabrica estrelas novas, a uma taxa de aproximadamente três massas solares por ano. Não é muita coisa numa escala de tempo individual humana, mas significa que pelo menos 10 milhões de estrelas novas nasceram na Via Láctea desde que nossos ancestrais começaram a andar eretos em algum lugar da garganta Olduvai. Nada mau para um lugar dentro de um Universo com 14 bilhões de anos de idade. As galáxias gigantes do Universo jovem, ardendo com a luz dos quasares em seus núcleos, de certa forma se consumiram há muito tempo. Os arrotos irritadiços de seus buracos negros centrais amortecem a formação de qualquer estrela nova. As ondulações de suas bolhas flatulentas de matéria relativística impedem que o gás e a poeira se resfriem e se condensem em sistemas solares. Como uma tartaruga entre lebres, a Via Láctea segue em frente.

O fato de vivermos numa grande galáxia espiral com bojo estelar central quase inexistente e um buraco negro central bastante modesto pode ser uma pista do tipo de galáxia que tem as melhores condições para abrigar a vida: aquelas que não passaram muito tempo construindo buracos negros colossais nem lutando contra os demônios liberados nesse processo. Novas estrelas continuam a se formar numa galáxia como a nossa, mas com vigor diferente de outros sistemas. A maioria das novas estrelas nasce na beirada dos braços espirais, quando essas grandes ondas circulantes perturbam o disco de gás e poeira. Elas também se formam a uma distância maior que nunca do centro galáctico. Os astrônomos dizem que vivemos numa região de "modesta" formação de estrelas. Formação muito ativa de estrelas produz um ambiente extremamente caótico e constrói estrelas muito grandes, que consomem seu combustível nuclear muito depressa e terminam como explosões de supernovas. Atmosferas planetárias podem ser destruídas ou quimicamente alteradas pela radiação. Partículas energéticas movendo-se em alta velocidade e raios gama bombardeariam a superfície do mundo. Até o fluxo dos fantasmagóricos neutrinos liberados numa implosão estelar é intenso o bastante para danificar uma biologia delicada. E esses são apenas os efeitos moderados. Viva perto o bastante de uma supernova, e há um grande risco de seu sistema inteiro ser vaporizado.

Entretanto, são esses mesmos mecanismos que espalham o rico caldo de elementos do interior das estrelas para o cosmo. Essa matéria-prima cria novas estrelas e novos planetas. São planetas com misturas químicas complexas de hidrocarbonetos e água, que têm muitas camadas e são dinâmicos, agitados pelo calor de radioisótopos pesados, com bilhões de anos de geofísica antes deles. Então, em algum lugar entre as zonas de formação e de explosão de estrelas jovens, entre berçários e cemitérios estelares, há um lugar "com as condições certinhas". Nosso sistema solar reside num ambiente exatamente assim. Ele está longe o bastante do centro galáctico, mas não perto demais dos reinos agitados e explosivos onde as estrelas estão se formando neste momento. Claro, tudo isso vai mudar em 5 bilhões de anos, quando a galáxia de Andrômeda colidir conosco.

A conexão entre o fenômeno da vida e o tamanho e a atividade dos buracos negros supermassivos é bem simples. Uma zona galáctica fértil e temperada tem muito mais probabilidade de ocorrer num tipo de galáxia que contenha um buraco negro modesto, que só se alimente de vez em quando, e não um monstro voraz extinto há muito tempo. O fato de existir *uma* galáxia como a Via Láctea no Universo *neste momento do cosmo* está intimamente ligado aos processos opostos de aglomeração gravitacional de matéria e emissão de energia destruidora a partir de buracos negros devoradores de matéria. Se houver muita atividade de buracos negros, vai haver pouca ou nenhuma formação de estrelas, e a produção de elementos pesados cessa. Se houver pouca atividade de buracos negros, os ambientes podem ficar repletos demais de estrelas jovens e explosivas – ou agitado demais para produzir alguma coisa. De fato, mude um pouco o equilíbrio, e você mudará toda a trilha aberta para a formação de estrelas e de galáxias. Como vimos, mesmo a presença de buracos negros pequenos durante o fim da idade das trevas cósmica pode ter ajudado a dirigir essas cadeias de eventos.

A trilha que leva até você e eu seria diferente, ou talvez nem existisse, sem a coevolução de galáxias e buracos negros supermassivos e a extraordinária regulação por eles realizada. O número total de estrelas no Universo seria diferente. O número de estrelas com pouca massa e com muita massa seria diferente. As formas das galáxias seriam diferentes, e é quase certo que a organização de gás, poeira e elementos também seria diferente. Haveria locais jamais queimados pela intensa radiação síncrotron de um buraco negro supermassivo. E outros lugares jamais teriam recebido aquele choque, aquele chute que deu início à formação de estrelas e planetas.

Muitos fenômenos cósmicos estão ligados à existência da vida, mas alguns são um pouco mais importantes que outros. Os buracos negros estão nessa lista pela sua natureza única. Nenhum outro objeto no Universo é tão eficiente na conversão de matéria em energia. Nenhum outro objeto pode agir como uma grande bateria elétrica capaz de expelir matéria ultrarrelativística por milhares de anos-luz. Nenhum outro objeto pode crescer tanto e ainda assim ser comparativamente tão simples. Um buraco negro é uma mossa no espaço-tempo descrita apenas por três quantidades fundamentais: massa, momento angular e carga elétrica.

Olhe para sua mão. Ela contém átomos de carbono, oxigênio e nitrogênio forjados 1 milhão de quilômetros abaixo da superfície de outra estrela há bilhões de anos. Sua mão também contém hidrogênio presente no princípio do Universo. Todos esses elementos sentiram as forças dos buracos negros. E agora mesmo uma pequena fração do vasto mar eletromagnético de fótons que correm pelo Universo está penetrando nossa atmosfera e atingindo todos esses átomos antigos em sua carne. Alguns desses fótons se originaram no terrível tornado de matéria ao redor de um buraco negro ou nos jatos de partículas aceleradas lançadas no cosmo quase à velocidade da luz. Nós nos banhamos na radiação deles, mas nada disso é novo para os átomos da sua mão. Quando a idade das trevas cósmica se encerrou, 13 bilhões de anos atrás, parte do hidrogênio primordial de seu corpo provavelmente foi soprado e golpeado pela radiação de buracos negros se alimentando. Bilhões de anos mais tarde, surgiram as estrelas que forjaram seus elementos pesados, por causa da história da gravidade e da energia numa zona do que viria a se tornar a Via Láctea.

Esse fértil recanto do cosmo tem sido governado por tudo o que aconteceu ao redor dele, incluindo o comportamento do buraco negro no centro de nossa galáxia. Os mesmos lugares que se fecharam para o resto do Universo servem como uma das forças mais influentes que o moldam. Devemos muito a eles.

## 9. Uma verdadeira grandeza

É interessante contemplar os labirintos de um riacho atapetados de inúmeras plantas de diferentes tipos, os pássaros cantando nos arbustos, insetos variados voando aqui e ali, minhocas rastejando na terra úmida, para então perceber que essas formas laboriosamente construídas, tão diferentes e dependentes umas das outras de modo tão complexo, foram todas produzidas por leis que atuam ao nosso redor... Há uma verdadeira grandeza descrita nesse panorama da vida, com seus inúmeros poderes concentrados em algumas poucas formas, ou em uma só; e que, enquanto este planeta vem girando continuamente de acordo com as leis fixas da gravitação, infinitas formas de grande beleza surgiram de um começo tão simples, evoluindo ao longo de todo esse tempo, e que ainda hoje continuam a evoluir.

O NATURALISTA INGLÊS Charles Darwin escreveu essas palavras repetidamente citadas sobre a vida na Terra, mas elas têm uma ressonância profunda na maneira como entendemos o Universo ao nosso redor no século XXI. Desde átomos e moléculas forjados em sucessivas gerações de estrelas até galáxias de variadas formas, tamanhos e cores, bem como camadas de estrutura cósmica, foram moldados ao longo do tempo por buracos negros assustadoramente eficientes e famintos, as maravilhosas máquinas da gravidade. Os seres humanos surgiram há menos de um piscar de olhos comparados com toda essa rica história. E aqui estamos nós, organismos conscientes de nós mesmos, contemplando nosso lugar no cosmo, situados no cruzamento improvável de inúmeras trilhas e possibilidades. É fácil ver a verdadeira grandeza dos meandros do riacho pulsando em cores fulgurantes em todo o Universo.

Nosso entendimento moderno da natureza não é de forma alguma completo, mas se tornou extraordinariamente rico quando investigamos de maneira mais profunda as intrincadas interconexões do Universo. De todos os fenômenos cósmicos, entretanto, os mais extremos exibem um fascínio peculiar, e os buracos negros são os mais extremos de todos. Nós realmente nos superamos quando, entre todas as concepções da mente humana, imaginamos esses objetos – são fantásticos, oníricos, de uma estatura mitológica. E são muito mais que um conto de fadas, são parte vital e ativa de tudo o que vemos ao nosso redor.

Há bons motivos para acreditar que existem centenas de bilhões, talvez até trilhões, de buracos negros espalhados pelo Universo. Eles são o estado final da matéria e criam âncoras de importância fundamental para os ambientes que os cercam, ainda que tenham tamanho minúsculo em escala cósmica. Imagine que pudéssemos sentir diretamente a curvatura e a distorção do espaço-tempo como se fosse uma simples paisagem tridimensional. Veríamos um Universo de morros com inclinações gentis, vales e pequenas mossas – e esburacado com pequenos furos de alfinete, tão incomensuravelmente profundos que as paredes do poço somem de vista quando tentamos olhar lá para dentro. Essa é uma topografia curiosa: curvas elegantes perfuradas por buracos medonhos que penetram o próprio tecido do espaço-tempo e o inundam de gêiseres de radiação e partículas.

Por que nosso Universo é perfurado desse jeito? As leis fundamentais da física nos dizem que o espaço-tempo é capaz de se espremer e se esticar, de se curvar, ser arrastado e se mover. Essas leis também descrevem o comportamento da radiação eletromagnética e o estranho e paradoxal mundo quântico subatômico. Todas essas regras definem os limites críticos da matéria, as densidades e pressões que precisam ser vencidas para chegar aos estágios mais extremos. Os mesmos princípios nos mostram como, em primeiro lugar, a gravitação constrói estruturas densas a partir de matéria comum. Esses ajuntamentos de matéria, localizados em meio à disputa de forças que lutam para derrubá-los e expandi-los, são incubadores de interações químicas e atômicas em seu interior, e em alguns casos podem se aquecer o bastante para iniciar uma ignição de fusão nuclear: o nascimento de uma estrela. Talvez alguns desses objetos, tendo acumulado massa o suficiente, sucumbam à gravidade e alcancem densidade tão incrível que passe a distorcer o espaço-tempo de maneira irreparável. Eles desabam, afundam, escavam e implodem para escapar do que consideramos sua existência normal. Deixam para trás rastros temíveis no espaço-tempo, como ralos abertos para o submundo de onde nem a luz pode escapar.

A energia que esses atormentados recantos do espaço cospem de volta para o cosmo afeta quase tudo o que vemos. Ela influencia galáxias jovens e turbulentas, bem como a Via Láctea, que é toda especial. Se partíssemos um único fio da complexa malha de energia e de história cósmica que nos conecta aos buracos negros, subverteríamos toda a trilha seguida pela vida aqui no nosso pequeno planeta rochoso. E foi daqui desse mundinho que nós empreendemos uma determinada busca para compreender o Universo ao nosso redor. A história dessa busca é ao mesmo tempo inspiradora e austera. Através de nossas lutas, de nossos mais rudimentares desafios pela sobrevivência e de nossa própria inclinação para o conflito, conseguimos alcançar um conhecimento maior. A parte árdua é perceber que ainda entendemos muito pouco. Isso se mostra de maneira especialmente verdadeira quando vemos no mundo real as consequências específicas e imprevisíveis das regras cósmicas gerais. As leis físicas fundamentais exalam uma aura de tamanha completude que sentimos que, se conhecêssemos as leis, conheceríamos o Universo. A "teoria de tudo" é uma noção popular e decerto uma ambição nobre. Mas qualquer cientista vai lhe dizer que a sensação de triunfo em resolver uma bela equação só dura até o ponto em que se está disposto a ignorar a colorida riqueza de complexidade e as surpresas infinitas que vêm da combinação, permutação e do puro acaso que permeiam a natureza.

Os buracos negros são um ótimo exemplo disso. Sim, o funcionamento dos buracos negros e os motivos por trás de sua existência neste Universo estão intimamente ligados às mais fundamentais leis físicas da relatividade, da mecânica quântica e até da termodinâmica. Mas a influência real da presença deles sobre o caráter básico de galáxias, estrelas e da matéria nelas contida não é uma decorrência óbvia. Imaginamos as maneiras pelas quais um buraco negro se revela através do impacto gravitacional que ele exerce sobre o espaço-tempo, da geração de energia que propicia ou de sua influência sobre a matéria que o circunda, mas apenas uma descoberta pode nos revelar o que a natureza realmente faz.

Não tenho a menor dúvida de que a influência da retroalimentação de energia dos buracos negros desempenhou papel-chave na formação do Universo tal como o vemos hoje. O que é ainda mais importante, esse fenômeno foi uma força potente nos estágios iniciais da evolução cósmica, quando as primeiras galáxias ainda estavam se formando. O estado atual de nossa Via Láctea foi influenciado pelo equilíbrio da radiação e da energia das partículas que contribuíram para dissipar a difusa névoa fria de gás de hidrogênio e de hélio que se espalhava por todo o Universo durante seus primeiros 100 milhões de anos. Esse processo parece estar intimamente ligado ao crescimento dos primeiros buracos negros supermassivos, assim como a relação surpreendente, mas inegável, entre o tamanho desses objetos e do enxame de estrelas que os cercam no bojo central das galáxias. Essa relação também pode ter uma conexão mais profunda com a natureza da misteriosa matéria escura que domina a massa de nosso Universo. Mas ainda há outra coisa: a maneira como os buracos negros contribuíram para as circunstâncias especiais e favoráveis à vida.

Quando nosso sistema solar estava se formando, há 4,5 bilhões de anos, em um braço espiral da periferia da Via Láctea, o ambiente e a riqueza de elementos de nosso berçário cósmico teria sido muito diferente e talvez até menos fértil, não fosse pelo impacto universal dos buracos negros sobre seus arredores. Hoje sabemos que nosso centro galáctico abriga um buraco negro moderadamente massivo, que pertence a uma classe de sistemas ainda crescendo com tranquilidade, capturando e se alimentando de matéria de forma esporádica. Embora estejamos relativamente protegidos, um modesto jorro de radiação que se espalhasse aqui na beira da galáxia mais ou menos a cada 100 mil anos poderia modificar por um tempo a química atmosférica de nosso pequeno planeta rochoso. Até pequenas mudanças podem ter grandes consequências. Uma quantidade um pouco maior ou menor de ozônio ou de chuva, e a sorte de um organismo qualquer mudaria para melhor ou para pior. Alguns milhões de anos depois, os resultados seriam amplificados de modo a alterar drasticamente o curso da história evolutiva do planeta. O estágio em que a Via Láctea se encontra hoje, o período aparentemente transitório no "vale verde", antes da colisão com a galáxia de Andrômeda, daqui a alguns bilhões de anos, está conectado com nossa máquina gravitacional central. Resta descobrir quais são as implicações disso para nós.

Os astrofísicos têm observado e lutado para compreender muitos outros aspectos fascinantes do impacto dos buracos negros em seus arredores, como por exemplo os detalhes de como a matéria cai dentro deles lutando contra a radiação emergente oriunda de material que se encontra mais no fundo do espaço-tempo retorcido. Esse jogo pode se desenrolar de várias maneiras. Uma zona superquente chamada coroa se forma acima e abaixo de um disco de material em acreção. Matéria tênue, mas com temperaturas escaldantes, ferve e escapa do disco, preenchendo essa região através de canais magneticamente controlados – um ambiente muito parecido com a superfície do Sol, porém muito mais radical. Essa é a maneira pela qual os buracos negros massivos conseguem gerar raios X, já que os grandes discos só são quentes o bastante para produzir radiação ultravioleta. Já vimos estranhas pulsações de energia quando olhamos para as profundezas de sistemas assim. Os padrões rítmicos dos fótons emitidos traem a luta contínua entre matéria e radiação. Como a película borbulhante do leite fervendo, a radiação empurra a matéria para longe das zonas internas do buraco negro e a aquece até o ponto de desintegração, apenas para que a matéria caia novamente e reinicie o ciclo.

Os astrofísicos também tentaram entender se há um tamanho máximo para os buracos negros.[1] Quando crescem, eles podem se tornar geradores de energia tão eficientes que começam a empurrar qualquer material novo que se aproxime, limitando seu próprio tamanho. Um grande vento fotônico sopra sempre que a matéria tenta formar um disco de acreção ao redor do buraco, e esse vento impede que mais matéria desça goela abaixo. É como tentar alimentar uma grande fogueira ao ar livre. Quanto mais combustível você joga na fogueira, mais você precisa recuar. Um impasse do mesmo tipo pode ocorrer quando o buraco negro alcança uma massa 10 bilhões de vezes maior que a do Sol, mais ou menos o mesmo tamanho dos maiores buracos detectados até agora. Chegando perto de outro limite, certos buracos negros mais massivos parecem girar quase à velocidade máxima permitida pela física.

Alguns dados e teorias sugerem que é possível até que nasçam estrelas no interior dos grandes discos de material em acreção ao redor de um buraco negro.[2] Mossas e perturbações na matéria em circulação permitiriam que uma aglomeração localizada se transformasse em objetos novos. Em vez de simplesmente destruir o arranjo de matéria, o ambiente do buraco negro talvez encorajasse um recomeço. Que ambiente estranho e alienígena seria este para o nascimento de um sistema solar! Será que poderia haver planetas ao redor dessas estrelas? Ainda não sabemos. Mal conseguimos imaginar como seria o céu noturno de mundos assim. Também há novas e intrigantes evidências de que alguns buracos negros com bilhões de vezes a massa do Sol foram arremessados para fora de suas galáxias.[3] Ejetados nos estágios finais da fusão de pares de buracos negros, esses misteriosos objetos correm para fora, escapando de seu confinamento galáctico para o vazio desolado do espaço intergaláctico.

Apesar dos incríveis progressos da astronomia e de nossa habilidade cada vez maior para explorar o cosmo, há uma coisa que ainda não fomos capazes de realizar: olhar para um buraco negro bem de perto. Será que isso é mesmo possível? Inteligentes técnicas astronômicas foram desenvolvidas para sondar os recintos internos do espaço-tempo que cerca o horizonte de eventos, mas elas ainda oferecem um panorama limitado. Um desses métodos, que deve muito ao astrônomo inglês Andrew Fabian, usa a emissão de fótons de raios X de átomos de ferro que giram no interior do disco de acreção de um buraco negro. O espaço-tempo curvo e em rotação imprime uma marca bastante particular na energia desses fótons, a qual, por sua vez, é bastante específica dos átomos de ferro. Alguns fótons sofrem desvio para o azul – a energia deles é reforçada; enquanto a energia de outros é reduzida e desviada para o vermelho, mas o processo não é homogêneo. A velocidade extrema do material em rotação o leva a um regime relativístico, no qual a luz do material que se move em nossa direção não apenas é desviada para o azul e para energias mais altas, como também apresenta densidade ampliada. Isso recebe o nome de "aberração relativística" ou, coloquialmente, "efeito de farol de carro". O resultado é que vemos muito mais luz chegando do lado do disco que gira em nossa direção que daquele que gira se afastando de nós. De modo geral, os fótons ejetados nos arredores do buraco negro saem meio trôpegos, bêbados, com as energias alteradas. Se adicionarmos os outros efeitos do espaço-tempo extremamente curvo, terminamos com uma impressão digital que pode nos dar pistas da massa e do momento angular do buraco negro e da natureza do disco de acreção ao seu redor. Contudo, essa é uma medida difícil de fazer, e o que vemos não é uma imagem, mas uma coleção das energias desses fótons embriagados.

Outros esforços buscam explorar a estrutura inata do cosmo como meio de receber mensagens dos mais profundos poços gravitacionais. Se um par de estrelas de nêutrons ou de buracos negros estiver em órbita muito próxima, eles podem se fundir num *crescendo* espetacular, enviando ondulações através do próprio espaço-tempo que transferem energia para o Universo exterior. Conhecidas como ondas gravitacionais, elas se propagam pelo cosmo à velocidade da luz.[4] Ondas gravitacionais esticam e apertam o espaço em quantidades muito pequenas num local distante como o nosso sistema solar. Quando passam por nós, elas literalmente alteram as distâncias fundamentais das dimensões físicas. Os astrônomos e os físicos projetaram sistemas para tentar detectá-las.

Essa é uma tarefa extremamente difícil, mas o prêmio pelo sucesso seria enorme. Kip Thorne descreve esse processo como tentar ouvir uma sinfonia gravitacional cuja melodia nos indica as massas de buracos negros que se fundem e a natureza do objeto daí resultante, o que vai funcionar como teste definitivo de nossa descrição matemática do espaço-tempo em rotação ao redor do fenômeno. Experimentos de nomes complicados, como o Observatório de Ondas Gravitacionais de Interferometria a Laser, ou Ligo (da sigla de Laser Interferometer Gravitational-Wave Laboratory), empregam uma técnica parecida com aquela usada por Michelson e Morley em 1887 para tentar detectar mudanças no tempo que a luz leva para cobrir certa distância. Nesse caso, entretanto, é a própria distância que pode mudar quando as ondas gravitacionais passam pela nossa vizinhança. Diferente daquele experimento inicial de tamanho modesto, um observatório Ligo consiste em pares de tubos de 4 quilômetros de comprimento, através dos quais lasers são continuamente refletidos. Orientados a 90 graus um do outro, eles são projetados para detectar mudanças na distância física real que os fótons têm de viajar. Uma onda gravitacional que passe por ali vai literalmente alterar essa distância.

Existem dois observatórios desse tipo trabalhando em conjunto: um fica em Hanford, Washington, e o outro fica a 3 mil quilômetros dali, em Livingston, Louisiana. O nível de precisão deles é estonteante. Os físicos podem detectar mudanças nas dimensões do caminho do laser menores que 1 milésimo do tamanho de um próton. Enquanto filtram as inúmeras fontes de confusão e de ruído – até ondas do mar quebrando no litoral a centenas de quilômetros de distância podem produzir um sinal –, os cientistas estão chegando perto de detectar eventos astrofísicos.\* Por exemplo, eles esperam confirmar a previsão de que objetos como um par de pequenos buracos negros ou de estrelas de nêutrons emitem um "trinado" de energia gravitacional no momento em que se encontram, orbitando furiosamente um ao redor do outro. Planos para construir um detector de ondas gravitacionais no espaço que empregue técnica similar estão paralisados por razões orçamentárias. Se for construída, a Antena Espacial de Interferometria a Laser, ou Lisa (na sigla em inglês de Laser Interferometer Space Antenna), vai consistir em três espaçonaves delimitando um triângulo no espaço interplanetário, com lados medindo estonteantes 5 milhões de quilômetros. De acordo com os astrônomos, o esforço e os gastos para montar uma rede tão sensacional valeriam a pena: a Lisa poderia ouvir

---

\* Tal evento astrofísico foi de fato encontrado! Em 11 de fevereiro de 2016, cientistas de duas colaborações internacionais (os laboratórios Ligo, nos EUA, e Virgo, na Itália) anunciaram a observação direta de ondas gravitacionais, detectadas em 14 de setembro de 2015. Foram originadas de uma colisão de dois buracos negros situados a mais de 1 bilhão de anos-luz de distância. (N.R.T.)

os bramidos distantes de buracos negros supermassivos se fundindo em galáxias distantes, assim como o zumbido e o murmúrio de milhões de pares girantes de densos restos estelares dentro da Via Láctea.

    E quanto ao horizonte de eventos – a própria interface entre nosso Universo familiar e aquilo que está para sempre além de nosso alcance? É bem ali, nos umbrais dessa porta final, que a matéria libera a energia tão vital para o cosmo. Observar esse processo diretamente seria a maior das vitórias. Poderíamos ver exatamente como as coisas funcionam: o disco de acreção, as espirais trançadas de um jato de partículas impelido pela rotação. Uma olhada assim tão de perto revelaria o funcionamento das partes internas dessas máquinas gravitacionais. Mas até os pequenos buracos negros identificáveis em nossa galáxia estão a milhares de anos-luz de distância – superlongínquos, minúsculos e impenetráveis. Talvez sim. Talvez não. Você só tem de falar com as pessoas certas.


No COMEÇO DA DÉCADA DE 1990, Keith Gendreau passou sua pós-graduação no MIT trabalhando num novo tipo de câmera. Ela não servia para tirar fotos de fim de semana, mas para capturar fótons de raios X do Universo e transformá-los em imagens. Era uma tecnologia de ponta. Você pegava o tipo de dispositivo baseado em silício usado em câmeras digitais, um pequeno chip dividido em pixels ainda menores, e o modificava para outros fins. Um fóton de raios X atinge os átomos de silício despejando energia que remove os elétrons do repouso no semicondutor. Localize e conte todos esses elétrons, e você pode começar a construir uma imagem da fonte dos fótons. Gerações anteriores de dispositivos de imageamento por raios X dependiam de redes de células cheias de gás e de grades eletrostáticas. A mudança para o silício inaugurou toda uma nova era de alta-fidelidade. O único problema era que você tinha de fazer isso no espaço.

    Gendreau estava ajudando a construir e calibrar a câmera para um projeto conjunto nipo-americano chamado de Satélite Avançado de Cosmologia e Astrofísica, ou Asca (sigla em inglês de Advanced Satellite for Cosmology and Astrophysics). Lançado em órbita da Terra em 1993 pelo

Centro Espacial Uchinoura, na ponta sul do Japão, o Asca passou os oito anos seguintes reunindo imagens de raios X do Universo antes de se queimar na atmosfera, sobre o oceano Pacífico. Nesse meio-tempo, Gendreau se mudou para o Centro Espacial Goddard da Nasa, em Maryland, um pouco além do perímetro urbano da capital, Washington. Prolífico criador e inventor, ele logo passou a esboçar um novo projeto da Nasa, a missão que almejava o que parecia impossível. Em vez de estudar os efeitos externos e remotos que os buracos negros exercem sobre o Universo, a Nasa queria observar diretamente o horizonte de eventos.

Isso pode parecer algo nada intuitivo, uma vez que pensamos no horizonte de eventos como um vazio escuro. E ele realmente é isso, a não ser pelo fato de que o espaço imediatamente exterior ao horizonte de um buraco negro devorador brilha com os últimos suspiros da matéria, e o luminoso disco de matéria em acreção pode marcar o local exato de sua destruição iminente. Para Gendreau e seus colegas cientistas, essa era a chave para enxergar um buraco negro; tudo que você tinha a fazer era produzir uma imagem da intensa luz de raios X emitida pelo disco e por seus arredores imediatos.

O problema é que até num buraco negro supermassivo esse disco interno não tem mais que alguns dias-luz de diâmetro, embora possa estar a dezenas de milhares de *anos*-luz de nós. Se você quiser olhar para o horizonte de eventos do buraco negro de 4 milhões de massas solares no centro da Via Láctea, vai precisar de uma resolução muito boa. É como tirar uma boa foto de uma moeda na superfície da Lua daqui da Terra, ou como ver os pixels individuais de uma TV de alta definição que está, inconvenientemente, a mais de 5 mil quilômetros de distância.

Construir um telescópio que faça isso representa um desafio fenomenal. Até as propriedades da luz criam um obstáculo inevitável para qualquer tipo de telescópio astronômico. A luz se comporta como ondas elétricas e magnéticas que são distorcidas – difratadas – quando passam por aberturas ópticas e por lentes. Uma frente de onda perfeitamente limpa se torna confusa, o que não é muito diferente da água que se agita na entrada de um porto. Isso faz com que a imagem final apresente um inevitável borrão. Quanto menor for o diâmetro do instrumento, mais borrada ficará a imagem. É por isso que os astrônomos adoram construir telescópios grandes – há mais chance de produzir imagens nítidas. Pode-se compreender por que, para criar a imagem de um horizonte de eventos distante, vamos precisar de um telescópio *enorme*.

Para os fótons de raios X ainda há um obstáculo adicional. Existe um motivo pelo qual usamos raios X para fazer imagens do interior de nossos corpos: esses fótons de comprimento de onda tão pequeno têm um poder de penetração maior que o dos fótons de luz visível. Sem usar materiais exóticos nem truques ópticos complexos, é efetivamente impossível construir um telescópio de raios X da mesma maneira que se constrói um telescópio óptico. Em vez disso, os astrônomos usam técnicas engenhosas para reunir os raios X e formar uma imagem. Uma dessas maneiras é conduzir os fótons até um ponto focal, por meio de um dispositivo que os obrigue a deslizar através de superfícies polidas de metal cobertas com uma camada de silício como se lança uma pedra sobre o lago calmo para ela quicar. Construindo uma série de cilindros de um vidro especial dentro de outros cilindros, como um conjunto de bonecas russas, os astrônomos reúnem a luz de raios X num ponto focal sobre o sensor de uma câmera.

A técnica funciona, mas é difícil construir esses telescópios do tamanho certo a fim de formar as imagens nítidas de alta resolução que desejamos. A solução inteligente é construir vários pequenos telescópios que agem como se fossem parte de um telescópio gigante. Para construir um instrumento capaz de fotografar a matéria ao redor de um horizonte de eventos, podemos colocar vários telescópios menores em órbita, espalhados numa grande rede de dezenas de quilômetros. Quando um deles recebe fótons de raios X, ele os projeta pelo vácuo até uma única câmera ou detector. Juntando esses fótons e permitindo que essas ondas eletromagnéticas se combinem, formamos imagens com uma resolução incrível. Muitos telescópios viram um só.

O projeto de um sistema desses prevê 24 pequenos espelhos de raios X chamados "periscópios" que voam num grande enxame, espalhados ao longo de 1,5 quilômetro. Cada periscópio é um conjunto de superfícies perfeitamente planas posicionadas para canalizar com suavidade os agitadiços fótons de raios X e dirigi-los para um "detector" mestre montado numa nave espacial. O enxame de múltiplos olhos flutua no espaço observando o cosmo. O detector fica quase a 20 mil quilômetros de distância e abriga uma câmera digital sensível que afinal capta e mede a luz de raios X. É um telescópio megalomaníaco, dúzias de naves espaciais espalhadas para traçar uma enorme formação em revoada nas profundezas do espaço interplanetário.

Fale com Gendreau e outros astrofísicos apaixonados pela ampliação das fronteiras da tecnologia e do conhecimento, e você vai sair com a impressão de que eles podem realmente realizar esse feito. E isso apesar de enormes obstáculos técnicos. Por exemplo, assim que lançarmos uma nave espacial desse tipo, precisamos posicioná-la com a exatidão de algumas *dezenas de bilionésimos* de metros para que a luz combinada se focalize da forma correta. Até a débil força da radiação solar, a pressão contínua dos fótons estelares, já seria o bastante para perturbar um balé tão delicado. Os pequenos puxões gravitacionais dos outros planetas do sistema solar, como Júpiter, a centenas de milhões de quilômetros de distância, desalinhariam o conjunto. Tudo isso deve ser levado em conta e corrigido para que essa armada mantenha suas posições no espaço interplanetário.

Impossível? Não, não é. A engenharia das naves espaciais e a tecnologia para medir sua posição e orientação avançaram muito desde os primeiros dias em que os foguetes rudimentares eram lançados ao céu. Em seu laboratório, Gendreau e eu tomamos um café bem quente e conversamos sobre giroscópios de hélio superfluido e outros truques que exploram a física quântica a fim de tirar as medidas necessárias para manter as naves espaciais no lugar. Até a engenharia para que a nave se reoriente pela fração de um micrômetro de cada vez está sendo levada em conta. É de tirar o fôlego que tudo isso esteja ao nosso alcance, caso escolhamos empenhar recursos para tal fim. Uma missão como essa, que recebeu o nome oficial e pouco modesto de Imageador de Buracos Negros, ou BHI (de Black Hole Imager), nos levaria a enxergar através da poeira e do gás que encobrem o núcleo de nossa própria galáxia ou de outros lugares parecidos. Ela permitiria que observássemos o funcionamento de um buraco negro.[5]

Veríamos a matéria espiralando para baixo, observaríamos suas texturas e seus comportamentos. Poderíamos ver como um buraco negro em rotação lança seus grandes jatos de partículas aceleradas e como esses jatos se espalham pelo Universo. Observaríamos o mecanismo preciso das máquinas da gravidade, a origem dos vastos jorros de energia. O BHI rastrearia material varrido nas partes mais internas dos discos de acreção e acompanharia quando esse material fosse pego pelo próprio turbilhão de espaço-tempo. A maior brincadeira da hora do banho é observar o ralo enquanto a água e a espuma de sabão desaparecem nele com um gorgolejar. O buraco negro vai dobrar e distorcer a luz que vemos, um teste perfeito de nossas habilidades para aplicar as teorias físicas esboçadas pela primeira vez em papel e no quadro-negro há quase um século.

Vamos supor que seja possível fazer isso. Construímos essa notável expansão de nossos sentidos humanos e olhamos para o interior das perfurações no espaço-tempo que permeiam o Universo. Descobriremos surpresas que nem poderíamos antecipar. De um jeito ou de outro, elas serão maravilhosas. Finalmente, milhares de gerações depois que nossos ancestrais hominídeos trotaram pelas planícies da Terra, testemunharíamos o ponto final da matéria no Universo. Já descobrimos o ponto inicial. Num mosaico embaçado de fótons de fundo e nos recessos mais débeis da radiação eletromagnética, vemos as impressões do cosmo primordial, os primeiros passos da matéria normal inscritos numa história de quase 14 bilhões de anos. Em nossos grandes aceleradores de partículas, estamos recriando as condições do Universo poucos instantes após o big bang, o que nos permite observar os campos exóticos e as partículas que são nossos progenitores distantes.

No entanto, agora, quando olhamos para os abismos distorcidos que o próprio Universo abriu, vemos a mesma matéria nos deixando para trás. Para todos os propósitos, ela está caindo para dentro e também para fora do cosmo. Com um último reluzir apagado e meio vermelho, essas partículas se liberam para a eternidade enquanto cruzam o horizonte de eventos. Contudo, momentos antes do fim dessa jornada incrivelmente longa, do big bang até a escuridão no interior do horizonte de eventos, a matéria desempenha seu último papel: ela libera toda a energia possível, e essa energia é lançada de volta para o Universo, a fim de esculpir e colorir o próprio ambiente que ocupamos.

Num surto de otimismo entusiasmado, eu digo a Gendreau que, quando o BHI enviar sua primeira imagem de um horizonte de eventos, ele e eu vamos viajar. Voaremos sobre um dos grandes oceanos da Terra e visitaremos uma cidadezinha cercada de colinas verdejantes. Lá, nós caminharemos nos pátios da paróquia de Thornhill, procurando o lugar onde, séculos atrás, John Michell talvez tenha parado para respirar um pouco de ar fresco e olhar para cima. Quando tivermos encontrado esse lugar, faremos um pequeno monumento, uma imagem plantada no chão com uma lança. Ali, enfim, as estrelas escuras terão voltado para casa.

# Notas

## 1. Estrela escura (p.11-44)

1. Um dos "Grandes Observatórios" da Nasa, considerado um equivalente ao Telescópio Espacial Hubble em ambição e custo. Foi lançado em 23 de julho de 1999. Mais informações disponíveis no site da Nasa/Chandra Science Center/Harvard: chandra.harvard.edu.
2. É o tempo que os fótons levam para chegar aqui desde seu longínquo ponto de origem. Corresponde a um desvio cosmológico para o vermelho de 3,8 (o cociente entre a velocidade de recesso aparente e a velocidade da luz). Ou, ainda, a uma distância co-movente (usada na lei de Hubble) de cerca de 23 bilhões de anos-luz, considerando um modelo cosmológico plano, dominado pela energia do vácuo. Em outras palavras: uma distância muito, muito, muito longa.
3. Superaglomerados são coleções de aglomerados galácticos e de galáxias que se espalham por centenas de milhões de anos-luz.
4. Um supercontinente do hemisfério sul, que se acredita ter existido entre 510 e 200 milhões de anos atrás, e que subsequentemente se quebrou para formar África, América do Sul, Antártida, Austrália e Índia. Ver, por exemplo, Peter Cattermole, *Building Planet Earth: Five Billion Years of Earth History*, Londres, Cambridge University Press, 2000.
5. A tapeçaria de 68 metros de comprimento que narra a invasão normanda da Inglaterra em 1066. O cometa de Halley é representado nela e foi provavelmente visto quatro meses antes da invasão. O período orbital de 75 ou 76 anos do cometa foi determinado corretamente pela primeira vez pelo astrônomo inglês Edmond Halley em 1705.
6. Duas excelentes fontes de leitura adicional são: Kip Thorne, *Black Holes and Time Warps: Einstein's Outrageous Legacy*, Nova York, W.W. Norton & Company, 1994; e Mitchell Begelman e Martin Rees, *Gravity's Fatal Attraction: Black Holes in the Universe*, 2ª ed., Cambridge, Cambridge University Press, 2010.
7. A igreja de São Miguel e Todos os Anjos, na paróquia de Thornhill, possui um memorial dedicado a John Michell na torre e uma placa mais moderna para celebrar as realizações dele. O memorial é notável por suas descrições efusivas sobre as características afáveis e gentis de Michell.
8. Mais material está surgindo agora sobre Michell, mas eu recolhi vários retalhos de informação a partir de muitas fontes diferentes (muitas delas on-line) para produzir um retrato modestamente detalhado. Outra fonte é a obra de sir Archibald

Geikie, *Memoir of John Michell, M.A., B.D., F.R.S., fellow of Queen's College, Cambridge, 1749, Woodwardian professor of geology in the University 1762*, Nabu Press, 2010 [1918], também disponível on-line nos arquivos digitais da Biblioteca da Universidade da Califórnia.

9. Uma das contribuições mais conhecidas de Michell para a física foi o papel que ele teve na invenção da balança de torção de Henry Cavendish. Esse maravilhoso dispositivo permite que a força gravitacional entre duas massas esféricas seja medida (realização extraordinária, considerando a baixa intensidade das forças envolvidas) e, a partir disso, que a lei da força da gravidade seja calibrada pela medição da constante gravitacional. Tanto Cavendish quanto Michell foram aclamados ocasionalmente (às vezes, um no lugar do outro) como "O homem que pesou o mundo", embora Michell tenha morrido em 1793, quatro anos antes de Cavendish completar a medida da densidade da Terra.

10. A apresentação de Michell foi publicada como "Carta a Henry Cavendish", in John Michell, *Philosophical Transactions of the Royal Society of London*, n.74, 1784, p.35-57.

11. As quatro equações foram publicadas por Maxwell *in toto* em 1865, depois de dois artigos que estabeleceram as fundações de seu trabalho. James Clerk Maxwell, "A dynamical theory of the electromagnetic field", *Philosophical Transactions of the Royal Society of London*, n.155, 1865, p.459.

12. Esse comentário foi feito por Einstein em 1940, no artigo "Considerations concerning the fundaments of theoretical physics", *Science*, n.91, 1940, p.487.

13. O experimento de Michelson-Morley é citado em vários lugares (e aqui também) como o melhor de todos os experimentos que falharam. Mas claro que ele não falhou de verdade, simplesmente foi tão bem executado que revelou a verdade. O artigo original de Michelson e Morley é excelente. Albert A. Michelson e Edward W. Morley, "On the relative motion of the Earth and the luminiferous ether", *American Journal of Science*, n.34, 1887, p.333-45.

14. Publicada por Albert Einstein como "Zur Elektrodynamic bewegter Körper", que se traduz mais ou menos como "Sobre a eletrodinâmica dos corpos em movimento", *Annalen der Physik*, v.322, n.10, 1905, p.891.

15. Esse fato foi discutido desde o século passado em muitos tratados excelentes, além dos escritos pelo próprio Einstein. Em minha opinião, a flexibilidade do tempo talvez ainda seja o aspecto mais espetacular e confuso da relatividade. Não é de surpreender que a teoria também tenha sido um tema para ponderação dos filósofos.

16. Vou explorar esse aspecto com mais detalhe no Capítulo 3. Note-se aqui, entretanto: há certa confusão nos relatos populares de como Einstein publicou essa teoria. Embora ele tenha apresentado as ideias teóricas corretas em 1915, elas estavam espalhadas em uma série de artigos que incluíam retificações e correções de esforços anteriores. Em 1916 ele finalmente apresentou seu artigo mais reconhecido, com uma discussão mais completa, "The foundation of the General Theory of Relativity", *Annalen der Physik*, n.49, 1916.

17. Seu artigo era intitulado "Über den anschaulichen Inhalt der quantentheoretischen Kinematik und Mechanik", que pode ser traduzido mais ou menos como "Sobre o conteúdo visualizável [ou 'intuitivo'] das teorias da cinemática e da mecânica quânticas", *Zeitschrift für Physik*, n.43, 1927, p.172. A palavra *anschaulichen* não tem uma tradução simples em inglês. (Vale dizer que um dos significados possíveis para *anschaulichen* em português é "observável", mas ela tem conotações muito específicas em mecânica quântica, e talvez por isso o autor tenha escolhido evitá-la. [N.T.])
18. Nesse período o grande físico inglês sir Arthur Eddington teve vários papéis. Um deles foi a devastadora (e, como se viu, incorreta) crítica sobre a apresentação de Chandrasekhar sobre anãs brancas em 1935.
19. Os artigos principais foram "The highly collapsed configurations of a stellar mass", *Monthly Notices of the Royal Astronomical Society*, n.95, 1935, p.207, e "Stellar configuration with degenerate cores", ibid., p.226.
20. Bombas nucleares e o interior das estrelas envolvem ambientes em que os constituintes nucleares (prótons e nêutrons) podem se tornar dissociados de seus lugares costumeiros dentro dos núcleos atômicos. Para objetos como estrelas de nêutrons, a necessidade de usar a relatividade geral para compreender a estrutura representa um desafio a mais.
21. John Archibald Wheeler (1911-2008) foi um dos grandes físicos teóricos americanos que trabalharam em relatividade geral. Ele também trabalhou no Projeto Manhattan e foi orientador de muitos cientistas extraordinários, incluindo Kip Thorne e Richard Feynman. Gerações de estudantes o conheceram como um dos autores do livro-texto seminal intitulado *Gravitation*, escrito juntamente com Charles Misner e Kip Thorne (San Francisco, W.H. Freeman, 1973) – um calhamaço de 1.200 páginas.
22. Um dos postos avançados da Nasa menos conhecidos e lar de algumas das melhores pesquisas planetárias e climáticas atuais. O restaurante Tom's ainda funciona lá, e turistas geralmente fazem fila para tirar fotografias, porque sua fachada externa foi usada na sequência de abertura da série de TV *Seinfeld*.

## 2. Um mapa da eternidade (p.45-70)

1. Tomei certa liberdade aqui ao fazer essa declaração. Ao que parece, nem todo mundo concorda com a interpretação celestial desses entalhes e pinturas feitos há dezenas de milhares de anos (durante o Paleolítico). Uma referência interessante é a discussão de Amelia Sparavigna, "The Pleiades: the celestial herd of ancient timekeepers" (disponível on-line nos arquivos *pre-print* de física em: arxiv.org/abs/0810.1592).
2. As fontes diferem um pouco sobre a real faixa de sensibilidade dos olhos humanos, mas um intervalo entre 380 e 750 nanômetros é típico. A sensibilidade não

é uniforme, tendo um pico em torno de 550 nanômetros (luz verde), e é uma combinação da sensibilidade dos diferentes receptores em formato de cone e de bastonete presentes na retina humana. Para fazer uma comparação, abelhas possuem sensibilidade entre o laranja e o azul, além de alguma sensibilidade na faixa do ultravioleta – cobrindo comprimentos de onda entre 300 e 600 nanômetros, aproximadamente.

3. Existem muitas fontes sobre a vida e a longa carreira de Shapley. Um obituário detalhado foi publicado na *Nature*: Z. Kopal, "Great debate", *Nature*, n.240, 1972, p.429. O American Institute of Physics possui uma transcrição de uma entrevista com Shapley de 1966 (www.aip.org/history/ohilist/4888_1.html). O Franklin Institute tem detalhes sobre a vida e a família dele (fi.edu/learn/case-files/shapley/index.html).

4. A citação de Shapley foi tirada dos resultados publicados de sua pesquisa de aglomerados globulares, "Globular cluster and the structure of the Galactic System", *Publications of the Astronomical Society of the Pacific*, n.30, 1918, p.42.

5. Edwin Hubble, que também usou o Observatório de Monte Wilson, descobriu na década de 1920 que muitas nebulosas eram na realidade galáxias, separadas da nossa e muito distantes – algo que Harlow Shapley inicialmente discordou. Em 1929 Hubble já tinha demonstrado que todas elas estão se afastando umas das outras – a primeira evidência direta da expansão do Universo. Edwin Hubble, "A relation between distance and radial velocity among extra-galactic nebulae", *Proceedings of the National Academy of Sciences of the United States of America*, n.15, 1929, p.168.

6. Uma breve biografia de Richardson escrita por Oliver M. Ashford está disponível on-line para assinantes do *Oxford Dictionary of National Biography Index* (oxforddnb.com/view/article/35739).

7. Conforme os mapas das posições das galáxias se tornaram melhores, pudemos ver mais e mais dessa estrutura em forma de "teia". Essa característica definidora também aparece nas maiores simulações computacionais que tentam modelar o comportamento gravitacional da matéria normal e da matéria escura, e o modo como estruturas se formam e crescem em escalas cósmicas. A frase "teia cósmica", cunhada em 1996 por Richard Bond, astrofísico da Universidade de Toronto, agora é de uso geral entre os astrônomos.

8. Embora eu empregue esse termo com certa liberdade poética aqui, ele possui uma definição bastante rigorosa. O "Universo observável" é tudo aquilo que está próximo o bastante para que sua luz tenha tido tempo de nos atingir (por mais que sejam necessários instrumentos especiais para detectá-la). A aceleração da expansão do Universo (em nossa atual compreensão dessa questão) vai limitar quão "longe" podemos ver – existem estrelas e galáxias que nem sequer conheceremos porque a luz delas será demasiadamente esticada ou desviada para o vermelho.

9. A resposta completa a essa questão também é a resolução do que é conhecido como paradoxo de Olbers. Em 1823, o cientista alemão Heinrich Olbers propôs a

seguinte pergunta: se o Universo é infinito (ou ao menos muito grande), por que o céu não é uniformemente brilhante, com a luz acumulada das estrelas vinda de todas as direções aparentes? Muitas soluções foram propostas com o passar dos anos, desde cosmologias de estado estacionário até universos opacos. A resposta básica é que o Universo não tem nem idade infinita nem é estático em termos de dinâmica – sua expansão diminui a luz de partes distantes. Mas em escalas mais locais, o número absoluto de estrelas em qualquer região dada é de importância crítica para determinar o que nós vemos como luz e sombra.

### 3. Cem bilhões de caminhos até o fundo (p.71-98)

1. Além da informação on-line disponível no U.S. Department of the Interior (www.usbr.gov/lc/hooverdam), ver Michael Hiltzik, *Colossus: Hoover Dam and the Making of the American Century*, Nova York, Free Press, 2010.
2. Alguns recursos excelentes e ensaios curtos sobre a Represa Hoover estão disponíveis no website da agência: usbr.gov/lc/hooverdam.
3. Muitas usinas hidrelétricas na Noruega são praticamente invisíveis. Lagos montanhosos naturais providenciam os reservatórios elevados de água necessários; com frequência os únicos sinais da presença de uma usina de força são a série de grandes canos que descem pela face da montanha ou de um paredão elevado e que se conectam à construção onde ficam as turbinas.
4. Ver notas do Capítulo 1 para referências dos artigos de Einstein sobre relatividade especial e geral. Ver também a excelente discussão de Kip Thorne in *Black Holes and Time Warps: Einstein's Outrageous Legacy*, Nova York, W.W. Norton & Company, 1994.
5. É verdade que Einstein foi o indivíduo que acabou tendo sucesso nessa grande tarefa mental, mas ele decerto não o fez em completo isolamento. Por exemplo, o matemático alemão David Hilbert também chegou à formulação das equações de campo ao mesmo tempo que Einstein, no final de 1915. Hilbert deu crédito a Einstein, mas parece mesmo que este se beneficiou do trabalho de bastidores de outros pesquisadores.
6. Por que o espaço-tempo é assim? É a mesma coisa que perguntar por que a gravidade é uma força tão débil comparada a outras, como o eletromagnetismo. Nós não sabemos, na verdade, mas os físicos teóricos tiveram algumas ideias. Entre elas está o modelo de Randall-Sundrum, no qual o Universo tem na verdade cinco dimensões e a fraqueza da gravidade se deve ao fato de que nós só experimentamos uma pequena parte, ou projeção, de suas propriedades em nossas dimensões. Um bom relato popular foi colhido pela própria Lisa Randall: *Warped Passages: Unraveling the Mysteries of the Universe's Hidden Dimensions*, Nova York, Ecco, 2005.
7. A solução de Kerr para as equações de campo é uma versão mais geral da solução de Schwarzschild, e claro que se aplica a qualquer massa esférica.

8. O artigo original de Penrose que incluía a extração de energia de rotação de um buraco negro é "Gravitational collapse: the role of General Relativity", *Rivista del Nuovo Cimento*, ed. especial I, 1969, p.252.
9. O leitor astuto terá percebido que nem a baleia cadente nem o vaso de gerânios são criações originais. Douglas Adams, como quase sempre acontece, pensou nisso primeiro.
10. Os veículos usados eram Aerobees – pequenos foguetes suborbitais com pouco menos de 8 metros de comprimento na plataforma de lançamento e capazes de portar uma carga útil de quase 70 quilos até uma altitude de 250 quilômetros.
11. Ele recebeu o Prêmio Nobel de Física em 2002 "por contribuições pioneiras à astrofísica, que levaram à descoberta de fontes cósmicas de raios X" (nobelprize.org/nobel_prizes/physics/laureates/2002/giacconi.html).
12. As observações mais recentes (envolvendo o Observatório de Raios X Chandra) descobriram que o buraco negro no sistema Cygnus X-1 tem quase quinze vezes a massa do Sol e está girando oitocentas vezes por segundo. Isso o torna o maior dos "pequenos" buracos negros conhecidos em nossa galáxia – um objeto possivelmente atípico. Ver, por exemplo, Jerome Orosz et al., "The mass of the black hole in Cygnus X-1", *Astrophysical Journal*, v.742, n.84, 2011.
13. O artigo de Zel'dovich sobre liberação de energia pela acreção é "The fate of a star and the evolution of gravitational energy upon accretion", *Soviet Physics Doklady*, n.9, 1964, p.195.
14. O artigo de Salpeter sobre liberação de energia por acreção é "Accretion of interestellar matter by massive objects", *Astrophysical Journal*, n.140, 1964, p.796.
15. Os resultados de Jansky foram publicados como "Radio waves from outside the Solar System", *Nature*, n.132, 1933, p.66.
16. Uma observação-chave recorre à ocultação lunar de uma fonte distante de rádio (um quasar) para localizá-la de maneira a ser captada pelos telescópios ópticos. Ver Hazard et al., "Investigation of the radio source 3C 273 by the method of lunar occultations", *Nature*, n.197, 1963, p.1037.
17. A descoberta da distância (desvio para o vermelho) do quasar 3C 273 foi apresentada por Maarten Schmidt em "3C 273: a star-like object with large red-shift", *Nature*, n.197, 1963, p.1040. A descrição do próprio Schmidt da descoberta, em uma entrevista, dá mais detalhes; a transcrição é mantida pelo Center for History of Physics, American Institute of Physics (aip.org/history/ohilist/4861.html).
18. Essa é uma história bem comprida. O maior desafio para os cientistas era tentar explicar a tremenda taxa de emissão de energia implicada por objetos como quasares e pelas estruturas ricas em emissões de rádio que eram detectadas. Figuras-chave incluíam os físicos ingleses Fred Hoyle (mais tarde sir Fred Hoyle) e Geoffrey Burbidge, que percebeu que a energia gravitacional estava provavelmente por trás desses objetos, embora na época o mecanismo não estivesse muito claro.
19. Na época já se sabia que muitas galáxias possuíam centros (núcleos) extremamente brilhantes que poderiam ser vistos no espectro visível, e que também tinham

características espectrais curiosas (por exemplo, as chamadas galáxias "Seyfert"). Um nome genérico para todos esses fenômenos é "Núcleos Ativos de Galáxias", ou AGN na sigla em inglês. Embora esse termo seja sempre usado na astronomia moderna, ele pode ser confuso, pois cobre uma enorme variedade de situações. Por isso evitei usá-lo, preferindo ser mais explícito sobre os casos específicos que envolvem buracos negros.
20. Para ser totalmente franco, Donald foi um dos meus orientadores quando fiz meu doutorado, assim, minha discussão é indubitavelmente marcada por essa experiência. Entretanto, não estou só em minha admiração: em 2008, Lynden-Bell e Maarten Schmidt venceram conjuntamente o Prêmio Kavli de Astrofísica por seus trabalhos sobre quasares e buracos negros. O artigo original de Donald Lynden-Bell é "Galactic nuclei as collapsed old quasars", *Nature*, n.223, 1969, p.690.

## 4. Os hábitos alimentares de gorilas de 500 octilhões de quilos (p.99-125)

1. O anel molecular central é uma estrutura bem complexa. Além do anel há "raios" curvos e filamentosos emanando do ponto central, vistos por imagens de ondas de rádio. Eles parecem estar em movimento.
2. O objeto (o buraco negro) e o ambiente no ponto central de nossa galáxia também são conhecidos como Sagittarius A*, frequentemente abreviado como Sgr A*.
3. A massa do buraco negro central da Via Láctea foi estimada por Reinhard Genzel e seu grupo no Max-Planck-Institut für Extraterrestrische Physic, em Garching, Alemanha, e pelo grupo liderado por Andrea Ghez na Universidade da Califórnia, em Los Angeles. Ambos obtiveram movimentos estelares no centro galáctico que permitem uma estimativa da massa e do tamanho do objeto central. É um exercício tremendamente desafiador, dados os tamanhos minúsculos das órbitas estelares, quando vistas de nosso ponto de vista na Terra, e o brilho fraco das estrelas a esta distância.
4. É uma história fascinante, mas muito comprida. Curiosamente, a pesquisa dos últimos cinquenta anos, mais ou menos, a respeito de quasares/radiogaláxias/centros galácticos "ativos" costumou se dividir por regimes de comprimentos de onda. Radioastrônomos estudaram as estruturas em forma de lóbulo e procuraram por fontes de rádio intensas em todo o cosmo. Astrônomos que concentram suas pesquisas na região da luz visível fizeram observações espectroscópicas de quasares e galáxias, e assim por diante. Parte do desafio era descrever de forma única os muitos comportamentos aparentemente diferentes que emanavam dos núcleos galácticos. Até confirmar que um objeto parecido com um quasar realmente residia dentro de uma galáxia era difícil, uma vez que a luz do quasar ofusca tremendamente o brilho das estrelas da galáxia hospedeira. Em grande parte, a resposta depende de se ter um ângulo de visão "de perfil", ou se se olha diretamente para os objetos centrais. O que se tornou conhecido como modelo

ou esquema "unificado" é o que se pensa ser o arranjo físico comum à maioria dos buracos negros supermassivos. O próprio buraco é rodeado por um disco fino de matéria em acreção (descrito adiante) e, do lado de fora do disco, por uma "rosquinha" ou toro bem mais denso de gás e poeira. Acima e abaixo dessas estruturas há nuvens e acúmulos de gás quente que podem estar se movendo a grande velocidade. Jatos (como você verá adiante) podem emergir do centro. Quasares são vistos quando o observador está olhando quase diretamente para o eixo central – dentro do disco e do toro.

5. Essa relação é determinada medindo-se a taxa com a qual as estrelas centrais em uma galáxia se movem – suas velocidades estatisticamente típicas. Usando a física newtoniana, obtemos uma estimativa das massas das estrelas no núcleo. Várias técnicas são usadas para avaliar a massa do buraco negro central, que parece seguir a relação de 1:1.000. As ferramentas e técnicas astronômicas necessárias para fazer essas medidas só emergiram de verdade na virada do século XXI. Dois artigos-chave foram o de Laura Ferrarese e David Merritt, "A fundamental relation between supermassive black holes and their host galaxies", *Astrophysical Journal*, n.539, 2000, p.L9, e o Karl Gebhardt et al., "A relationship between nuclear black hole mass and galaxy velocity dispersion", *Astrophysical Journal*, n.539, 2000, p.L13.

6. O fenômeno pelo qual a matéria que cai na região em torno de um buraco negro em rotação parece se deslocar mais velozmente que a luz é uma versão extrema do conhecido efeito de Lense-Thirring, ou arrasto de referenciais, uma vez que é o próprio sistema de coordenadas do espaço-tempo que se move. Ver, por exemplo, Josef Lense e Hans Thirring, "On the influence of the proper rotation of central bodies on the motions of planets and moons according to Einstein's Theory of Gravitation", *Physikalische Zeitschrift*, n.19, 1918, p.156.

7. A discussão de Werner Israel sobre o limite de rotação de buracos negros é "Third law of black hole dynamics: a formulation and proof", *Physical Review Letters*, n.57, 1986, p.397.

8. Blandford e Znajek descreveram esse mecanismo em seu artigo "Electromagnetic extraction of energy from kerr black holes", *Monthly Notices of the Royal Astronomical Society*, n.179, 1977, p.433.

9. A história da descoberta da radiação síncrotron é descrita por Herbert C. Pollock em "The discovery of synchrotron radiation", *American Journal of Physics*, n.51, 1983, p.278. Embora a descoberta tenha sido feita em 1947, os astrônomos levaram um longo tempo para reconhecer que o mesmo mecanismo estava em ação no Universo.

10. A citação vem do prólogo de seu livro, *Black Holes and Time Warps: Einstein's Outrageous Legacy*, Nova York, W.W. Norton & Company, 1994, p.23.

## 5. Bolhas (p.126-47)

1. A citação é de *Cosmos*, a série de televisão de Carl Sagan, Ann Druyan e Steven Soter, e do livro de mesmo nome, de autoria de Carl Sagan, Nova York, Random House, 1980.
2. A história da investigação da "granularidade" do Universo jovem e de sua medida por meio das minúsculas variações na radiação cósmica de fundo (juntamente com a avaliação da distribuição de matéria em nosso Universo atual) é de fato uma grande história. É uma história que ainda está sendo escrita, enquanto vasculhamos em detalhe cada vez maior a física do Universo muito jovem. Um excelente relato popular das primeiras descobertas com a missão espacial Cobe é de autoria de John Mather (que mais tarde ganharia o Prêmio Nobel por suas descobertas) e John Boslough, *The Very First Light: The True Inside Story of the Scientific Journey Back to the Dawn of the Universe*, ed. rev., Nova York, Basic Books, 2008.
3. O trabalho que descreveu os cálculos da instabilidade gravitacional, de autoria de James Jeans, é "The stability of a spherical nebula", *Philosophical Transactions of the Royal Society of London. Series A, Containing Papers of a Mathematical or Physical Character*, n.199, 1902.
4. As primeiras discussões de James Felten et al. estão em: "X-rays from the coma cluster of galaxies", *Astrophysical Journal*, n.146, 1966, p.955.
5. Um artigo importante que discutia o resfriamento de gás baseou-se nas observações do satélite Uhuru: Susan M. Lea et al., "Thermal-Bremsstrahlung interpretation of cluster X-ray sources", *Astrophysical Journal*, n.184, 1973, p.L105.
6. As interpretações teóricas e observacionais do resfriamento de gás em aglomerados galácticos surgiu de três estudos principais: Len Cowie e James Binney, "Radiative regulation of gas flow within clusters of galaxies: a model for cluster X-ray sources", *Astrophysical Journal*, n.215, 1977, p.723; Andrew Fabian e Paul Nulsen, "Subsonic accretion of cooling gas in clusters of galaxies", *Monthly Notices of the Royal Astronomical Society*, n.180, 1977, p.479; e William Mathews e Joel Bregman, "Radiative accretion flow onto giant galaxies in clusters", *Astrophysical Journal*, n.224, 1978, p.308.
7. Andrew Fabian, "Cooling flows in clusters of galaxies", *Annual Reviews of Astronomy and Astrophysics*, n.32, 1994, p.277.
8. Depois que os dados se acumularam, um panorama completo se abriu. Um bom resumo foi apresentado por John Peterson et al., "High resolution X-ray spectroscopic constraints on cooling-flow models for clusters of galaxies", *Astrophysical Journal*, n.590, 2003, p.207.
9. Esse estudo usou o aparelho de obtenção de imagens de alta resolução conhecido como Rosat para estudar Perseu. Hans Boehringer et al., "A Rosat HRI study of the interaction of the X-ray emitting gas and radio lobes of NGC 1275", *Monthly Notices of the Royal Astronomical Society*, n.264, 1993, p.L25.
10. Esse extraordinário conjunto de dados foi descrito por Andrew Fabian et al., "A very deep *Chandra* observation of the Perseus cluster: shocks, ripples and conduc-

tion", *Monthly Notices of the Royal Astronomical Society*, n.366, 2006, p.417. Desde então, Fabian e seus colegas reuniram ainda mais dados que estenderam seu mapa de raios X para o exterior do aglomerado, revelando mais estruturas: Andrew Fabian et al., "A wide Chandra view of the core of the Perseus cluster" (a ser publicado in *Monthly Notices of the Royal Astronomical Society*; disponível em preprint: arxiv.org/abs/1105.5025). [Hoje publicado in *Montly Notices of the Royal Astronomical Society*, n.418, 2011, p.2154. (N.T.)]

11. Trabalhos de astrônomos como Brian McNamara mostraram muitos outros aglomerados com bolhas e atividade. Ver, por exemplo, Brian McNamara et al., "The heating of gas in a galaxy cluster by X-ray cavities and large-scale shock fronts", *Nature*, n.433, 2005, p.45.

12. O método de armação desse sistema às vezes é chamado de pêndulo cônico, pois, em vez de balançar de um lado para outro, a massa do pêndulo se move em um círculo descrito pelo final do braço rígido.

13. Há evidências dando conta de que a (baixa) taxa de resfriamento de gás deduzida pelas observações no espectro de raios X está de acordo com o número de novas estrelas se formando em pelo menos alguns aglomerados galácticos *se* a eficiência de formação de estrelas a partir do gás resfriado do aglomerado for de 14%. Isso combinaria com a fração (que se verifica no resto do Universo) de matéria normal que se encontra nas estrelas dos aglomerados. Ver Michael McDonald et al., "Star formation efficiency in the cool cores of galaxy clusters" (a ser publicado in *Monthly Notices of the Royal Astronomical Society*; disponível em preprint: arxiv.org/abs/1104.0665).

### 6. Um farol distante (p.148-71)

1. Parafraseando a letra de John Lennon e Paul McCartney, "Across the Universe" (do álbum de caridade dos Beatles para o Fundo Mundial para a Natureza, *No One's Gonna Change Our World*, Londres, Apple Records, 1969).
2. Também conhecido como o "problema do super-resfriamento." Ver, por exemplo, A.J. Benson et al., "What shapes the luminosity function of galaxies?", *Astrophysical Journal*, n.599, 2003, p.38.
3. O satélite Roentgen foi desenvolvido na Alemanha, nos Estados Unidos e no Reino Unido. Foi lançado em 1990 e desativado em 1999. Como muitos outros instrumentos espaciais, o Rosat tinha vários detectores anexados à extremidade do telescópio principal. Aí se incluem dispositivos de obtenção de imagem de raios X que exploravam as características eletrostáticas de fótons de raios X que interagem com átomos – em gases ou em sólidos. Dessa forma, fótons de raios X poderiam ser convertidos em sinais elétricos que poderiam então ser usados para construir uma imagem.
4. Em 1895 ele descobriu que alguma coisa ainda emergia depois que os raios catódicos (elétrons) passavam por um filme fino de alumínio com um forro de papelão. Ele

notou que esse fenômeno desconhecido produzia fluorescência em materiais que estavam a alguma distância, e corretamente deduziu que tal coisa representava um novo tipo de raio ou de radiação.

5. O projeto que ficaria conhecido como Levantamento Pontual de Ângulo Aberto do Rosat (Wide Angle Rosat Pointed Survey, ou Warps, na sigla em inglês), começou em 1995 e resultou em sete grandes artigos científicos, o mais recente deles sendo publicado em 2009. No caminho, fomos ajudados por Matt Malkan, da Universidade da Califórnia, e por outros. O primeiro artigo foi Scharf et al., "The wide-angle Rosat pointed X-ray survey of galaxies, groups, and clusters. I. Method and first results", *Astrophysical Journal*, n.477, 1997, p.79.
6. A câmera submilimétrica usada no Havaí era chamada Rede de Bolômetros Submilimétricos de Uso Comum (Submillimeter Common User Bolometer Array, ou Scuba, na sigla em inglês), construída por uma equipe do que, na época, era o Observatório Real de Edinburgo, Escócia.
7. Assim como muitos objetos astronômicos, esse nome tedioso indica a fonte de sua primeira detecção e sua localização, 4C sendo a quarta varredura de rádio de Cambridge e 41,17 indicando a declinação angular do objeto no céu do norte da Terra. Os primeiros indícios de que esse objeto poderia representar um aglomerado galáctico bebê foram dados por Rob Ivison e seus colegas: "An excess of submillimiter sources near 4C41.17: a candidate protocluster at $Z = 3.8$?", *Astrophysical Journal*, n.452, 2000, p.27.
8. O artigo de Schwartz era "X-ray jets as cosmic beacons", *Astrophysical Journal Letters*, n.569, 2002, p.23.
9. O artigo de Felten e Morrison era "Omnidirectional inverse Compton and synchrotron radiation from cosmic distribution of fast electrons and thermal photons", *Astrophysical Journal*, n.146, 1966, p.686.
10. Ganhador do Prêmio Nobel de Física de 1927. Sua biografia está disponível na Fundação Nobel: nobelprize.org/nobel_prizes/physics/laureates/1927/compton-bio.html.
11. Os resultados que Wil nos mostrou saíram do programa mais extenso de sua equipe, que observava objetos distantes. Ver, por exemplo, Michiel Reuland et al., "Giant Lyα Nebulae associated with high-redshift radio galaxies", *Astrophysical Journal*, n.592, 2003, p.755.
12. Publicamos o seguinte artigo: Caleb Scharf et al., "Extended X-ray emission around 4C41.17 at $z = 3.8$", *Astrophysical Journal*, n.596, 2003, p.105. O "z = 3,8" no título se refere ao desvio para o vermelho cosmológico (um substituto para distâncias) da luz deste objeto, o que por sua vez implica uma velocidade aparente de recesso de 3,8 vezes a velocidade da luz. Claro, é o próprio Universo que está se expandindo e esticando o comprimento de onda dos fótons, por isso temos a ilusão de velocidade superluminal.
13. Essa estatística foi derivada de dados de pesquisa do Universo local. Ver, por exemplo, Xin et al., "Active galactic nucleous pairs from the Sloan Digital Sky

Survey. I. The frequency on ~ 5-100 kpc scales" (em formato de pré-publicação disponível em: arxiv.org/abs/1104.0950, 2011). Além disso, um trabalho relacionado discute como as interações gravitacionais entre outras galáxias podem encorajar a alimentação de buracos negros supermassivos. Xin et al., "Active galactic nucleous pairs from the Sloan Digital Sky Survey. II. Evidence for tidally enhanced star formation and black hole accretion" (também em preprint, disponível em: arxiv.org/abs/1104.0951, 2011).

## 7. Origens – parte I (p.172-87)

1. Numerosas análises já foram escritas na literatura científica sobre o relacionamento entre buracos negros e propriedades estelares e galácticas. Um artigo útil é o de Andrea Cattaneo et al., "The role of black holes in galaxy formation and evolution", *Nature*, n.460, 2009, p.213.
2. A natureza dos bojos estelares centrais das galáxias e de seus buracos negros está na fronteira da pesquisa atual – e da controvérsia. Em particular, o motivo pelo qual algumas galáxias, tal como a nossa, exibem um bojo central tão pequeno ainda é um mistério. Um bom ponto de partida para essa discussão é o curto sumário de Jim Peebles, "How galaxies got their black holes", *Nature*, n.469, 2011, p.305.
3. Não é um comentário à toa. Está claro hoje que a evolução da vida (especialmente da vida microbiana unicelular, as bactérias e as arqueobactérias) está completamente ligada à evolução da superfície da Terra – desde a composição química até o clima – dos últimos 4 bilhões de anos. Um debate excelente e provocador foi feito por Paul Falkowski, Tom Fenchel e Edward DeLong, "The microbial engines that drive Earth's biogeochemical cycles", *Science*, n.320, 2008, p.1034.
4. Embora essa pesquisa sobre a química ao redor de estrelas de diferentes massas ainda seja recente, ela é muito interessante, porque a explicação física faz muito sentido. Para mais sobre o assunto, ver Pascucci et al., "The different evolution of gas and dust in disks around Sun-like and cool stars", *Astrophysical Journal*, n.696, 2009, p.143.
5. Não é impossível mesmo. Ainda se sabe muito pouco de definitivo sobre como a química da superfície se desenvolveu no jovem planeta Terra. Entretanto, nós sabemos que o planeta foi alvejado por uma grande quantidade de meteoritos que continham uma rica mistura de moléculas orgânicas e inorgânicas. Uma fração da química primitiva do planeta deve ter se originado desse material extraterrestre – que por sua vez é um dos produtos finais do próprio processo de formação planetária.
6. Para ter uma ideia de como as primeiras estrelas no Universo eram enormes, e como deram lugar a grandes buracos negros, ver, por exemplo, Piero Madau e Martin Rees, "Massive black holes as population III remnants", *Astrophysical Journal*, n.551, 2001, p.L27.

7. Sobre queimar etapas de qualquer objeto estelar verdadeiro e ir diretamente para um grande buraco negro, ver, por exemplo, Begelman et al., "Formation of supermassive black holes by direct collapse in pregalactic halos", *Monthly Notices of the Royal Astronomical Society*, n.370, 2006, p.289.
8. As simulações e suas implicações são relatados por L. Mayer et al., "Direct formation of supermassive black holes via multi-scale gas inflows in galaxy mergers", *Nature*, n.466, 2010, p.1082. Esses resultados e suas implicações são debatidos também em Marta Volonteri: "Astrophysics: making black holes from scratch", *Nature*, n.466, 2010, p.1049.
9. Essa é uma área de pesquisa bem ampla. Zoltán Haiman, da Universidade Columbia, é um especialista que nos deu uma excelente revisão e discussão do possível papel dos buracos negros menores em "Cosmology: a smoother end to the dark ages", *Nature*, n.472, 2011, p.47.
10. Ele liderou o estudo relatado em Mirabel et al., "Stellar black holes at the dawn of the Universe", *Astronomy & Astrophysics*, n.528, 2011.
11. Isso provavelmente teve uma importância crítica no Universo muito jovem. Uma referência excelente é Zoltán Haiman, Martin Rees e Abraham Loeb, "$H_2$ cooling of primordial gas triggered by UV irradiation", *Astrophysical Journal*, n.467, 1996, p.522.

## 8. Origens – parte II (p.188-207)

1. Também conhecida por seu nome astronômico "oficial" de Messier 31, ou M31 para os íntimos.
2. Simulações gravitacionais da colisão Andrômeda-Via Láctea sugerem que há possibilidades de isso ocorrer. A maior fonte de incerteza quanto ao que vai acontecer de fato deve-se à nossa falta de mensurações de alta precisão dos movimentos relativos das duas galáxias – podemos medir muito bem a velocidade de aproximação de Andrômeda, mas medir o movimento transversal é difícil, então, não temos certeza se vamos colidir em cheio.
3. O SDSS começou em 2000; sua gênese foi bastante prolongada. Um dos principais líderes e um dos maiores defensores do projeto (que era um conceito muito novo na época) foi o astrônomo de Princeton Jim Gunn. O SDSS usa uma técnica conhecida como *drift scanning*: o telescópio permanece fixo e, enquanto a Terra gira, uma faixa do céu com o comprimento das câmeras do instrumento vai passando. Novos dados são continuamente acumulados.
4. O projeto tem um website excelente (zoo1.galaxyzoo.org/), e um amplo debate sobre a história do projeto foi descrito por Forston et al., "Galaxy Zoo: morphological classification and citizen science" (disponível em pré-publicação em: arxiv.org/abs/1104.5513, em 2011).
5. Os resultados específicos foram apresentados por Schawinski et al., "Galaxy Zoo: the fundamentally different co-evolution of supermassive black holes and their early and late type host galaxies", *Astrophysical Journal*, n.711, 2010, p.284.

6. Vários grupos de pesquisadores declararam que a Via Láctea parece ser uma galáxia no vale verde. É possível que Andrômeda também seja, embora ela esteja mais vermelha que verde. Uma boa discussão encontra-se em Mutch et al., "The mid-life crisis of the Milky Way and M31" (disponível em preprint em: arxiv.org/abs/1105.2564, em 2011).
7. O centro de nossa galáxia produz todo tipo de emissões de raios-X, oriundos de estruturas pequenas e grandes, o que faz com que seja muito difícil descascar todas as camadas. Ver, por exemplo, Snowden et al., "Rosat survey diffuse X-ray background maps. Part II", *Astrophysical Journal*, n.485, 1997, p.125.
8. Os resultados que revelaram a estrutura de raios gama em nossa galáxia foram relatados por Meng Su, Tracey Slatyer e Doug Finkbeiner em "Giant gamma-ray bubbles from Fermi-LAT: active galactic nucleus activity or bipolar galactic wind?", *Astrophysical Journal*, n.724, 2010, p.1044.
9. Há várias linhas de investigação para a atividade desse buraco negro central, e eu usei as pistas dadas pelos raios-X para o debate. Um exemplo desse tipo de observação de reflexão é dado por Ponti et al., "Discovery of a superluminal Fe K echo at the galactic center: the glorious past of Sgr A* preserved by molecular clouds", *Astrophysical Journal*, n.714, 2010, p.732.

## 9. Uma verdadeira grandeza (p.208-21)

1. Pode ser mesmo que haja um tamanho máximo (excluindo a possibilidade da fusão de um ou mais buracos negros supermassivos). Em nossa vizinhança cósmica esse limite é de 10 bilhões de vezes a massa de nosso Sol, ou 2.500 vezes o tamanho do buraco negro central da Via Láctea. Ver, por exemplo, Priya Natarajan e Ezequiel Treister, "Is there an upper limit to black hole masses", *Monthly Notices of the Royal Astronomical Society*, n.393, 2009, p.838.
2. Há evidências de anéis de jovens estrelas azuis orbitando a cerca de três anos-luz do buraco negro central da Via Láctea e de Andrômeda. Ver, por exemplo, Paumard et al., "The two young star disks in the central parsec of the galaxy: properties, dynamics, and formation", *Astrophysical Journal*, n.643, 2006, p.1011. Modelos teóricos parecem concordar com a possibilidade de estrelas se formando nos discos ao redor de buracos negros. Ver, por exemplo, Bonnell e Rice, "Star formation around supermassive black holes", *Science*, n.321, 2008, p.1060.
3. Tudo ainda é especulação, mas o Observatório de Raios X Chandra pode ter observado um objeto como esse. Ver Jonker et al., "A bright off-nuclear X-ray source: a type-IIn supernova, a bright ULX or a recoiling supermassive black hole in CXOJ122518.6+144545", *Monthly Notices of the Royal Astronomical Society*, n.407, 2010, p.645.
4. Essas ondas de gravidade produzem uma *deformação* no espaço-tempo. Espera-se que ondas produzidas em fontes astrofísicas (tais como buracos negros se fun-

dindo) tenham polarização, e que produzam um padrão de deformação que possa mover massas livres. A frequência das ondas pode ser muito alta, talvez causando milhares de oscilações por segundo. A força da onda (sua amplitude) também cai de acordo com a distância até a fonte.

5. O BHI ainda está num estágio conceitual, apesar de realizar vários experimentos de laboratório para investigar as técnicas necessárias. Duas descrições bastante exaustivas foram feitas por Keith Gendreau e seus colegas, e enviadas para o *United States Astronomy Decadal Review* em 2010: "The science enabled by ultra-high angular resolution X-ray and gamma-ray imaging of black holes", disponível em: maxim.gsfc.nasa.gov/documents/Astro2010/Gendreau_BlackHoleImager_CFP_GAN_GCT.pdf) e "Black hole imager: what happens at the edge of a black hole?" (disponível em: maxim.gsfc.nasa.gov/documents/Astro2010/Gendreau_BHI.pdf).

## Créditos das figuras

FIGURA 5, p.61. A imagem do Atlas foi obtida como parte do Two Micron All Sky Survey (2MASS, Levantamento de Todo o Céu em Dois Mícrons), projeto conjunto da Universidade de Massachusetts e do Infrared Processing and Analysis Center, Instituto de Tecnologia da Califórnia (Caltech), financiado pela Nasa e pela National Science Foundation.

FIGURA 8, p.94. Cortesia do Observatório Nacional de Radioastronomia, Universidades Associadas, Inc. e National Science Foundation, e dos pesquisadores R. Perley, C. Carilli e J. Dreher.

FIGURA 9, p.102. Cortesia do Observatório Nacional de Radioastronomia/Universidades Associadas, Inc. e National Science Foundation.

FIGURA 10, p.108. Cortesia de Nasa, JPL-Caltech, R. Hurt (SSC).

FIGURA 11, p.111. Nasa, ESA, STScI e Walter Jaffe (Leiden), Holland Ford (STScI/JHU).

FIGURA 13, p.122. Nasa e a equipe do Projeto de Herança do Hubble (STScI/Aura). Agradecimentos: J.A. Biretta, W.B. Sparks, F.D. Macchetto, E.S. Perlman (STScI).

FIGURA 14, p.142. Nasa, Centro de Ciências de Raios X do Chandra (CXC), Instituto de Astronomia (IoA), Andrew Fabian et al.

FIGURA 15, p.165. Agradecimentos a Wil van Breugel e Michiel Reuland. Imagem obtida com o telescópio de 10 metros Keck-II, em Mauna Kea, Havaí.

FIGURA 16, p.190. Observatório Europeu Austral (ESO), imagem obtida com o Imageador de Campo Amplo do telescópio de 2,2 metros MPG/ESO, em La Silla.

# Índice remissivo

Os números de página *em itálico* referem-se às ilustrações.

"aberração relativística", 214
aceleração, 30-2, 74, 83, 117-8, 133
aceleradores de partículas, 119-21, 133-4, 220
Agência Espacial Europeia, 137-8
aglomerado galáctico de Perseu, 139-44, *142*, *145*, *146*
aglomerados galácticos, 13, 48-9, 51, *61*, 61-5, 68, 132-4, 135-6, 139-47, 149, 150, 152-4, 156-7, 159-60, 167, 171, 194, 203
aglomerados globulares, 48-9
Alfa de Centauro A, 148
*American Journal of Science*, 28
anãs brancas, 39-43, 63, 66, 83-4, *85*, 106, 129, 175, 225n
anãs marrons, 66
Andrômeda, galáxia de, 13, 105, 189, 235n, 236n
anos-luz, 55, 89, 95, *111*, *122*, 122-3, 142, *165*, 215-6
Antena Espacial de Interferometria a Laser (Lisa), 215
antielétrons, 55
antineutrinos, 119
armas nucleares, 41, 225n
*Arms and Insecurity* (Richardson), 50-51
astrofísica, 38-44, 86-91, 93-4, 114, 145-6, 149-50, 183-6, 212, 215
astronomia, 8, 11-2, 15, 16, 17-23, 45-6, 48-9, 86-93, 95-6, 101, 124-5, 135-9, 149-50, 151-2, 154, 156-8, 169-70, 176-7, 183-6, 191-3, 194-5, 197, 198-9, 200, 204, 213, 218, 226n, 235n
átomos, 37, 38-9, 54-8, 59, 62, 66, 68, 86, 107, 108, 114, 120, 128, 129, 132-3, 138, 164, 168, 174-5, 184, 186, 197, 208
*ver também* partículas subatômicas

Bell, Jocelyn, 42
big bang, teoria do, 38, 54-5, 56, 103, 104, 127, 183, 220-1
Blandford, Roger, 117

Boehringer, Hans, 140
Bohr, Niels, 37
*Bremsstrahlung* ("radiação de frenagem"), 133-4, 159
buracos de minhoca, 112
buracos negros:
    bolhas formadas por, 141-2, *142*, 144-5, 150, 152, 162-3, 165-7, 171, 181, 195, 196-201, 202, 204
    campo gravitacional de, 7, 21-3, 34-6, 40-1, 52, 57-8, 63, 65, 70, 74-8, 83-4, 96-8, 107-9, 127-9, 134-5, 150, 152, 170, 180-3, 196, 200-1, 205-7, 208, 209-11, 212, 214-5, 216, 219-20, 226n, 236-7n
    campos de gás ao redor de, 56-7, 62, 64, 66, 67, 79-80, 91, 92, 93, 100-2, *102*, 107-8, 113, *116*, 118, 128, 130, 132-41, *142*, 143-6, 152, 154, 155-6, 157, 159-60, 163-6, *165*, 180-1, 185-6, 196, 200, 203, 204, 206, 211, 230n
    ciclo de vida de, 43-4, 103-4, 126-47
    ciclos de trabalho de, 194-5, 197
    citados como "máquinas da gravidade", 7, 70, 96-8, 127, 182-3, 200-1, 208, 212, 216, 220
    colapso de, 43
    compressão e condensação em, 133-8, 164-9, 170-1, 175-6, 181-2, 185, 187
    coroas de, 212
    densidade dos, 38-41, 42, 43, 79, 107, 110, 133-5, 162-3, 167, 209-10
    dependência de formas de vida dos, 171, 173-9, 187, 189, 201-7, 208, 210-2, 234n
    desenvolvimento e crescimento de, 43-4, 99-104, 122-3, 124-5, 126-47, 159-71, 180-7, 193-7, 208-21, 234n
    detecção e investigação de, 86-125, 132-47, 156-71, 191-4, 195-202, 216-21

disco de acreção de, *108*, *111*, 114-5, *116*, 117, 121, 125, 159, 212, 216, 217-20, 230*n*
efeitos relativísticos, 84, 85, 109-10, 113, 117-8, 119, 120-1, 124-5, 139, 160-1, 163, 204, 206, 210-1, 214
em galáxias, 100-5, *102*, *111*, 122, 123-4, 132-47, *142*, 149-51, 169-71, 172-3, 183-4, 188-9, 194-7, 199-200, 203-5, 207, 210-1, 213, 229-30*n*, 234*n*
energia produzida por, 16-34, 82-4, 85-90, 93-8, 104, 105-25, 122, 127-9, 144-5, 146-7, 154, 158-61, 162-7, 168, 172, 174-5, 180, 184-6, 194, 196-7, 198, 200, 202, 205-7, 210, 211, 213-21
ergosfera de, 110-3, 115
espaço-tempo distorcido por, 81-2, 84, 86, 89, 90, 91, 105-7, *108*, 109-10, 112-3, 115-8, 123, 127-8, 132, 134, 146, 164, 172, 206, 209, 210-1, 212, 213, 214, 220
forças de atrito (energia rotacional) produzidas por, 107-9, 112-6, 125, 184
formação de estrelas e, 132-3, 136, 137, 146, 150, 153-4, 156-7, *165*, 167, 168, 170-1, 172-3, 175-9, 181-7, 189-90, 195-6, 203-6, 209-10, 213
horizonte de eventos de, 34-6, *35*, 79, 80-1, 84-6, *85*, 97, 106, 107, *108*, 110, *111*, 112-3, 115-6, 124, 170, 172, 180, 181, 199-201, 213, 216-21
imagens fotográficas de, *17*, *102*, *108*, *111*, *122*, *142*, 154-8, 162-7, *165*
jatos de partículas de, 113-23, *116*, *122*, 130, 140, 146, 160-2, 166-7, 206, 216, 230*n*
"ligados", 194-6
luz emitida por, 13-34, *17*, 34-6, *35*, 58, 62-3, 80, 81, 84-8, 90, 93-5, 107, *108*, 110, 112, 119-22, *122*, 133-5, 140, 145, 155, 157, 160-3, 164, 166, 168, 169, 184, 198, 202, 205, 206, 213-5, 217-21, 232-3*n*
mapa composto de, 165-7
massa dos, 32-7, 58, 63, 80, 83, 84, *85*, 97-8, 100-1, *111*, 115, 121, *122*, 123, 127-8, 132-5, 140, 143-7, 149, 150-71, 172-9, 180-5, 186, 187, 190, 193-4, 195, 196-7, 199, 202, 203, 205, 206, 211-3, 214, 216, 217-21, 228*n*, 230*n*
matéria absorvida por, 75-9, 81, 82-6, 90-1, 96-8, 99-125, *116*, *122*, 127-9, 132-3, 144-5, 154, 156-7, 159, 162-7, 170, 172, 175-6, 180-1, 184-7, 194, 195-6, 205-7, 209, 211, 213, 215-21
matéria escura em, 52, 132-3, 152, 153, 157, 168, 178, 226*n*
modelos e teorias de, 7, 11-23, 28-9, 33-4, 44, 81-2, 95-8, 105-13, 115, 117-8, 122-3, 148-71, 181-2, 184, 201, 216-21, 226*n*
na formação do Universo, 18, 44, 86, 96-8, 118, 122-4, 125, 126-9, 145-7, 167-71, 172-87, 208-21
na galáxia de Andrômeda, 189-91, 203, 205, 212, 236*n*
na Via Láctea, 171, 189-207, 210, 211, 212, 217-21, 229*n*, 236*n*
ondas de rádio emitidas por, 91-3, 96-7, 103, 106, 109, 113, 118, 121, 140, 141-2, 155-6, 161-2, *165*, 166-7, 168-9
ondas sonoras em, *142*, 143
origem dos, 159-60, 180-7, 188, 194-5
par orbital de (binários), 170, 184-5, 214-5
partículas subatômicas em, 83, 86, 88, 114-23, 133-4, 160-3, 166, 175, 183, 184, 186, 197-201, 209, 211, 213-21
pesquisa do autor sobre, 11-8, 148-71, 201-2, 216-21
propriedades quânticas de, 128, 129, 175, 209-10, 219
quasares e, 149, 168, 180, 194, 204, 229-30*n*
radiação eletromagnética emitida por, 79, 86, 87-8, 91, 103, 104, 108-9, 113-23, *116*, *122*, 124-5, 129, 139, 145, 154-60, 165-7, 174-5, 177-8, 190-1, 196-207, 208-12, 217-21
raio de Schwarzschild de, 32-7, 39, 41, 43-4, 79-80, 96, 109
raios X emitidos por, *17*, 86-91, 101, 121, 133-4, 135-9, 140, *142*, 143, 145, 157-60, 161, 162-3, *165*, 167, 169-70, 184-5, 196, 197, 200, 212, 213, 217-8, 232*n*
rotação de, 79-82, 105-13, *111*, 115-8, *116*, 121-3, 146, 213-4, 216, 220, 228*n*, 230*n*
singularidades de, 91, 110, 112, 172
sistemas-bebês de, 159, 184, 186-7
supermassivos, 143-7, 149, 150-71, 172-9, 186, 187, 193-4, 196-7, 199, 202, 203, 205, 206, 212-3, 216, 217-21

## Índice remissivo

tamanho de (em anos-luz), 80-1, 95, *111*, 121-3, *122*, 142, *165*, 212-3
temperatura dos, 90, 91, 107-9, 114-5, 121, 127-9, 132-5, 136, 137-9, 140, 143, 154, 157, 158-9, 162, 166, 184-6, 196-7
teoria de Michell-Laplace dos, 18-23, 28, 32-4, 44, 201, 221
velocidade dos, 66-7, 80, 113-4, 117-8, 134, 160-1, 190, 206
Burbidge, Geoffrey, 228*n*

carbono, 38, 58, 174, 175, 176, 179, 205, 206
Cavendish, Henry, 224*n*
Cefeidas, 48
Centro Espacial Uchinoura, 217
Chandrasekhar, Subramanyan, 40-1, 81, 129, 225*n*
Cocheiro, constelação do, 11, 15, 158
*Columbia*, ônibus espacial, 11
complexidade, 49-51, 66, 126, 131, 174, 210
Compton, Arthur, 160
constelações, 11, 13, 15, 20-1, 46, 51-2, 88-9, 99, 131-2, 139-42, 158, 185
Copérnico, Nicolau, 47, 201
Cygnus A, 94
Cygnus X-1, 89-91, 95, 184-5, 228*n*

Darwin, Charles, 129-30, 208
Darwin, Erasmus, 129
Darwin, George, 129-30
decaimento beta, 55
degenerescência, pressão de, 40-1, 43
Delta de Cefeu, 48
densidade, 22, 39-40, 42, 43, 54, 59, 60-4, 107, 131
desvio para o azul, 32, 62, 93, 213-4
desvio para o vermelho, 30, 31-2, 34, 65, 84, 93, 98, 213, 223*n*
diagrama compactado, *31*
"dilema da baleia", 75-8, *76*, 79
Doppler, efeito, 93

$E = mc^2$, 29, 95
Ebeling, Harald, 152, 153
Eddington, Arthur, 36, 225*n*
"efeito de farol de carro", 214
Einstein, Albert, 24, 28-32, 33, 34, 36, 37, 41, 73-9, *76*, 81, 109, 127, 149, 201, 224*n*, 227*n*
Einstein, tensor de, 78-9, 81

elementos, 38-9, 44, 56-7, 58, 62-3, 70, 137-8, 139, 171, 175, 176-7, 178-9, 186, 196, 205-7
eletricidade, 24, 71-3, 82-3, 114-8, 206, 227*n*
elétrons, 16, 37-8, 40-1, 42, 54, 55, 56-7, 68, 94, 114, 116-7, 119, *122*, 129, 132, 133-4, 138, 139, 142, 151, 158, 159, 160-1, 164, 183, 184, 186, 199
energia cinética, 83, 84, 89, 160, 185-6
energia hidrelétrica, 71-3, 82-3, 227*n*
epicuristas, 176
equação de campo, Einstein, 77-9, 81, 109, 201, 227*n*
 fórmula, 77
espaço, 30-2, *31*, 33, 34, 35-6, 43, 44, 53, 59-65, 67, 70, 87, 118, 123, 183-4, 197-8, 201, 209
espaço tridimensional, *31*, 60, 209
espaço-tempo, 34-6, *35*, 43, 72-4, *76*, 76-81, 82-3, 84, 85, 86, 89, 90, 91, 104, 106-7, *108*, 109-10, 112, 115-7, 121, 123, 127-8, 132, 134, 146, 156, 164, 172, 206, 209, 210-1, 212, 213, 214, 220, 227*n*, 230*n*, 236-7*n*
"espalhamento Compton inverso", 160-1, 166
"estabilidade de uma nebulosa esférica, A" (Jeans), 130-2
estrela de nêutrons, 42-3, 63, 66, 67, 80, 84, *85*, 89, 90, 106, 134, 175, 180, 214, 215, 225*n*
estrelas:
 amarelas, 100, 195
 azuis, 64, 145, 195
 bebês, 79, 189, 236*n*
 binárias, 21, 184
 brilho de (luminosidade), 21-3, 48, 148, 176-7
 de nêutrons, 42-3, 63, 66, 67, 80, 84, *85*, 89, 90, 106, 134, 175, 180, 214, 215, 225*n*
 estrela anã, 14, 39, 62-3, 66, 129, 175
 formação de, 38-44, 69-70, 79-80, 99-100, 101, 127, 130, 132-3, 136, 137, 146, 150, 153-4, 156-7, *165*, 167, 168, 170-1, 172-3, 175-9, 181-7, 189-90, 195-6, 203-6, 209-10, 213
 localização e padrões de, 14-5, 16, 20-1, 51, 65-6, 68, 72
 número de, 69-70, 149-50, 167, 226-7*n*
 protoestrelas, 63, 175-6
 vermelhas, 65, 100, 195
estrelas amarelas, 100, 195
estrelas anãs, 14, 39, 62-3, 66, 129, 175

estrelas azuis, 64, 145, 195
estrelas binárias, 21, 184
estrelas vermelhas, 65, 100, 195
estrelas-bebês, 79, 189, 236n
estruturas em "haltere", 94, 96, 113-4, 118, 161, 166, 229n
"éter luminífero", 25-9, 27
eucariotos, 13
evolução, 47, 129-30, 173, 203, 206, 208, 212, 234n
*Exposição do sistema do mundo* (Laplace), 23

Fabian, Andrew, 135-6, 137, 141, 143, 213, 231-2n
Felten, Jim, 160
Fermi, Enrico, 198-9
ferro, 66, 138, 139, 200, 213
Finkbeiner, Doug, 198-9
física, 7, 15, 20-3, 28-32, 37-8, 44, 86-91, 94-5, 114, 126, 145-6, 149-50, 184, 201-2, 212, 213, 214, 227n, 228n, 230n
    *ver também* mecânica quântica, teoria da relatividade
foguetes, 87-91, 135, 228n
formas de vida, 12-3, 18, 37, 44, 45, 47, 56, 127, 131, 171, 173-9, 187, 189, 201-7, 208-9, 211-2, 225-6n, 234n
fótons, 11-8, 17, 23, 27, 32, 34, 40n, 41, 47, 53, 54-5, 59, 60, 62, 66, 68, 79, 83, 84-93, 101, 107, 110, 116-20, 133-42, 148, 149, 152, 155-69, 178, 179, 183-6, 192, 197-200, 202, 206, 212, 213-4, 215, 216, 218, 220, 223n, 232n, 233n
Fowler, Ralph, 40
Franklin, Benjamin, 19
fusão nuclear, 38, 42, 56, 58, 82, 95, 97, 129, 153, 180, 184, 195, 209, 230n

galáxia M87, 122
galáxia NGC 4261, *111*
galáxia NGC 6744, *190*
galáxias, 11, 12-6, 48-9, 51, 54, 60, *61*, 61-5, 66-70, 79, 94, 94, 95, 96-8, 99-101, *102*, 103, 104-5, *111*, 113, 122, 124, 130-47, *142*, 149-50, 152, 154, 167-71, 172-3, 178-9, 182, 183-4, 188-91, *190*, 193-207, 208, 210, 211, 213, 226n, 228-30n, 234n
    *ver também* galáxias específicas
galáxias anãs, 13, 188, 196, 203
galáxias azuis, 195-6

galáxias elípticas, 64-5, *111*, 136, 145, 168, 171, 172, 188-9, 191, 192, 194, 195, 203
galáxias espirais, 64-5, 67, 79-80, 148, 171, 172, 189, *190*, 192, 194, 195-6, 203-4, 211
galáxias vermelhas, 195-6
galáxias-bebês, 181-2
Galaxy Zoo, 192-3, 195
Galileu Galilei, 15, 25, 29, 47
Gendreau, Keith, 216-21
General Electric, 120-1
Giacconi, Riccardo, 88-91
gigantes vermelhas, 191
Gondwana, 13, 223n
Grande Colisor de Hádrons, 119-20
gravidade:
    aceleração e, 29-32, 73-4, 82-3, 117-8, 133
    campos gravitacionais, 7-8, 30-6, 40-1, 52, 57-8, 61, 65, 66, 70, 74-8, 83-4, 95-8, 107-9, 127-9, 134-5, 150, 152, 157, 170, 180-3, 196, 200-1, 205-7, 208, 209-11, 212, 215, 216, 219-20, 226n, 236-7n
    colapso gravitacional, 130-1
    constante gravitacional (G), 78-9, 81
    força da, 15, 19, 21-3, 30-2, 35, 39-41, 42, 52, 71-3, 156
    galáxias no "vale verde", 195-6, 197, 212
    leis da, 15, 20, 21-3, 30-2, 39-41, 74, 75, 76, 76-7, 224n, 230n
    marés gravitacionais, 75-8, 76
    na teoria da relatividade, 29-32, 36, 39-41, 73-81, 84
    ondas gravitacionais, 52, 213-5, 236-7n
    poços gravitacionais, 83-4, *85*, 87, 133, 140, 152, 159, 196
grupo local, 13
Guilherme o Bastardo, 15
Gunn, Jim, 235n

Halley, cometa, 15, 223n
Heisenberg, Werner, 37
hélio, 38, 44, 54, 56, 57, 62, 133, 137, 138, 168, 175, 180, 181, 183, 211
heliopausa, 16
Herschel, William, 21
Hewish, Antony, 42
hidrogênio, 38, 44, 54, 56, 57, 62-3, 67, 93, 100, 121, 123, 133, 137, 164, *165*, 166, 168, 174, 175, 177, 180, 181, 183, 185-6, 191, 206, 211
Hilbert, David, 227n

## Índice remissivo

hipótese nebular, 130-2
Hoover, Represa, 71-3, 82, 86
Horner, Donald, 153
Hoyle, Fred, 228n
Hubble, Edwin, 69, 226n

Imageador de Buracos Negros (BHI, na sigla em inglês), 219-21
íons, 57, 132-3, 168, 185
isótopo de cobalto-60, 197
isótopos, 197, 205
Israel, Werner, 112

Jansky, Karl, 91-2, 103
Jeans, James, 130-2, 133, 135, 181
Jeans, massa de, 130-1
Jones, Laurence, 151, 153
Júpiter, 15, 62, 148, 219

Kaufmann, Gordon B., 71
Kerr, Roy, 81, 109, 227n

Laboratórios Bell, 91-2
Laplace, Pierre-Simon, 18-23, 28, 33, 201
Lascaux, cavernas de, 46
lasers, 29, 214-5
leis físicas, 15, 21, 64, 201, 209, 210, 227n
Lense-Thirring, efeito, 230n
Levantamento Digital do Céu da Fundação Sloan (SDSS, na sigla em inglês), 192, 195, 235n
Levantamento Pontual de Ângulo Aberto do Rosat (Warps, na sigla em inglês), 233n
Lua, 87-8, 140, 148, 189, 217
luas, 66, 67, 79, 130
luz:
    espectro da, 32, 33-4, 35, 47, 62, 64-5, 84-5, 90, 93-4, 98, 137, 158-9, 176, 213-4, 223n
    éter, meio de propagação da, 25-9, 27
    no vácuo, 25-9, 33-4, 55
    ondas de, 27, 30-1, 37, 52, 59, 60, 62, 66, 68, 93-4, 122-3, 138, 156, 197-201
    padrões de interferência da, 26-9, 27, 214-5, 224n
    partículas de, 37, 122-3
    teoria corpuscular da, 21, 22, 23, 25
    velocidade da, 21, 22, 24-30, 31, 33-4, 36, 41, 43, 44, 56, 73-4, 78, 84, 85, 110, 112, 118, 119, 120, 122, 148, 160, 199, 206, 213-4

luz infravermelha, 52, 54, 61, 68, 145, 154, 156, 165, 166, 185
luz ultravioleta, 52, 54, 66, 68, 145, 156, 164, 166-7, 184, 185, 196, 212, 226n
luz visível, 47, 52, 54, 90, 93, 95, 145, 153, 156, 163-6, 226n, 229n
Lynden-Bell, Donald, 96-8, 106, 109, 229n

magnetismo, 19, 23-5, 68, 114, 131
    *ver também* radiação eletromagnética
massa, 20, 21, 22, 29-34, 31, 35, 37-41, 54, 55, 58, 62-3, 77-8, 79, 130-1, 132-3, 152-3, 195-6, 206
matemática, 19, 22, 24, 34, 50-1, 54, 69, 77, 80, 109-10, 127, 152-3, 156, 182, 192-3, 214
Maxwell, James Clerk, 24-5, 114
mecânica quântica, 32, 37-40, 44, 63, 124-5, 128, 129, 175, 209-10, 219
Mercúrio, 101
Michell, John, 18-23, 28, 32-3, 44, 201, 221, 223n, 224n
Michelson, Albert, 26-9, 27
micro-ondas, 52, 54, 102, 154, 161, 162, 166, 197-8
Mirabel, Felix, 184, 185
Missão de Espelhos Múltiplos de Raios X (XMM-Newton), 137-8
moléculas, 44, 56, 57, 58, 62, 66, 68, 86, 107, 118, 128, 137, 168, 173-4, 177-8, 179, 185-6, 200, 202, 208, 229n
momento linear, 37, 40,
monóxido de carbono, 57, 100, 137
Morley, Edward, 26-9, 27, 214, 224n
Morrison, Philip, 160
múons, 55, 119

Nasa, 11, 137, 151, 157, 198, 217, 225n
*Nature*, 96
nebulosas *ver* nuvens interestelares
Netuno, 123, 132, 177
neutrino do tau, 55
neutrinos, 52, 54, 55-6, 57-8, 59, 119, 204
nêutrons, 42, 225n
*New York Times, The*, 92
Newton, Isaac, 15, 19-20, 21, 22, 25, 29, 74, 75-6, 76, 230n
nitrogênio, 38, 174, 206
Noruega, 73, 227n
Núcleos Ativos de Galáxias (AGN), 229n
núcleos atômicos, 38-9, 54, 56, 120-1, 132, 138, 175, 186

Nulsen, Paul, 136
nuvens interestelares (nebulosas), 12, 48-52, 57, 69, 94, 100, 130-2, 137, 144-6, 172-3, 176, 178, 180, 226n

objeto 4C41.17, 157-70, 165, 182, 233n
Observatório de Monte Wilson, 49, 226n
Observatório de Ondas Gravitacionais de Interferometria a Laser (Ligo), 214-5
Observatório de Raios X Chandra, 11, 16, 41, 137, 141, 157-8, 165, 175, 191, 228n
Observatório do Monte Palomar, 93
Observatório Keck, 63-4
Observatório Newton, 137-8
Observatório Uhuru, 89
Olbers, Heinrich, 226n
Olbers, paradoxo de, 226-7n
Olduvai, garganta de, 14, 204
ondas de pressão, 40-1, 43, 63, 127-9, 130-1, 133-5, 143, 144, 150, 175, 191, 196
ondas de rádio, 42, 52, 54, 55, 66, 67, 68, 91-5, 94, 96-7, 103, 106, 109, 113, 118, 121, 140-2, 149, 156, 161, 165, 166, 169, 229n
ondas sonoras, 86, 142, 142, 143
Oppenheimer, J. Robert, 42
órbitas planetárias, 20, 23, 27, 36, 79, 89, 101, 106, 123, 132, 178
Órion, 14, 18, 46, 51, 99, 132
oxigênio, 38, 56, 57, 100, 138, 139, 174, 175, 177, 206

padrões de interferência, 26-9, 27, 214-5, 224n
partículas subatômicas, 37-8, 41, 52, 55, 58, 68, 83, 86, 88, 114-23, 160-3, 166, 175, 183, 184, 186, 197-201, 209, 211, 213-21
    *ver também partículas específicas*
Penrose, Roger, 82, 112, 115
periscópios, 218-9
Perlman, Eric, 151, 153
Perseu, 14, 139-42
pi (π), 77-8
Planck, Max, 37
planetas, 20, 23, 46, 51-2, 56, 66, 67, 68, 72, 79, 89, 101, 106, 107, 121-2, 127, 130, 132, 153-4, 155, 171, 175-9, 186, 191, 202-3, 204-5, 213, 219, 234n
plasma, 38, 56, 57, 132-3, 141
Plêiades, 15, 46

poeira interestelar, 58-9, 62, 64, 67, 68, 113, 118, 133-8, 155-7, 159, 162, 163, 164-8, 165, 170, 176, 178, 181-2, 185-6, 204, 206
Princípio da Incerteza, 37
princípios antrópicos, 201
protoestrelas, 63, 175-6
protogaláxias, 137, 156
prótons, 42, 54, 55, 57, 121, 139, 158, 215, 225n
protoplanetas, 175-7
pulsares, 42

quasares, 94, 96-7, 103-4, 109, 121, 149, 168, 180, 194, 203, 204, 229-30n
Quilha, nebulosa, 51

radiação cósmica de fundo, 55, 161-2, 166, 183, 198, 231n
radiação eletromagnética, 23-5, 38, 40, 47, 52, 54, 55, 56-7, 58, 63, 66, 71-3, 79, 86, 87-8, 91, 103, 104, 114-23, 116, 122, 124-5, 129, 139, 154-60, 166-7, 174-5, 177-8, 191, 196-207, 208-12, 217-21, 227n
radiação síncrotron, 120-3, 122, 166, 206, 230n
radiação solar, 87, 219
radiação submilimétrica, 154-7, 165, 169, 187, 233n
radiotelescópios, 91-3, 94, 103, 111, 141, 229n
raios gama, 52, 54, 66, 68, 161, 197-201, 205, 236n
raios X, 12, 16, 17, 41, 52, 54, 66, 68, 87-91, 101, 121, 133-4, 135-40, 142, 143, 145, 151, 152, 157-60, 161, 162, 164, 165, 167, 169-70, 184-5, 186, 191, 196, 197, 198, 200, 212, 213, 217-8, 228n, 232n
Randall-Sundrum, modelo de, 227n
Rede de Bolômetros Submilimétricos de Uso Comum (Scuba), 233n
referenciais, 29, 34, 73-4, 75, 76
relatividade, teoria da, 28-32, 31, 34, 36, 37, 40, 73-80, 76, 81, 84, 85-6, 93-5, 109, 113, 117-8, 119, 121, 124-5, 139, 149, 160, 161, 204, 206, 210-1, 214, 224n, 225n, 227n
relatividade especial, teoria da, 28-30, 73-4, 84, 93
relatividade geral, teoria da, 30-2, 31, 34, 36, 37, 74-80, 76, 81, 224n, 225n
Reuland, Michiel, 165
Richardson, Lewis Fry, 50-1, 66
Roentgen, Wilhelm, 151, 232n
Roosevelt, Franklin Delano, 71, 72

## Índice remissivo

Royal Society, 21-2
RR Lyrae, variáveis, 48

Sagan, Carl, 126
Sagitário, constelação, 92
Salpeter, Edwin, 90, 96, 106
Santorini, 154, 157
Satélite Avançado de Cosmologia e Astrofísica (Asca, na sigla em inglês), 216-7
Satélite Roentgen (Rosat), 151, 152, 198, 231$n$, 232$n$, 233$n$
satélites, 66, 151-2
Saturno, 107
Schmidt, Maarten, 93-4, 149, 229$n$
Schwartz, Dan, 160
Schwarzschild, Karl, 32-3, 81
Schwarzschild, raio de, 32-7, 39, 41, 43-4, 79-80, 96, 109, 227$n$
Scorpius X-1, 89
Shapley, Harlow, 47-9, 61, 69, 226$n$
Shapley, superaglomerado, 61
silício, 58, 177, 216, 218
simulações de computador, 45, 150, 152, 153, 181, 184, 191-3, 226$n$
singularidades, 34, 91, 110, 112, 172
sistema solar, 47, 49, 52, 55, 62, 88, 107, 139, 176, 177, 201, 202, 204, 214, 219
sistemas exoplanetários, 52, 175-6
Smail, Ian, 154-64, 169
"Sobre os métodos da descoberta da distância, magnitude etc. das estrelas fixas ..." (Michell), 21-3
Sol, 15, 16, 18, 20, 21, 22, 25, 35, 39-40, 42, 43, 48, 55, 56, 60, 62-3, 69-70, 79, 82, 83-4, *85*, 87-8, 94, 95, 96, 97, 105, 109, *111*, 121, *122*, 132, 135, 139-40, 146, 156, 163, 172, 175, 176, 177, 180, 184-5, 189, 190, 191, 195, 197, 212-3, 219, 228$n$
supernovas, 15, 59, 66, 98, 129, 149, 158, 175, 204-5

tapeçaria de Bayeux, 15, 223$n$
Telescópio Espacial Hubble, *111*, *122*, 191, 193, 223$n$
Telescópio James Clerk Maxwell, 155
telescópios, 11-2, 15, 26, 27, 41, 47, 50-2, 79, 91-4, 94, 95, 135, 137, 140, 141, *142*, 151-2, 153, 155-9, 163-4, *165*, 175, 184, 191-2, 193, 198, 199, 201, 216-21, 228$n$
telescópios de raios X, 11-2, 16, 41, 137-8, 141, *142*, 157-60, *165*, 175, 184-5, 191, 228$n$

temperatura, 40, 64, 90, 91, 107-9, 114-5, 121, 127-9, 132-5, 136, 137-9, 140, 143, 154, 157, 158-9, 162, 166, 184-6, 196-7
tempo, 29, 31-2, 33, 35-6, 43, 44, 53, 67, 68, 131-2, 148-50, 162, 205-6
*ver também* espaço-tempo
termodinâmica, 127-9, 133, 139, 174, 185, 210
Terra, 12-3, 14-5, 18, 19, 25, 28, 35-6, 40, 43, 46, 47, 48, 52, 53, 56, 59, 69, 75, 79, 87, 89, 101, 109, 113, 119, 173-6, 178-9, 187, 192, 197, 201-7, 208, 217, 234$n$
Thorne, Kip, 123, 214, 225$n$

Universo:
    como "teia cósmica", 61, 64, 152, 166, 169, 208-9
    construção *versus* destruição no, 126-9, 145-6
    equilíbrio no, 129, 152, 154
    escala de tempo do, 131, 148-50, 162, 208-9
    estrutura em larga escala do, 60-4, 162-3, 167
    expansão do, 49, 54-5, 93, 127-8, 155-6, 226-7$n$
    formação do, 18, 44, 86, 96-8, 118, 122-4, 125, 126-9, 145-7, 167-71, 172-87, 208-21
    "idade das trevas" do, 183, 205, 206
    mapeamento do, 45-70, 61, 72, 103, 161, 165-7, 191-3, 226$n$, 233$n$, 236$n$
    massa total do, 152-3, 195-6
    "observável", 226$n$
    origens do, 39, 53-5, 56, 103, 104, 126-8, 180-4, 211, 220-1, 231$n$
    vazio no, 59-65, 87, 118, 123, 183
Urano, 177

Van Breugel, Wil, 163-5, 166
velocidade, 21, 22, 24-30, 31, 33-4, 36, 41, 43, 44, 56, 66-7, 73-4, 78, 80, 84, *85*, 110, 112, 113-4, 117-8, 119, 120, *122*, 134, 148, 160-1, 190, 199, 206, 213-4, 230$n$
Via Láctea, galáxia, 11, 13-4, 16, 18, 48-9, 61, 63-4, 69, 92, 95-6, 99, 100, 101, *102*, 103, 105, *111*, 148, 158, 171, 189-207, *190*, 210, 211, 212, 216, 217-21, 229$n$, 235$n$, 236$n$

Wegner, Gary, 151
Wheeler, John Archibald, 43, 225$n$

Zel'dovich, Yakov, 90, 96, 106
Znajek, Roman, 117

A marca FSC é a garantia de que a madeira utilizada na fabricação
do papel deste livro provém de florestas de origem controlada
e que foram gerenciadas de maneira ambientalmente correta,
socialmente justa e economicamente viável.

Este livro foi composto por Mari Taboada em Dante Pro 11,5/16
e impresso em papel offwhite 80g/m² e cartão triplex 250g/m²
por Geográfica Editora em julho de 2016.